Mathieu Charvériat

Recherche de thérapeutiques anti-Prion et nouveaux modèles cellulaires

Mathieu Charvériat

Recherche de thérapeutiques anti-Prion et nouveaux modèles cellulaires

Modèles cellulaires infectés par des Prions humains et nouvelles molécules thérapeutiques

Presses Académiques Francophones

Impressum / Mentions légales
Bibliografische Information der Deutschen Nationalbibliothek: Die Deutsche Nationalbibliothek verzeichnet diese Publikation in der Deutschen Nationalbibliografie; detaillierte bibliografische Daten sind im Internet über http://dnb.d-nb.de abrufbar.

Information bibliographique publiée par la Deutsche Nationalbibliothek: La Deutsche Nationalbibliothek inscrit cette publication à la Deutsche Nationalbibliografie; des données bibliographiques détaillées sont disponibles sur internet à l'adresse http://dnb.d-nb.de.

Coverbild / Photo de couverture: www.ingimage.com

Verlag / Editeur:
Presses Académiques Francophones
ist ein Imprint der / est une marque déposée de
OmniScriptum GmbH & Co. KG
Heinrich-Böcking-Str. 6-8, 66121 Saarbrücken, Deutschland / Allemagne
Email: info@presses-academiques.com

Herstellung: siehe letzte Seite /
Impression: voir la dernière page
ISBN: 978-3-8381-4827-4

Zugl. / Agréé par: Paris, Université Paris de Paris Pierre et Marie Curie, 2009

Résumé

Titre : Développement de modèles cellulaires infectés par des Prions humains et Recherche de molécules thérapeutiques

Résumé :

Les maladies à Prions sont des maladies neurodégénératives fatales, touchant l'homme et l'animal. Même si le risque de transmission de la maladie de la vache folle à l'homme semble maîtrisé, il persiste actuellement un risque de santé publique lié à la transmission iatrogène de cette forme, notamment par transfusion sanguine. De plus, aucune thérapeutique n'est à ce jour efficace, et les phénomènes de tropisme et de susceptibilité cellulaire à l'infection demeurent pour le moment peu caractérisés.

Il est donc essentiel de mieux comprendre les raisons pour lesquelles seuls certains types cellulaires répliquent les Prions, ainsi que de développer de nouveaux axes de traitement. Ce travail de thèse porte ainsi sur un double objectif.

En premier lieu, ce projet envisage de chercher de nouvelles molécules efficaces contre ces Prions. Nous avons établi une collaboration avec l'Institut de Chimie des Substances Naturelles (ICSN, CNRS), et, lors du criblage des 2.960 molécules de sa chimiothèque de l'ICSN, nous avons découvert deux nouveaux types d'inhibiteurs de la réplication des Prions en culture cellulaire. Le mode d'action de ces molécules a été étudié, et un nouveau mécanisme de déstabilisation du précurseur du Prion a été mis en évidence.

En second lieu, ce travail de thèse vise à mieux appréhender les phénomènes de susceptibilité cellulaire à l'infection par les Prions humains. Nous avons tenté de mettre au point des modèles infectés par des Prions humains, en utilisant de nombreuses approches complémentaires. Les modèles exprimant la PrP humaine, en dépit de nombreuses tentatives, se sont révelés résistants aux Prions humains, en revanche nous avons démontré qu'une lignée murine pouvait répliquer d'une façon subchronique les Prions humains.

Mots-clés : maladies à Prions, thérapeutique, déstabilisation des protéines, méthodes diagnostiques, susceptibilité cellulaire, infection cellulaire, permissivité cellulaire, tropisme de souches, réplication des Prions.

Summary

Title : Development of cellular models infected by human Prions and Search for new therapeutics

Abstract :

Prion diseases are fatal neurodegenerative diseases, affecting both human and animal. Even if the risk of transmitting mad cow disease by food seems to be controlled, there is still a public health issue concerning the iatrogenic transmission of Prion diseases, especially by blood transfusion. Furthermore, at this time no treatment is available, and the tropism and cellular susceptibility to infection remain poorly understoodfor the moment. It is therefore essential to evaluate more precisely the reasons why only some cell types replicate Prion, and to develop new strategies of treatment. Thus, this work has two purposes.

First, we intended to discover new inhibitors of Prion replication, and we initiated a collaboration with the Institut de Chimie des Substances Naturelles (ICSN, CNRS) : the screening of 2,960 molecules lead to the discovery of two new types of inhibitors of Prion replication in cell culture. Their mode of action have been investigated, and a new mechanism of destabilisation of the Prion precursor has been found out.

Secondly, this work focused on the cellular susceptibility to infection to human Prions. We attempted to develop cellular models infected by human Prions, using several complementary approaches. In spite of numerous tests, models expressing human Prion Protein were resistant to human Prions. Nevertheless, we demonstrated that a murine cell line could replicate human Prions, in a subchronic manner.

Keywords : Prion diseases, therapy, protein destabilisation, diagnostic, cellular susceptibility, cellular infection, cellular permissivity, strain tropism, Prion replication.

Remerciements

Comme le veut la tradition, voici venu le moment des remerciements. L'exercice consiste certes principalement à n'oublier personne, mais, en sonnant la fin de quatre années passées au SEPIA, entouré de tant de personnes de qualité, il constitue en réalité une tâche plus hardue qu'il n'y paraît aux premiers abords. Car une page se tourne...

La première personne que je souhaite remercier particulièrement chaleureusement est mon directeur de laboratoire et responsable de thèse, Franck Mouthon. Je lui suis extrêmement reconnaissant de son soutien sans faille et de tous les instants, de sa disponibilité et de son attachement à ce que les gens soient heureux de travailler avec lui. Et pour tout cela, la mission est largement accomplie. Sa patience et ses facultés d'écoute et de compréhension de mes inquiétudes, mes questionnements, mes doutes et remises en question, qu'ils aient été scientifiques ou personnels, furent remarquables à tous point de vue, et marquants comme la si rare capacité qu'il possède à donner l'envie aux gens de le suivre. Son engagement est total, son enthousiasme quotidien, et j'espère que cette thèse sera un remerciement à la hauteur de ce qu'il m'a apporté humainement et scientifiquement. Nous serons amenés à travailler encore ensemble, j'en suis réellement ravi.

Je profite également de ce moment pour remercier sincèrement mon chef de service et directeur de thèse, Jean-Philippe Deslys pour son accueil et son soutien, pour la grande confiance dont il me fit preuve, et la liberté particulièrement appréciable dans laquelle j'ai pu évoluer. Nos contradictions scientifiques et divergences méthodologiques m'auront été très profitables pendant ces quatre ans au laboratoire, et m'auront montré une autre manière, différente mais complémentaire de la mienne, d'envisager la recherche.

Je souhaite également exprimer ma gratitude à Marlène Reboul, ma collaboratrice scientifique tant de fortune que d'infortune. Elle a grandement participé à ce travail de thèse, pas simplement scientifiquement, pas seulement techniquement, mais également moralement, par son soutien et sa présence, sa joie de vivre, et le coeur qu'elle mettait systématiquement à l'ouvrage. Elle a supporté tant mes (mauvais) jeux de mots que mes idées de manipulations (par moment) saugrenues et mon humeur (parfois) râleuse, et je l'en remercie sincèrement pour cela également, j'ai réellement apprécié travailler avec elle.

L'équipe dans laquelle j'ai travaillé pendant ces quelques années compte pour beaucoup dans l'excellent souvenir que je garderai de mon travail de thèse. Je crois avoir trouvé chez Natacha Lenuzza, ma « co-thésarde »préférée, un soutien réel, qui, même si elle aura du mal à le reconnaître, m'a été particulièrement profitable. J'ai notamment en mémoire quelques périodes difficiles de doutes partagés quant à nos capacités, mais je ne conserverai que les moments agréables, et pour tout cela, je la remercie franchement d'être comme elle est. Christèle Picoli, qui m'a accueilli à mon arrivée et formé au poste de travail, a toujours été là pour moi, dans les bons comme les mauvais moments, disponible et prête à aider, et je lui suis grandement redevable de cela. L'ambiance de l'équipe aurait été plus terne sans la rayonnante Virginie Nouvel : je la remercie de sa bonne humeur particulièrement communicative, et de sa joie de vivre incroyable. Enfin, je remercie Fabien Aubry, compagnon de nombreuses discussions politiques, écologiques, ou sur tout autre domaine : merci de croire en un monde meilleur, cela fait plaisir.

J'ai un pensée émue pour toutes les personnes du bâtiment Prion, que ce soit les animaliers, ou à l'étage Frédéric Auvré, Lylian Challier, Emmanuel Comoy, Capucine Dehen, Christelle Duval, Mickaël Eterpi, Sophie Freire, Dolorès Jouy, Pierre L'Erario, Pascal Morin, Audrey Perrin, Ludmilla Sissoeff, Vincent Thomas, et ceux que j'oublie involontairement. Plus spécifiquement, je remercie chaleureusement Valérie Durand, Guillaume Fichet, Dominique Marcé et Zhou Xu pour leur gentillesse, leur présence, et leur bonne humeur quotidienne qui faisait tant plaisir. Merci également à quelques mamans du SEPIA, Nathalie Lescoutra et Evelyne Correia, pour leur sympathie et leur joie de vivre, et pour avoir supporté ma difficile compagnie en animalerie et comme voisin de bureau.

Une grande partie de ce travail de thèse repose sur une collaboration initiée avec l'ICSN. J'en remercie certains de ses membres, Qian Wang, Alain Montagnac, Naïma Nhiri et Jean-Yves Lallemand, et tout particulièrement Françoise Guéritte, pour son aide essentielle à ce projet, et la qualité et la rapidité de ses réponses à mes multiples questions. La rencontre d'Eric Jacquet m'a également été très profitable, je le remercie tout à fait chaleureusement pour sa disponibilité, ainsi que sa rigueur scientifique doublée d'une gentillesse peu commune.

C'est un remerciement particulier que je souhaite adresser à Véronique Stoven (Ecole des Mines de Paris), ainsi qu'à Pierre Lebon (Hôpital Saint-Vincent de Paul) : ils m'ont aidé de nombreuses fois, ont été force de propositions, et pour cela, je les remercie très sincèrement. Merci également aux membres du jury que je n'ai pas encore cités, Jean-Jacques Hauw (Hôpital La Pitié-Salpétrière) et Human Rezaei (INRA), pour avoir accepté de participer à ce travail, pour leur présence et de leur disponibilité.

J'ai souhaité travaillé sur un grand nombre de lignées cellulaires, je remercie pour cela François Boussin (CEA), Marie-Laure Caillet-Boudin (INSERM), Sétha Douc-Rasy (IGR), Marc Fontaine (Université de Rouen), François Freymuth (CHU Caen), et Geraldine Shu (University of Washington). Le projet a également été enrichi par divers collègues : Chantal Desmaze et Déborah Revaud (CEA), ainsi que Serge Romana et Valérie Leluc-Malan (Hôpital Necker), qui ont apporté leur expertise en cytogénétiques. Chantal Azerrad (Hôpital Necker) nous a fourni les lignées encapsidantes mais surtout une expertise dans le domaine des transductions virales. Je remercie tout particulièrement les deux Chantal, pour leur gentillesse et la rapidité de leurs réponses, ainsi que Daniel Zerbino (EMBL) pour ses précieux conseils.

Des remerciements officiels ne sauraient être complets sans ma famille et mes amis : Amélie, Damien, mes Parents, ma Grand-mère, Anne-Charlotte, mes ex-colocataires et autres amis proches, ainsi que tous les autres qui sauront se reconnaître. Vous comptez énormément pour moi, et ces remerciements modestes ne sauraient rendre compte de ce que je vous dois... et cela représente beaucoup plus qu'une thèse. Et c'est à Grand-père que je dédie cette thèse, il aurait été heureux d'y assister, j'aurais été heureux qu'il y assiste.

J'aimerais pouvoir donner autant que j'ai reçu, merci donc à tous pour ce travail qui s'est déroulé dans les meilleures conditions. Il paraît que l'on ne réalise l'importance des gens qu'une fois que les chemins se séparent, mais gageons ici que nous n'aurons pas besoin de cela pour s'en rendre compte. Alors à très bientôt...

Table des matières

Table des figures

Liste des tableaux

Liste des abréviations

ADN	Acide Désoxyribonucléique
ADNc	ADN complémentaire
AMPc	Adénosine Monophosphate Cyclique
AmphoB	Amphotéricine B
APP	Précurseur de la Protéine Amyloïde
AR	Acide Rétinoïque
ARNm	Acide Ribonucléique messager
ATNC	Agent Transmissible Non Conventionnel
BASE	Encéphalopathie Spongiforme Bovine Amyloidique
BHE	Barrière Hémato-Encéphalique
CDI	Conformation Dependent Immunoassay
CFC	Test de conversion acellulaire (Cell-Free Conversion assay)
CPA	Cell Panel Assay
CTB	Sous-unité B de la Toxine Cholérique
CWD	Syndrome du dépérissement chronique (Chronic Wasting Disease)
DC	Cellule Dendritique
DMSO	Diméthylsulfoxyde
DRM	Microdomaine Résistant aux Détergents (Detergent Resistant Microdomains)
DSF	Differential Scanning Fluorimetry
ERAD	Dégradation Endosplamique Associée au Réticulum
ESST	Encéphalopathie Spongiforme Subaigüe Transmissible
FDC	Cellule Folliculaire Dendritique
FISH	Hybridation *In Situ* par Fluorescence
FT	Facteur de Transcription
GAG	Glycosaminoglycane
GFAP	Protéine Glio-Fibrillaire Acide
GFP	Protéine fluorescente verte (Green Fluorescent Protein)
GPI	Glycosyl-Phosphatidyl-Inositol
GSS	Syndrome de Gerstmann-Sträussler-Scheinker
HS	Héparane Sulfate
HSP	Protéine de Choc Thermique (Heat Shock Protein)
HSPG	Héparanes Sulfates Protéo-Glycanes
ICSN	Institut de Chimie des Substances Naturelles
IFF	Insomnie Fatale Familiale
IFS	Insomnie Fatale Sporadique
InVS	Institut de Veille Sanitaire
kDa	kilo-Dalton
KO	Knock-out / souris délétée d'un gène
LCR	Liquide Céphalo-Rachidien
LR	37kDa/67kDa Récepteur à la Laminine
LRP	37kDa/67kDa Précurseur du Récepteur à la Laminine
LT	Lymphotoxine
MAPK	Mitogen-activated Protein Kinase

MCD	Méthyl-β-cyclo-dextrine
MCJ	Maladie de Creutzfeldt-Jakob
MCJf	Maladie de Creutzfeldt-Jakob familiale
MCJi	Maladie de Creutzfeldt-Jakob iatrogène
MCJs	Maladie de Creutzfeldt-Jakob sporadique
MEK	Protéine kinase (Mitogen-Activated Protein Kinase)
MFI	Intensité Moyenne de Fluorescence (Mean Fluorescence Intensity)
MRE	Elément répondant au Métal (Metal Responsive Element)
MuLV	Virus de la Leucémie Murine (Murine Leukemia Virus)
NCAM	Molécule d'Adhésion (Neural Cellular Adhesion Molecule)
NGF	Facteur de croissance neuronale (Neuronal Growth Factor)
NSC	Cellules souches neuronales (Neural Stem Cells)
ORF	Cadre ouvert de lecture (Open Reading Frame)
PEG	Polyéthylène Glycol
PEI	Polyéthylèneimine
PI-PLC	Phospholipase C spécifique du Phosphatidylinositol
PK	Protéinase K
PLA2	Phospholipase A2
PMCA	Amplification Cyclique des Protéines Mal repliées
PPS	Pentosane Polysulfate
PRNP	Gène humain codant pour la protéine du Prion
Prnp	Gène murin codant pour la protéine du Prion
PrP	Protéine du Prion
PrP-/-	Souris KO pour le gène *Prnp*
PrP^{c}	Protéine du Prion cellulaire
PrP^{rec}	Protéine du Prion recombinante
PrP^{res}	Protéine du Prion PK-résistante
PrP-ΔGPI	PrP non ancrée GPI
PrP^{Sc}	Protéine du Prion « Scrapie »
PrP^{sen}	Protéine du Prion PK-sensible
PSPr	Prionopathie Sensible aux Protéases
qPCR	quantitative Polymerase Chain Reaction
QUIC	Conversion induite par agitation (QUaking-Induced Conversion)
RAR	Récepteur de l'Acide Rétinoïque
RE	Réticulum Endoplasmique
RMN	Résonance Magnétique Nucléaire
RO	Répétition d'Octapeptides
ROS	Dérivé Réactif de l'Oxygène (Reactive Oxygen Species)
SAF	Fibrilles associées à la tremblante (Scrapie Associated Fibrils)
SCA	Scrapie Cell Assay
SDS	Sodium Dodecyl Sulfate
SIFT	Scanning for Intensely Fluorescent Targets
SLR	Système Lymphoréticulaire
SNC	Système Nerveux Central
SNP	Polymorphisme mononucléotidique (Single Nucleotide Polymorphism)
SNP	Système Nerveux Périphérique
SOD	Super Oxyde Dismutase
SPR	Résonance des Plasmons de Surface
SRP	Protéine de Reconnaissance du Signal (Signal Recognition Protein)
TBM	Macrophages à Corps Tingibles (Tingible Body Macrophages)
ThS, ThT	Thioflavine S, T
TM	Région Transmembranaire
TNF	Facteur de nécrose tumorale (Tumor Necrosis Factor)
vMCJ	variant de la Maladie de Creutzfeldt-Jakob
VSV-G	Protéine G du Virus de la Stomatite Vésiculaire

Première partie

Etat de l'art sur les Infections à Prions

Chapitre I

Généralités sur les maladies à Prions

Par souci de clarté, dans la bibliographie, le choix a volontairement été porté sur les revues récentes plutôt que sur les articles princeps, lorsque cela était possible.

Les Encéphalopathies Subaiguës Spongiformes Transmissibles (ESST) sont des maladies neurodégénératives d'évolution systématiquement fatale. Les agents responsables de ces pathologies sont très en marge du monde microbiologique classique et sont appelés Agents Transmissibles Non Conventionnels (ATNC) ou Prions. La seule modification moléculaire spécifique retrouvée est l'accumulation d'une forme anormale d'une protéine de l'hôte, la protéine du Prion.

Actuellement, le risque de santé publique lié aux ESST demeure, notamment par la transmission iatrogène du variant de la maladie de Creutzfeldt-Jakob (vMCJ) par les produits sanguins. En effet, quatre contaminations humains post-transfusionnelles ont été déclarées à ce jour au Royaume-Uni. Un cinquième cas suspect, lié à une éventuelle transmission du vMCJ par un dérivé plasmatique a été décrit au premier trimestre 2009. De plus, aucune thérapeutique ne s'est révélée efficace chez l'homme, et il n'existe aucun test diagnostic *ante mortem*, le seul diagnostic de certitude étant établi après la mort du patient par une analyse histologique ou biochimique.

1 Quelques caractéristiques communes

Toutes les maladies à Prions, qu'elles touchent l'homme ou l'animal, présentent une série de traits communs :

Transmissibilité : Les maladies à Prions sont toutes transmissibles, et cette transmission est intraspécifique, mais également interspécifique. A ce jour, une vingtaine de souches différentes ont été isolées et caractérisées sur divers modèles animaux. Ces souches sont caractérisées, chez un même hôte, en fonction de leur durée d'incubation moyenne ainsi que de leur profil lésionnel au niveau de diverses zones du cerveau (ce profil est défini par un score de la spongiose).

Longue durée d'incubation : Elles présentent une durée d'incubation pouvant atteindre 50 ans chez l'homme, comme cela a été montré pour la maladie du Kuru, en Papouasie-Nouvelle-Guinée. Cette phase lente, silencieuse et asymptomatique, est suivi d'une phase clinique évoluant en quelques mois ou années et menant systématiquement à la mort de l'individu ou de l'animal.

Signes cliniques : Les patients présentent des démences, parfois associées à une myoclonie (contraction musculaire rapide involontaire), ou à une ataxie cérébelleuse (trouble de coordination des mouvements). De plus, certains patients présentent un profil électro-encéphalographique particulier. Ces signes sont cependant détectés chez 60 % des patients, et dépendent de la région cérébrale la plus touchée, ainsi que de l'âge de la survenue de la maladie, et de la souche infectante. Neanmoins, ces signes permettent une première orientation du diagnostic clinique.

Dégénérescence neuronale et lésions spécifiques : Ces maladies sont caractérisées par une dégénérescence du système nerveux central, et majoritairement des neurones corticaux et de certains noyaux, ainsi que par une absence de réaction immunitaire ou inflammatoire.

Les lésions sont confinées au Système Nerveux Central (SNC), et sont spécifiques des maladies à Prions. Elles comportent une gliose réactionnelle, une spongiose du neuropile (constitué des axones et des dendrites), ainsi qu'une forte perte neuronale dans les zones les plus touchées. Enfin, l'accumulation d'une protéine de l'hôte est observée, au sein du SNC mais également (et cette fois sans lésion associée) dans les organes lymphoïdes.

2 Des maladies humaines et animales

L'incidence annuelle des maladies à Prions est comprise entre 1,5 et 2 cas par million d'habitants, sans biais lié au genre. En France, depuis 2001, le nombre de cas de maladies à Prions par an est environ égal à 130, d'après l'Institut de Veille Sanitaire (InVS, http ://invs.sante.fr). Ils se répartissent de la façon suivante : 80% de formes sporadiques (MCJ sporadique, Insomnie Fatale Sporadique), 10% de formes génétiques (MCJ familiale, Gerstmann-Sträussler-Scheinker, Insomnie Fatale Familiale), moins de 10% de maladies iatrogènes (traitement par les hormones de croissance, greffes de dure-mère), et moins de 1% liés à l'ingestion de produits bovins contaminés (variant de la MCJ, ou vMCJ).

Nous décrirons plus particulièrement dans cette partie les formes humaines liées à des cas de contamination, qui constituent le coeur du problème de santé publique actuellement.

2.1 Historique

En 1732 est décrite en Angleterre la première maladie à Prion, sous le terme de « scrapie » (tremblante). Les moutons présentent une forte ataxie, certains changements comportementaux interviennent, un prurit sévère est noté, et la mort de l'animal est systématique. En 1922, Hans Creutzfeldt, élève d'Aloïs Alzheimer, et Alfons Jakob, décrivent des cas étonnants chez l'homme, il s'agit des premières descriptions de cas cliniques humains. En 1936, deux vétérinaires français, Jean Cuillé et Paul-Louis Chelle, démontrent que l'agent responsable de la tremblante se transmet horizontalement dans les troupeaux ovins[1].

Plus tardivement, en 1947, dans un élevage du Wisconsin, une seconde maladie vient s'ajouter à la liste des maladies animales, il s'agit de l'encéphalopathie du vison, probablement due à la distribution de carcasses ovines ou bovines, données comme nourriture aux visons. Une dizaine d'années plus tard, toujours aux Etats-Unis mais cette fois-ci dans le Wyoming et le

Colorado, des chercheurs commencent à étudier une nouvelle maladie, le syndrome du dépérissement chronique (ou CWD), maladie touchant les cervidés sauvages, et parfois actuellement plus de 10% des animaux testés.

En 1957, deux médecins, Carleton Gajdusek et Vincent Zigas, lors d'une étude menée en Nouvelle-Guinée, décrivent que dans certaines tribus cannibales, les Forés, les femmes et les enfants étaient atteints de troubles neurologiques mortels (maladie du Kuru) : ils deviennent invalides, perdent leurs fonctions motrices (marche, parole), tremblent, et graduellement la démence s'installe, et les individus meurent. L'épidémie aura causé la mort de 3.000 personnes, sur une population totale de 30.000, et dans les années 1950, il est estimé que le Kuru est la première cause de mortalité (50%).

Deux ans plus tard, le vétérinaire William Hadlow montre des ressemblances troublantes entre le Kuru et les cas de tremblante du mouton décrits auparavant.

La radiobiologiste Tikvah Alper, en 1966, montre alors que l'agent est résistant aux radiations ionisantes, ce qui semble incompatible avec la présence d'acides nucléiques. Clarence Gibbs et Carleton Gajdusek, après inoculation de diverses préparations de cerveaux contaminés par le Kuru et la maladie de Creutzfeldt-Jakob, transmettent pour la première fois ces maladies à des primates.

Le mathématicien John Griffith, en 1967, propose un modèle de réplication d'un agent protéique en absence d'acides nucléiques. En 1976, Carleton Gajdusek reçoit un Prix Nobel, pour ses études sur le Kuru. Peu après, en 1982, Stanley Prusiner identifie une protéine, appelée la Protéine du Prion, copurifiant avec l'infectiosité ; à ce stade, il propose alors qu'elle soit l'agent infectieux. En 1985, il est découvert que cette protéine est codée par un gène de l'hôte.

La première crise de la vache folle éclate au Royaume-Uni en 1996, suite à la découverte, chez l'homme d'une nouvelle forme de la maladie de Creutzfeldt-Jakob, possiblement liée à l'ingestion de produits bovins contaminés par l'Encéphalopathie Spongiforme Bovine (ESB). Elle sera suivie en 2000 par une crise en France.

Entre temps, en 1997, Stanley Prusiner se voit décerner un Prix Nobel pour son hypothèse d'infection qui serait uniquement médiée par une protéine de l'hôte repliée anormalement, la Protéine du Prion.

Diverses maladies animales et humaines sont présentées brièvement dans le tableau A.I.1. Plus récemment furent décrites de nouvelles souches de Prions, telles que la souche bovine BASE (Encéphalopathie Spongiforme Bovine Amyloïdique)[2], qui pourrait être la souche à l'origine de l'épidémie de la vache folle, ou la tremblante atypique, touchant le mouton[3].

Une nouvelle maladie a été décrite en 2008 chez l'homme, la PSPr (Prionopathie Sensible aux Protéases)[4]. Une origine génétique est soupçonnée (mais sans qu'une mutation dans le cadre de lecture du gène de la PrP soit identifiée), car les patients avaient souvent des membres de leur famille qui présentaient certaines formes de démence. Ces maladies constitueraient 3% des cas de forme sporadique de maladies à Prions humaines.

2.2 Liens entre les épidémies d'ESB et de vMCJ, et risque de santé publique

Une ESST a plus particulièrement retenu l'attention des médias, il s'agit de la maladie de la vache folle, ou Encéphalopathie Spongiforme Bovine (ESB). La maladie est diagnostiquée pour la première fois en 1986, et une première crise majeure a eu lieu en 1996. Selon toutes

Maladies à Prions animales			
Nom	**Espèces**	**Cause**	**Date**
Tremblante du mouton	Ovins	Chez les animaux génétiquement sensibles ; Transmission verticale/horizontale	1732
Tremblante atypique	Ovins	Chez les animaux génétiquement sensibles	2003
Encéphalopathie spongiforme bovine (ESB)	Bovins	Recyclage de l'agent de l'ESB dans la fabrication des farines alimentaires ; premier cas d'origine inconnue	1986
Encéphalopathie Spongiforme Bovine Amyloïdique (BASE)	Bovins	Inconnue	2004
Encéphalopathie Spongiforme du Vison	Vison	Infection par voie alimentaire par une souche inconnue	1947
Encéphalopathie Spongiforme Féline	Chats/félidés	Infection par voie alimentaire par l'agent de l'ESB	1990
Syndrome du dépérissement chronique (CWD)	Cervidés	Transmission horizontale importante	1960
Maladies à Prions humaines			
Nom	**Origine**	**Cause**	**Date**
Kuru	Infectieuse	Infection par endocannibalisme	1957
MCJ iatrogène (MCJi)	Infectieuse	Injection/Transplantation de matériel biologique contaminé	1974
MCJ sporadique (MCJs)	Sporadique	Inconnue	1922
MCJ familiale (MCJf)	Familiale	Mutation dans le gène de la PrP	1924
Variant de la MCJ (vMCJ)	Infectieuse	Infection par voie alimentaire par l'agent de l'ESB	1995
Gerstmann-Sträussler-Scheinker (GSS)	Familiale	Mutation dans le gène de la PrP	1936
Insomnie Fatale Familiale (IFF)	Familiale	Mutation dans le gène de la PrP	1986
Insomnie Fatale Sporadique (IFS)	Sporadique	Inconnue	1999
Prionopathie Sensible aux Protéases (PSPr)	Sporadique	Inconnue	2008

Tab. A.I.1: *Les maladies à Prions humaines et animales.*

hypothèses, le recyclage des farines ovines et bovines ainsi que l'utilisation de nouveaux procédés de fabrication de ces farines seraient à l'origine de cette épidémie. L'origine du premier cas infecté reste inconnue, il pourrait s'agir de carcasses de moutons atteints de tremblante ayant infecté quelques bovins, ou d'un cas sporadique de maladie à Prions chez un bovin. Jusqu'en 2008, environ 200.000 cas d'ESB ont été diagnostiqués dans le monde (source OIE, voir figure A.I.1), et ces données suggèrent que plus d'un million de bovins infectés seraient rentrés dans la chaîne alimentaire humaine[5].

Par ailleurs, le variant de la Maladie de Creutzfeldt-Jakob (vMCJ) fut reconnu en 1996 en Angleterre, et à ce jour près de 200 cas sont décrits dans le monde (source EuroCJD, voir figure A.I.1). Les expériences de transmission et les comparaisons de souches ont permis d'indiquer que l'épidémie de vMCJ serait liée à l'ingestion de produits bovins contaminés par l'ESB[6,7]. En effet, les profils lésionnels, les durées d'incubation chez l'animal, ainsi que les signatures biochimiques des agents sont comparables.

Les différents modèles épidémiologiques, développés à partir notamment d'études à grande échelle[8], s'accordent sur une épidémie de vMCJ de petite taille (consensus de 300 à 1.500 cas environ) pour une durée moyenne d'incubation estimée à environ 15 ans[9].

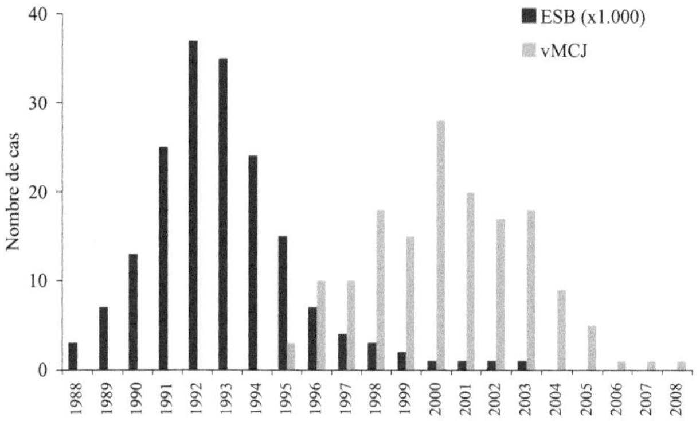

Fig. A.I.1: *Les cas d'ESB et de vMCJ à travers le monde (source OIE, EuroCJD, 01/2009).*

Même si le risque de transmission de la maladie de la vache folle à l'homme semble actuellement maîtrisé, il persiste actuellement un risque de santé publique lié à la transmission iatrogène du vMCJ notamment par transfusion sanguine.

Le risque actuel ne repose plus nécessairement sur la filière alimentaire, qui semble maîtrisé, mais plutôt sur les risques de contamination secondaire par transfusion sanguine[10]. En effet, l'agent responsable du vMCJ est transmissible par le sang, et présent dans les divers fractions sanguines (globules blancs, plasma). En raison de sa petite taille, il n'est pas ou peu retenu par les filtres conventionnels de stérilisation, et il n'est pas reconnu comme agent exogène par le système immunitaire de la personne transfusée[11]. De plus, la durée d'incubation de ces maladies pouvant être très longue (plus de 40-50 ans[12]), et l'infection par voie sanguine étant très efficace, le risque demeure très présent. Il dépendrait de trois paramètres[13] : (i) l'intervalle de temps entre le don du sang et le début des signes cliniques, (ii) les variations génétiques du donneur et du receveur, et (iii) le compartiment sanguin transfusé.

2.3 La maladie de Creutzfeldt-Jakob iatrogène, ou MCJi

La description du premier cas de patient atteint de MCJi remonte à 1974, suite à une greffe de cornée, mais depuis, de nombreux autres cas se sont déclarés. En effet, la majorité des patients atteints de MCJi ont été infectés suite à une greffe de dure-mère contaminée, principalement au Japon, ou à l'injection d'hormone de croissance, majoritairement en France, en Angleterre et aux Etats-Unis[14].

De 1960 à 1988, les troubles liés à une insuffisance hypophysaire en France ont été soignés par l'injection d'hormones de croissance. 1968 enfants ont été traités, et à ce jour 117 patients sont décédés des suites de ces traitements, et au moins trois seraient en phase symptomatique.

Le fait que tous les patients atteints de MCJi partagent une même période courte de traitement par les hormones de croissance (décembre 1983 à juin 1985) suggère l'existence d'un ou plusieurs contaminants communs, probablement l'introduction de glandes pituitaires (hypophyses) prélevées sur des cadavres contaminés, ainsi que les contaminations croisées de plusieurs lots d'hormones[14].

Les diverses contaminations iatrogènes par des Prions sont décrites dans le tableau A.I.2.

Mode de transmission	Cas (n)	Incub.	Signes cliniques
Neurochirurgie	4	1,6 an	Visuel/Cérébelleux/Démence
Electrodes profondes	2	1,5 an	Démence
Transplantation de cornée	3	15,5 ans	Démence
Greffe de dure-mère	196	6 ans	Visuel/Cérébelleux/Démence
Hormone de croissance humaine	194	12 ans	Cérébelleux
Gonadotrophine humaine	5	13 ans	Cérébelleux
Transfusion sanguine	4	6,5 ans	Psychiatrique

Tab. A.I.2: *Transmission iatrogène des maladies à Prions (chiffres 2006)*[14].

2.4 Des maladies caractérisées par les mêmes modifications moléculaires

En dehors d'altérations biochimiques réactionnelles, consécutives aux lésions du SNC, la seule modification moléculaire spécifique des ESST est l'accumulation précoce et progressive d'une protéine de l'hôte, la PrP ou Protéine du Prion. Cette protéine s'accumule, sans modification de l'expression de son messager, proportionnellement au titre infectieux, sous une forme anormalement repliée qui lui confère une résistance accrue à son mécanisme de dégradation.

La protéine normalement produite chez l'hôte est appelée PrP cellulaire (PrP^c) et la protéine pathologique, i.e. sous forme anormale, est appelée PrP résistante (PrP^{res}), ou Protéine du Prion « Scrapie » (PrP^{Sc}). Cette dernière est résistante à la Protéinase K (PK), le produit de cette digestion très modérée s'appelle la PrP27-30[15] (environ 142 acides aminés, soit un poids moléculaire compris entre 27 et 30 kDa)(voir figure A.I.2 et tableau A.I.3).

La PrP^c est une sialoglycoprotéine de 33 à 35 kDa, dont on ignore encore le rôle précis. Elle est exprimée majoritairement par les neurones et les Cellules Folliculaires Dendritiques

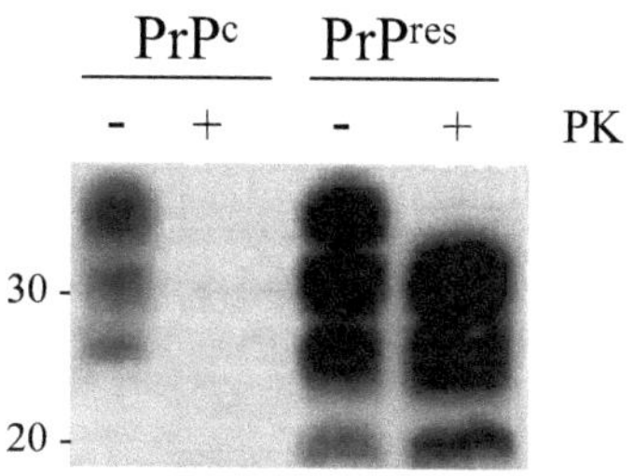

Fig. A.I.2: *Détection de PrP normale (PrP^{c}) et pathologique (PrP^{res}) par Western Blot. Les bandes de la PrP^{c} correspondent à trois glycoformes différentes, et sont également identifiées dans la forme résistante de la PrP. Pour cette dernière, une bande supplémentaire indique la présence d'une forme clivée de la PrP.*

Nom	**Description**
PRNP	*Gène codant pour la PrP humaine*
PrP	Protéine du Prion
PrP^{c}	Protéine du Prion cellulaire
PrP^{res}	Protéine du Prion résistante
PrP^{Sc}, PrP^{TSE}, PrP^{MCJ}, PrP^{d}	Agent infectieux
PrP^{sen}	Protéine du Prion PK-sensible
PrP^{rec}	Protéine du Prion recombinante
PrP27-30	PrP^{Sc} après digestion par la PK
PrP^{res}	Protéine du Prion résistante

Tab. A.I.3: *Nomenclature des diverses formes de la PrP.*

(FDC). Elle se trouve attachée à la surface externe de la membrane plasmique par un ancrage Glycosyl-Phosphatidyl-Inositol (ancre GPI)[16]. Biochimiquement, la PrP^{res} est caractérisée par un important enrichissement en feuillets β (voir tableau A.I.4), qui participent à ses propriétés amyloïdes (ayant une affinité notamment pour le Rouge Congo).

Des modification post-traductionnelles chimiques ont été recherchées, mais sans réel succès, pour expliquer les différences biochimiques entre la PrP^{c} et la PrP^{res}. Les deux formes diffèrent par des modifications structurales post-traductionnelles[17].

3 Etiologie et description de l'agent

Aucun agent pathogène classique (virus, parasite, bactérie, champignon) n'a été décrit commme agent étiologique des maladies à Prions. Par ailleurs, la forte résistance de cet agent à tous les procédés décontaminant les organismes classiques dénote un caractère différent et ori-

Caractéristiques	PrP^c	PrP^{res}
Hélices α - Feuillets β	42% - 3%	30% - 43%
Temps de demi-vie	1,5-6 h	24 h
Ancrage GPI	+	+
Relargage par la PI-PLC	Sensible	Résistant
PK-résistance	Sensible	Résistant
Solubilité dans les détergents	Soluble	Insoluble

Tab. A.I.4: *Différences biochimiques entre PrP^{res} et PrP^c.*

ginal de l'agent : le terme d'ATNC (Agent Transmissible Non Conventionnel), ou Prions (pour Proteinaceous Infectious Particles), lui a donc été donné. Aujourd'hui encore, la meilleure façon de mettre en évidence l'infectiosité d'un ATNC est de déclencher chez l'animal de laboratoire une ESST après inoculation de l'échantillon contaminé.

3.1 Quelques propriétés des ATNC

Ces agents, très en marge des agents pathogènes classiques (bactéries, virus, champignons, ou parasites), présentent des caractéristiques très particulières, qui ont orienté les scientifiques, et notamment Stanley Prusiner, à émettre diverses théories sur leur nature.

3.1.1 Une forte résistance à la décontamination

Les ATNC sont des agents particulièrement résistants aux rayonnements, aux radiations ainsi qu'aux traitements chimiques. De plus, les Prions montrent une affinité pour l'acier chirurgical[18], et restent infectieux lorsque des surfaces métalliques contaminées sont soumises à de nombreux procédés d'inactivation, ce qui pose le problème de décontamination des matériels chirurgicaux. Par ailleurs, quatre cas de transmission du vMCJ par transfusion sanguine ont été décrits dans la littérature à ce jour en Angleterre[19], un cinquième cas est suspecté, et plus de 400 patients ont été atteints par la MCJi. Même si le nombre de cas diminue depuis les années 2000, la décontamination des Prions reste un enjeu de santé publique de premier plan. A ce jour, seules des procédures drastiques sont réputées efficaces et sont recommandées par l'Organisation Mondiale de la Santé (OMS).

Procédés physiques : En raison de leur résistance aux procédés physiques classiques de décontamination, de nouvelles méthodes ont été proposées.

- **Chaleur :** Les résultats de décontamination par la chaleur sont variables, et traduisent des différences de résistance des souches de Prions, ainsi que des différences d'état d'agrégation, de degré de purification et de conditions exactes d'expérimentation. Les ATNC sont particulièrement résistants à la chaleur sèche. Les autres pathogènes sont efficacement décontaminés par un traitement de 160°C pendant une heure, mais de telles méthodes se révèlent inadaptées aux Prions[20]. Des études menées à plus haute température (600°C) démontrent également l'extrême résistance de ces agents à la dénaturation par la chaleur sèche[21]. Actuellement, le procédé recommandé par l'OMS est le chauffage à 134°C (ou plus), sous 3 bars de pression humide, pendant 18 minutes. Ces procédés doivent être précédés d'une étape supplémentaire lors des décontaminations de matériels chirurgicaux, consistant en une immersion dans la soude 1N pendant une heure[22].

- **Rayonnements ultra-violets :** Les micro-organismes, constitués d'ADN ou ARN, sont traditionnellement décontaminés par une exposition aux ultra-violets, mais de telles méthodes se révèlent inefficaces contre les Prions[20]. Pour exemple, la bactériophage M13 est dégradé à 37% pour une dose de 6.5 J/m^2 (dose D_{37}), alors qu'il faut une dose 3.000 fois supérieure pour le même niveau de décontamination des Prions (pour la souche de hamster 263K)[23].
- **Radiations ionisantes et ultrasons :** Les Prions sont résistants aux ultrasons[24]. Par ailleurs, les radiations ionisantes, utilisées en stérilisation, sont peu efficaces contre les Prions, ces agents étant respectivement 1.000 et 20 fois plus résistants que le virus de l'Herpès et le VIH[25].

Procédés chimiques : De nombreux procédés chimiques inactivent les virus, bactéries, et les autres pathogènes, mais se révèlent inefficace dans la décontamination des ATNC. De plus, les procédés physiques ne sont pas toujours compatibles avec la nature du matériel à décontaminer (outils chirurgicaux, endoscopes, etc.)

- **Soude (NaOH) :** Seuls des pH fortement alcalins sont capables de diminuer efficacement le titre infectieux. Les bases minérales fortes comme la soude (1N, 40g/L, pH 14), pendant une heure à température ambiante, détruisent efficacement les ATNC. Cependant, certaines souches de MCJ et de tremblante ont été décrites comme résistantes à ce traitement[26].
- **Hypochlorite de sodium :** L'OMS recommande un traitement à température ambiante pendant une heure, dans une solution d'eau de Javel à 6.3°CHL (soit 20.000 ppm).
- **Détergents :** Les détergents non-ioniques, comme le Triton-X-100, le NP-40 ou le sulfobétaïne, sont peu efficaces dans la décontamination des Prions, mais les détergents ioniques tels que le Sodium Dodécyl Sulfate (SDS), à haute température (90 et 100°C), démontrent une activité relative contre les Prions[27].
- **Dérivés phénoliques :** Plusieurs dérivés phénoliques ont été testés, certains montrent une très bonne efficacité contre les Prions (souche 263K). Ils semblent des agents prometteurs dans la décontamination de certains instruments chirurgicaux ne résistant pas à la soude (comme les endoscopes)[28].
- **Peroxyde d'hydrogène :** Le peroxyde d'hydrogène sous forme gazeuse montre une très bonne efficacité contre les Prions, lorqu'il est associé à un détergent alcalin[28].
- **Thiocyanate de guanidium :** L'infectiosité d'un cerveau est réduite d'un facteur mille après immersion dans une solution de thiocyanate de guanidium à 2,5 M[29]. De plus, ses propriétés non corrosives laissaient supposer une alternative aux autres procédés de décontamination, mais son utilisation génère des dérivés cyanurés toxiques.
- **Formol :** La décontamination des Prions par le formol est inefficace, et il semble même que le formol protège partiellement les particules infectieuses contre des décontaminations ultérieures, notamment l'autoclavage[30].
- **Urée :** L'urée a une efficacité relative contre les Prions : la décontamination d'extraits purifiés de Prions est plutôt efficace, alors que la décontamination de tissus infectés (cerveau) n'a que peu d'effet sur l'infectiosité[31].

3.1.2 Notion de souches de maladies à Prions

Un phénomène assez étonnant dans le monde des Prions reste l'existence de différentes souches, alors que chez les animaux atteints par diverses souches, la protéine accumulée sous forme résistante est la même protéine dans sa séquence primaire, car il s'agit toujours de la PrP de l'hôte. Ces souches sont traditionnellement définies par la durée d'incubation chez l'animal, ainsi que par les profils lésionnels induits au niveau du système nerveux central, et elles sont fidèlement conservées passage après passage chez son hôte[32].

L'information biologique à la source du phénomène de souche reste à ce jour inconnue, mais pourrait reposer sur la présence de divers repliements structuraux de la PrP. Ces informations pourraient être portées dans la partie de l'infectiosité résistante à la protéinase K, car la PrP^{res} est décrite comme étant souche-spécifique[33].

Les différentes techniques de typage des souches sont présentées dans le tableau A.I.5.

Principe du test	Méthode/Substrat	Durée	Coût
Période d'incubation chez la souris	Souris	Années	+++
Profil de lésions histologiques	Souris	Années	+++
Histoblot	Immunohistologie	Jours	++
Conformation Dedendent Immunoassay (CDI)	ELISA	Jours	+
Test de stabilité de la conformation	Western Blot	Jours	++
Sites de clivage par la PK	Western Blot	Jours	+
Détection par des anticorps N-terminaux	Western Blot	Jours	+
Profils de glycosylation	Western Blot	Jours	+
Détection des amyloïdes (thioflavine, Rouge Congo)	Histochimie	Heures	+
Polymères luminescents	Histochimie	Heures	+
Cell Panel Assay (CPA)	Culture cellulaire	Semaines	++
Recherche de mutations dans l'ORF	*ADN*	*Jours*	*+*

Tab. A.I.5: *Caractérisation des souches de Prions humaines et animales, adapté de A. Aguzzi*[34].

3.2 Nature de l'agent infectieux

De nombreuses théories ont été avancées pour décrire la nature précise des ATNC pendant le vingtième siècle, il a été ainsi proposé que ces agents soient des virus, des polysaccharides ou membranes se répliquant, des protéines, des virinos, ou des acides nucléiques mitochondriaux.

Les Prions résistent aux procédés habituels de décontamination, comme la chaleur, les radiations ionisantes, les rayonnements, les détergents. De plus, ils échappent à toute observation directe en microscopie électronique. En outre, *in vivo*, ils ne déclenchent pas de réaction inflammatoire ou immunitaire chez l'hôte, et la présence d'infectiosité n'est pas nécessairement corrélée à la présence de la forme résistante de la PrP. Enfin, à ce jour, aucun acide nucléique spécifique n'a été copurifié avec l'infectiosité, et l'agent est résistant aux nucléases, alors que son pouvoir infectieux est inhibé par les procédés dégradant les protéines (protéases, ions chaotropes, SDS, etc.). Ainsi, un certain nombre d'arguments conteste l'appartenance de ces Prions au monde viral.

Cependant, les ATNC présentent quelques propriétés semblables aux virus. Tout d'abord, il existe diverses souches d'ATNC, caractérisées par les lésions et la durée de la maladie qu'elles induisent. Ils sont spécifiques d'une espèce, et il existe des barrières d'espèces relatives ou absolues, différentes selon les souches. De plus, ils s'adaptent à l'hôte, peuvent « muter », et leur taille se situerait entre 18 et 25 nm, taille caractéristique d'un virus. Enfin, *in vivo*, leur comportement est comparable à celui des virus lents, avec une infection progressive et une incubation longue (semblable aux lentivirus). Cela a contribué, pendant des années, à classer les Prions dans la catégorie des « virus lents ».

3.2.1 Diverses hypothèses sur la nature des Prions

Parmi les diverses hypothèses historiquement proposées, deux hypothèses se dégagent plus clairement.

L'hypothèse du virus, demeurant marginale : Cette hypothèse propose l'idée selon laquelle l'agent responsable des ESST ne serait pas une protéine anormalement repliée sous une forme pathogène et infectieuse, mais plutôt un virus. La transconformation de PrP^{c} en PrP^{res} serait une conséquence et non une partie intégrante de la réplication de l'agent.

Des particules « virus-like » ont ainsi été identifiées dans les cellules infectées par deux souches de maladies à Prions (tremblante et MCJ)[35]. Dotées d'un diamètre de 25 nm, elles sont également présentes dans les fractions très infectieuses produites à partir de cerveaux de patients atteints. De plus, les analyses menées en microscopie électronique ne mettent pas en évidence de colocalisation entre les particules identifiées et la présence de PrP. Ainsi, il est proposé que ces particules constituent l'agent infectieux des Encéphalopathies Spongiformes Transmissibles.

L'hypothèse protéique, communément admise au sein de la communauté scientifique : En 1982, Stanley Prusiner propose que l'agent infectieux contient une protéine, qui est requise pour l'infectiosité[24], et appelle donc l'agent Prion (pour « Proteinaceous Infectious Particle »). Cette protéine, codée par le gène *PRNP* chez l'homme ou *Prnp* chez la souris, copurifie avec l'infectiosité[36], et est démontrée comme s'accumulant sous une forme anormale dans les cerveaux des patients ou animaux atteints, et progressivement tout au long de la maladie. Plus tardivement, l'utilisation de diverses souris transgéniques, KO pour le gène *Prnp*, sur-exprimant ou sous-exprimant la PrP de souris ou d'autres espèces animales a montré que le gène codant pour la PrP était un facteur contrôlant la susceptibilité, la physiopathologie ainsi que la notion de barrière d'espèce[37,38]. Ainsi, l'agent serait la PrP sous une forme anormalement repliée, la PrP^{Sc}.

Très récemment a été décrite une PrP recombinante provenant d'un système hétérologue et convertie artificiellement en forme anormale : cette protéine présente un caractère infectieux dans des modèles particuliers de souris transgéniques exprimant la PrP murine tronquée (89-231)[39].

En outre, des analogues des Prions ont été décrits chez les champignons, comme les protéines Sup35p ou Ure2p chez *Saccharomyces cerevisiae* ou HetS chez *Podospora anserina* : ces protéines existent sous plusieurs formes, codant pour divers phénotypes transmissibles d'une façon non-mendélienne de mère à fille dans le cytoplasme, et constituent, tout comme la PrP recombinante, une preuve de plus à l'hypothèse de Prusiner.

Chez certains mammifères et ces levures, l'agent infectieux serait donc constitué d'une protéine sous une forme amyloïde, s'accumulant sous diverses formes, fibrillaires, oligomériques, multimériques, etc. Ainsi, afin de préciser la nature de l'agent infectieux, diverses tailles d'agrégats ont été purifiées, et leur infectiosité a été évaluée[40]. Selon cette étude, l'agent le plus infectieux serait constitué de 14 à 28 molécules de PrP, l'infectiosité serait virtuellement absente des fractions inférieures à cinq molécules (petits oligomères), et faible pour les agrégats fibrillaires. Cela supporte l'hypothèse selon laquelle les petits agrégats sont plus pathologiques que ceux de grande taille, ce qui est également observé pour les agrégats présents dans les cerveaux des patients atteints de la maladie d'Alzheimer[41].

De plus, afin d'expliquer la réplication de cet agent, Stanley Prusiner propose que la forme anormale de la PrP possède la propriété intrinsèque de pouvoir se fixer sur la forme normale, de lui transmettre son information structurale et ainsi transconformer la PrP^{c} en PrP^{Sc}. Ce mécanisme de réplication de proche en proche constitue le phénomène de propagation des Prions. Il est de plus étayé par un certain nombre d'expériences, et notamment les travaux menés sur la PMCA (voir partie II.1.2), technique permettant une amplification très sensible des Prions par des séries d'incubation et de sonication, mimant le mécanisme de réplication *in vivo*. L'utilisation de cette technique montre un rôle essentiel des acides nucléiques dans la conversion de la forme cellulaire en forme résistante[42].

Une des difficultés liées à l'hypothèse de réplication des Prions reste d'expliquer l'existence de multiples souches, naturelles ou expérimentales, en l'absence d'un acide nucléique détectable. La diversité conformationnelle des Prions a été proposée comme origine des maladies à Prions[43], en raison des études de résistances chimiques à l'inactivation, et notamment par le thiocyanate de guanidium.

L'hypothèse du Prion est ainsi largement admise, même si quelques incertitudes demeurent, notamment concernant le rôle de partenaires des acides nucléiques et la description d'infectiosité sensible à la PK (PrP PK-sensible ou PrP^{sen}).

3.2.2 Mécanismes de réplication des ATNC et de conversion de la PrP

Selon l'hypothèse la plus convaincante, les ATNC seraient donc constitués de molécules de PrP, dont la structure se transconformerait lors de la réplication de l'agent. La néoconformation de la PrP^{Sc} se fait ainsi au détriment de la forme normale, par un mécanisme post-traductionnel dont la nature précise reste à déterminer. Ainsi, de proche en proche, les monomères mal repliés s'oligomérisent, forment des protofibriles ou d'autres intermédiaires, puis des fibriles et plaques amyloïdes[44], détectables par divers composés comme le Rouge Congo.

Deux hypothèses sont proposées pour expliquer ce phénomène de transconformation et de propagation des Prions (voir figure A.I.3).

Modèle de l'hétérodimère : Ce premier modèle propose que ce sont les interactions entre des particules de PrP^{c} et de PrP^{Sc} qui convertissent la forme cellulaire en forme anormale[45]. Une forte barrière énergétique inhibe la conversion spontanée de PrP^{c} en PrP^{Sc}.

Modèle de nucléation-polymérisation : Selon ce modèle, il existerait un équilibre thermodynamique entre les deux formes endogènes de la PrP, la PrP^{c} et la PrP^{Sc}. En présence d'un centre de nucléation exogène (composé d'un certain nombre de molécules de PrP^{Sc}), la PrP^{Sc} néoformée est recrutée par ce centre, qui, de proche en proche, subit une polymérisation. Avec une telle structure proche des cristaux, la fragmentation des agrégats augmente le nombre de noyaux, qui peuvent recruter plus de PrP^{Sc}, menant ainsi à une réplication apparente de l'agent infectieux[46]. Le phénomène de polymérisation des Prions est mimé *in vitro* par la technique de PMCA[47], qui repose sur l'hypothèse que la propagation des Prions suit un mécanisme de nucléation-polymérisation (voir partie II.1.2).

Dans les deux cas, les principes biophysiques fondamentaux des macromolécules indiquent que le passage d'un conformère à l'autre implique nécessairement le passage par un état déplié, même partiel[48]. La région de la PrP impliquée dans ce changement conformationnel reste pour le moment toujours obscure, ce qui semble en partie dû à l'absence d'une structure hautement résolue de la PrP^{Sc}. Cependant, l'extrémité N-terminale ne semble pas essentielle aux phénomènes de transconformation de la forme cellulaire en forme résistante[49].

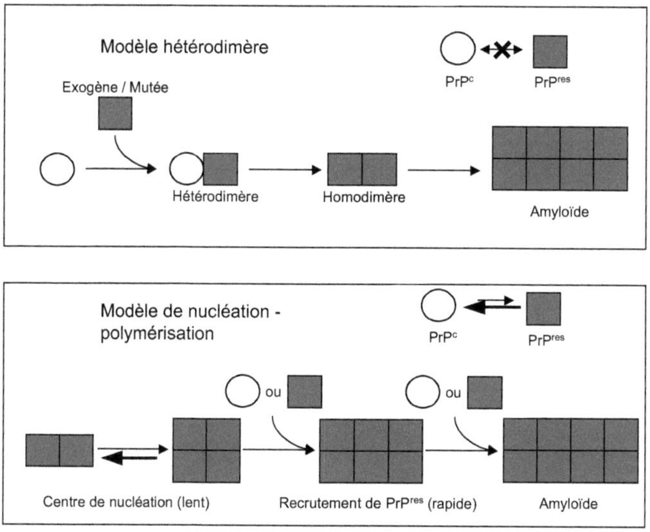

Fig. A.I.3: *Deux modèles de réplication des Prions, adapté de A. Aguzzi*[50].

Conclusion

L'agent responsable des maladies à Prions serait donc une protéine, codée par l'hôte, présentant une structure tertiaire particulière, et pouvant s'agencer en structures polymériques agrégées. Il est particulièrement résistant à la dégradation (par la chaleur, par les enzymes, et en règle générale par les procédés inactivant classiquement les pathogènes). Cependant, son modèle précis de réplication reste un mécanisme indispensable à préciser.

En raison des risques actuels de santé publique liés aux maladies à Prions (transmissions iatrogènes par transfusion sanguine, incertitudes liées à la transmission à l'homme du CWD), il est indispensable de mettre au point des outils d'étude de ces maladies, utiles dans diverses applications telles que la compréhension des mécanismes de réplication, de susceptibilité cellulaire, ou la mise en place de décontaminations et thérapeutiques efficaces.

Chapitre II

Outils d'étude des maladies à Prions

Les Prions, ou Agents Transmissibles Non Conventionnels, sont mis en évidence par diverses méthodes, telles que la recherche de marqueurs spécifiques ou de la PrP^{res} (en histologie, par Western Blot, par ELISA, etc.).

Mise en évidence des Prions : Afin de mettre en évidence la protéine anormale, dans un homogénat d'organes ou un prélèvement biologique par exemple, divers protocoles de purification de la PrP^{res} ont été développés, en se basant sur les propriété de la PrP^{res} (résistance à la PK, insolubilité dans les détergents). Dans ces conditions, la PrP^{c} est détruite, et ces traitements peuvent aboutir à la formation de structures fibrillaires appelées « SAF[51] » (pour Scrapie Associated Fibrils) ou « Prion rods[52] ». La PrP^{res} purifiée est alors détectée par Western Blot, présentant alors un profil électrophorétique classique à trois bandes, ou en ELISA, test plus sensible. En outre, la résistance de la PrP^{res} à la PK permet également sa détection *in situ*, par des techniques histologiques. Il existe par ailleurs des stratégies alternatives à cette purification : elles reposent sur l'utilisation d'anticorps conformationnels, reconnaissant spécifiquement la PrP^{res} (anticorps V5B2, 15B3, ou ceux dirigés contre les résidus aminés cryptiques YYR, exposés principalement dans la PrP^{res})[53], ou d'anticorps reconnaissant divers épitopes de la PrP^{res} lors de sa dénaturation (CDI)[33].

Amplification des Prions : Les techniques précédemment exposées sont cependant limitées par un seuil de détection biochimique de l'agent. Pour estimer la présence des Prions, ou les amplifer, d'autres techniques *in vitro* ou *in vivo* ont donc été développées, comme des modèles acellulaires (PMCA) et cellulaires (cultures cellulaires infectées). L'utilisation d'animaux de laboratoire, principalement des souris conventionnelles ou transgéniques (« bioessais »), constitue une confirmation du caractère infectieux du prélèvement, mais représente une lourdeur expérimentale certaine.

Détection *ante mortem* des Prions : De nombreuses recherches sont actuellement menées afin de mettre au point des tests *ante mortem*, pour faciliter et orienter le diagnostic et prévenir les risques de santé publique. L'étude de tissus lymphoïdes de patients atteints de vMCJ démontre la présence de la forme résistante de la PrP[54], marqueur *a priori* spécifique du vMCJ[55].

Idéalement, un test sanguin ou urinaire de détection de la PrP^{res} serait plus approprié qu'un test reposant sur une biopsie d'un tissu lymphoïde. Le sang et l'urine sont en effet porteurs d'infectiosité[56,57]. D'autres tests sont utilisés pour l'orientation d'un diagnostic : ils ne reposent pas sur la détection de la PrP^{res}, mais sur la quantification de protéines présentes dans le Liquide Céphalo-Rachidien (LCR) ou le sang, telles que la protéine 14-3-3, l'énolase spécifique des neurones, la protéine Tau, l'Apolipoprotéine E, ou de certains métabolites[58]. L'imagerie cérébrale (type IRM) est également un outil de diagnostic utilisé à ce jour[59]. Cependant, ces tests se heurtent à la difficulté de détection de la maladie dans sa phase asymptomatique, ils se révèlent en général insuffisamment spécifiques, mais constituent une aide au diagnostic différentiel.

1 Les modèles acellulaires de réplication

Divers modèles acellulaires d'étude des Prions ont été décrits, tels que le Cell-Free Conversion assay (CFC)[60], la PMCA[47], ou sa méthode dérivée QUIC[61].

1.1 Le test de Cell-Free Conversion

Le CFC repose sur l'utilisation de PrP^{res} purifiée en large excès et incubée avec de la PrP^{c} radiomarquée. Il a permis de nombreuses études sur les phénomènes de souche, sur la recherche de nouvelles thérapeutiques (notamment sur les dérivés du Rouge Congo) ainsi que sur les risques de transmission inter-espèces. De plus, l'identification de quelques facteurs tels que la glycosylation et la séquence en acides aminés a été réalisée grâce à cette technique[62]. Cette méthode permet de mesurer la transconformation *de novo*, mais, compte tenu de l'excès initial de PrP^{res}, ne permet pas de détecter une néoproduction d'infectiosité.

1.2 La PMCA

La technique de la PMCA[47] (pour Protein Misfolding Cyclic Amplification) a été décrite, elle permet une réplication particulièrement efficace des Prions dans un système acellulaire. Le protocole repose sur un mélange d'homogénat de cerveau sain et d'une faible dose d'infectiosité, qui subit des séries de sonication et d'incubation, en présence de détergents. Les sonications réduisent la taille des agrégats, augmentant ainsi la capacité de réplication de la PrP^{res}, et les étapes d'incubations permettent cette réplication. La PrP^{res} néosynthétisée est aussi infectieuse que celle dérivée de cerveaux infectés, et les Prions générés présentent les mêmes caractéristiques que les Prions dont ils sont issus : même durée d'incubation chez l'animal, même profil lésionnel et biochimique, indiquant que la technique permet une très bonne conversion de la souche[63,64]. Elle permet également la détection de PrP^{res} dans le sang, chez le hamster présymptomatique[65].

La PMCA présente une large palette d'applications, tant dans l'étude des propriétés réplicatives des Prions, que dans le diagnostic dans le sang ou les urines (via une diminution du seuil de détection, et dans un temps compatible avec les contraintes du diagnostic)[66].

1.3 La méthode QUIC

Une technique complémentaire, reposant sur la PMCA mais utilisant de la PrP recombinante à la place de l'homogénat de cerveau sain, a été développée. Les étapes de sonication sont remplacées par une étape d'agitation automatisée du tube. Nommée QUIC (pour QUaking-Induced Conversion), cette méthode permet la détection d'une dose léthale de Prions, en un jour, alors que la PMCA présente un seuil de détection environ 1.000 fois inférieur, mais pour une durée approximative de test de trois semaines[67]. Ainsi et en raison de sa relative simplicité de mise en oeuvre, elle serait intéressante pour le développement de tests de diagnostics rapides, même si à ce jour l'infectiosité de la PrP résistante générée n'a pas été confirmée[68].

2 Les modèles cellulaires infectés par des Prions

Les cultures cellulaires permettent d'aborder certaines questions fondamentales concernant les ESST, et notamment, avec l'analyse conjointe des modèles infectés et non infectés, l'étude des phénomènes de neurodégénérescence et de conversion de la PrP^c en PrP^{res}, ainsi que de la localisation de la forme résistante de la PrP.

La liste de la majorité des modèles cellulaires est présentée dans le tableau A.II.6, page 36.

2.1 Quelques modèles cellulaires

Les cellules identifiées à ce jour comme susceptibles aux Prions sont principalement des lignées cancéreuses ou transformées *in vitro* (N2a, PC12, SMB, HaB, etc.), ou issues de souris transgéniques (MovS, GT1-7, etc.). Ces cellules sont établies en lignées cellulaires, cependant il existe d'autres cellules répliquant les Prions, comme certains explants primaires de neurones et d'astrocytes issus de souris transgéniques exprimant la PrP ovine[69], ou encore les NSC (Cellules Souches Neuronales)[70,71]. De plus, la lignée RK13 (cellules épithéliales de lapin) est susceptible à de nombreuses souches de Prions lorsqu'elle est rendue transgénique pour la PrP de souris, de mouton ou de campagnol[72,73]. Récemment a été décrit le modèle de tumeurs spontanées de rate de souris (tSP-SC), répliquant une souche de vMCJ adaptée à la souris[74].

Une technique de quantification sensible de l'infectiosité, reposant sur la culture de clones de N2a, le Scrapie Cell Assay (SCA), a été établie[75]. Des cellules saines sont exposées à une gamme d'homogénat et la quantité de cellules infectées est déterminée par Elispot. Cette technique est dix fois plus rapide que le bioessai, pour une sensibilité équivalente. Elle est proposée comme test d'agents décontaminant les Prions[76]. Cependant, seules certaines souches de tremblantes sont compatibles avec ce test, et aucune souche d'ESB n'est quantifiable par cette méthode. La même équipe a donc développé un nouveau test, le Cell Panel Assay ou CPA[77]. Il est basé sur l'utilisation de deux sous-clones de N2a, d'un clone de L929, et d'une lignée dérivant de la lignée neuronale CAD, présentant diverses susceptibilités pour diverses souches de tremblante (RML, 22L, ME7) et d'ESB (301C). Les réponses différentielles, évaluées par SCA, permettent un typage de souche ainsi qu'une évaluation quantitative de l'infectiosité.

2.2 Utilité des modèles cellulaires

Les modèles cellulaires permettent de mieux appréhender le métabolisme cellulaire de la PrP^c, ainsi que celui de la PrP^{res}. Plus spécifiquement fut étudié le rôle de l'ancrage GPI, des radeaux lipidiques, l'interaction entre les glycosaminoglycanes (GAG), la PrP^c et la PrP^{res}, ainsi que les régions impliquées dans la transconformation de la PrP. De plus, la compréhension des phénomènes de dissémination, de susceptibilité, de réponses à l'infection, de neurotoxicité, ainsi que des propriétés des divers mutants de la PrP et des souches a été grandement facilitée par ces divers modèles cellulaires[78]. Par ailleurs, ils sont des outils adaptés à la recherche et la validation d'approches thérapeutiques, à la compréhension des modes d'action de ces molécules (voir chapitre V). Enfin, ils présentent une alternative aux modèles animaux dans la détection de l'agent infectieux et la caractérisation de souches.

Cependant, bien que l'établissement de lignées cellulaires infectées par des Prions soit crucial pour la compréhension du métabolisme de la PrP^{c}, de sa fonction, ou de la genèse de la PrP^{res}, de telles méthodes présentent deux limites : (i) elles ne rendent en général pas compte de la neurotoxicité naturellement observée *in vivo*, (ii) la propagation de cellule à cellule y est en général très limitée, voire inexistante, et (iii) toutes les souches ne sont pas répliqués en culture cellulaire, notamment les Prions humains non adaptés aux rongeurs[78].

3 Les modèles animaux

A ce jour, la majorité des souches de Prions ne peut être propagée que par l'utilisation d'animaux transgéniques ou conventionnels. En effet, les modèles cellulaires ne répliquent que certaines souches spécifiques, et aucune lignée ne réplique actuellement de Prions humains, du moins des souches non adaptées aux rongeurs. Par ailleurs, peu d'outils permettent d'étudier la pathogénèse de ces maladies, et même si la PMCA semble apporter de nombreuses informations sur les notions de franchissement de barrière d'espèce, elle ne permet pas encore de comprendre les mécanismes sous-jacents à ce phénomène. De plus, la présence de PrP^{res} n'étant pas nécessairement corrélée à l'infectiosité[79], une bonne méthode de détermination de l'infectiosité d'un échantillon demeure l'injection à un animal.

3.1 Rongeurs et animaux transgéniques

Historique : Les premières expérimentations sur la souris remontent aux années 60[80], et furent complétées avec l'utilisation du rat[81] et du hamster[82]. Par ailleurs de nombreuses souris KO pour le gène *Prnp* furent développées : au moins quatre souris, différant au niveau des constructions génétiques employées, montrèrent que l'expression de PrP^{c} était un prérequis pour l'infection[83]. Dès lors, de nombreuses souris transgéniques furent produites, portant les gènes codant pour la PrP de l'homme, du hamster, du mouton, de la vache, du cerf, de l'élan, du cochon ou du vison[84]. Récemment, des souches humaines ont été répliquées chez le campagnol[85]. Plus épisodiquement ont été développés des bovins KO pour le gène de la PrP[86], résistants aux Prions (données présentées au Congrès NeuroPrion 2008).

Utilisation de ces animaux : Les rongeurs conventionnels ou transgéniques demeurent les modèles les plus usités dans les laboratoires de recherche, en raison notamment de leur durée d'incubation inférieures à celles des primates, bovins ou ovins. Les souris transgéniques, portant des transgènes modifiés de souris ou de hamster fournissent de nombreuses informations sur les régions impliquées dans la conversion de la PrP et la réplication des Prions, sur le rôle physiologique de la PrP^{c}, les mécanismes de propagation et de passage de barrière d'espèce. Ils sont également des modèles pour l'étude des formes familiales humaines[84]. Les animaux surexprimant des formes hétérologues de la PrP permettent de caractériser, détecter et typer de nombreuses souches de Prions. L'étude de la pathogénèse des maladies à Prions est facilitée par l'utilisation de souris transgéniques, notamment avec les souris dont le génome est délété dans certains gènes impliqués dans l'organisation des tissus lymphoïdes[87], ou les souris présentant une expression de la PrP spécifique d'un tissu, d'un organe ou de certaines cellules[88], ou inflammées dans certains organes[89].

3.2 Primates non humains et autres modèles expérimentaux

Historique : En 1966, Carleton Gajdusek publie la transmission expérimentale par voie intracérébrale du Kuru chez le chimpanzé[90]. Il décrit la ressemblance des signes cliniques entre les patients atteints de Kuru et les chimpanzés (*Pan troglodytes*) inoculés. Ces études sont complétées chez le macaque cynomolgus (*Macaca fascicularis*), par la démonstration de la transmission d'une souche de tremblante[90]. La confirmation de la transmission par voie orale des maladies de Creutzfeldt-Jakob, du Kuru et de la tremblante, chez le singe-écureuil (*Saimiri sciureus*) est apportée dès 1980[91], puis celle de l'ESB, par voie intracérébrale et orale en 1996[79,92]. Plus récemment a été démontrée la transmission de la souche BASE au macaque[93].

Utilisation de ces animaux : Les primates non humains sont un modèle proche de l'homme, car ils sont infectables par les mêmes souches et par les mêmes voies, et présentent des signes cliniques ainsi que des lésions comparables[93–96]. Les autres modèles expérimentaux sont constitués par les ovins et les bovins, ainsi que par les cervidés : ils sont d'excellents modèles d'étude de l'impact du polymorphisme génétique sur la réplication des Prions, ainsi que, comme les primates, de bons outils pour évaluer les risques de contamination horizontale, verticale ou inter-espèces par voie sanguine ou orale.

4 Prions de champignons et levures

La capacité d'une protéine à se transconformer sous diverses formes serait également à l'origine du phénomène d'« inheritance » (héritage) chez certaines levures et champignons : quelques traits non-mendéliens sont effectivement codés par un changement conformationnel de certaines protéines. Ces traits existent sous divers profils, appelés souches ou variants, alors qu'ils sont causés par des particules infectieuses chimiquement identiques. Ainsi sont par exemple décrites les protéines Sup35p ou Ure2p chez *Saccharomyces cerevisiae* ou HetS chez *Podospora anserina*[97].

Ces phénotypes présentent un certain nombre de caractéristiques proches des Prions. Tout d'abord, ils ont la capacité de se transmettre par transconformation d'une protéine, ils dépendent de l'expression d'une protéine particulière, ils sont transmis d'une façon dominante, non-mendélienne, via le cytoplasme, et ils existent sous diverses souches (ou variants). Par ailleurs, un retour à l'état de phénotype sauvage est possible, via notamment l'incubation en guanidine hydrochloride[98]. Ces phénotypes sont très étudiés, notamment en raison de leur caractère infectieux[99], en absence de toxicité pour les mammifères, ainsi que pour les facilités d'études génétiques et biochimiques offertes par les levures. Ils ont par exemple servi à l'identification rapide de molécules inhibant la production de PrP^{res} dans des cellules de mammifères[100].

De plus, quelques données récentes indiquent que les Prions de levure pourraient également constituer des Prions de mammifères, comme décrit pour un domaine de la protéine Sup35, le domaine Sup35NM[101], suggérant la possibilité d'un principe d'héritage de type Prion via la cytosol des cellules de mammifères.

Conclusion

Les modèles acellulaires, cellulaires ou animaux des ESST ont pris ces dernières années une place essentielle dans les recherches sur ces affections. Ils permettent en effet d'aborder de façon rapide et efficace les questions demeurant sur les Prions, notamment le rôle de la protéine normale, les étapes et les mécanismes de la conversion pathologique en PrP^{res}, les paramètres influençant la transmission et la propagation des Prions, ainsi que le phénomène de barrière d'espèces et plus généralement de souches. Ils sont enfin de bons outils d'évaluation des méthodes de sécurisation des filières sanguines et alimentaires.

Nom	Origine tissulaire	Espèce	Souche	Commentaire
Cellules infectées par des souches adaptées aux rongeurs				
C-1300	Neuroblastome	Souris	Chandler	
NIE-115	Neuroblastome	Souris	Chandler, Fu-1, RML	
N2a	Neuroblastome	Souris	Chandler, 139A, 22L	
N2a#58	Neuroblastome	Souris	SY-CJD, FU-CJD, Chandler,22L,Fu-1	Surexpr. de PrP^c
N2aPK1	Neuroblastome	Souris	Hypersuscept. RML et 22L	Cell Panel Assay[77]
N2aR33	Neuroblastome	Souris	RML, hypersuscept. 22L	Cell Panel Assay[77]
LD9 (L929)	Fibroblastes	Souris	Hypersuscept. RML, 22L, Me7	Cell Panel Assay[77]
CAD5	Lignée neuronale	Souris	Hypersuscept. RML, 22L, Me7, 301C	Cell Panel Assay[77]
GT1-7	Cell. hypothalamiques	Souris	139A, Chandler, 22L, Fu-1	Immortalisées Antigène T
PC12	Phéochromocytome	Rat	139A	
SMB	Cell. du cerveau	Souris	139A, 22F, 79A, Chandler	
SN56	Cell. neur. du septum	Souris	Chandler, ME7, 22L	
NSC	Neuronal Stem Cell	Souris	RML, 22L	Souris transg. ou convent.
MSC80	Cell. Schwann-like	Souris	Chandler	
HpL3-4	Cell. hippocamp.	Souris	22L	Souris KO transduites PrP^c
L929, 3T3	Fibroblastes	Souris	22L, ME7, RML	
MG20	Microglie	Souris	Chandler, ME7, ESB adaptée	
C2C12	Myoblastes	Souris	22L	
moRK13	Epithéliale RK13	Lapin	Fu-1,22L,Chandler,M100,sMCJ adapté	Expr. de PrP^c murine[72]
voRK13	Epithéliale RK13	Lapin	ESB adaptée	Expr. de PrP^c campagnole
HaB	Cell. du cerveau	Hamster	Prions de hamsters	
tSP-SC	Cell. stromales (rate)	Souris	vMCJ adapté, Fu-1	Tumeur spontanée[74]
CRBL	Cell. cervelet	Souris	Prions de SMB	Souris p53-/-[102]
MSC	Moelle osseuse	Souris	Fu-1, ESB adaptée	Explant *ex vivo*[103]
1C11	Neuroectoderme	Souris	Chandler, 22L, Fu-1	Différent. en 2 types de neur.[104]
Cellules infectées par des souches naturelles				
ovRK13 (Rov)	Epithéliale RK13	Lapin	Tremblante naturelle	Expr. de PrP^c de mouton
MovS (DRG)	Cell. Schwann-like	tgOv	Tremblante naturelle	De souris tgOv
CGN^{Ov}	Cult. primaire de neur.	tgOv	Tremblante naturelle	De souris tgOv
MDB	Fibroblastes	Cerf	CWD	

Tab. A.II.6: *Modèles cellulaires infectés par des Prions naturels ou adaptés aux rongeurs (adapté de Vilette[78]).*

Chapitre III

Protéines du Prion cellulaire et résistante

La Protéine du Prion, sous sa forme normale, appelée forme cellulaire ou PrP^c, est présente chez tous les vertébrés. Majoritairement exprimée dans le système nerveux central, et ce à tous les stades de développement embryonnaire, sa fonction reste à ce jour inconnue, même si son caractère ubiquitaire laisse supposer une fonction essentielle. Cependant, les animaux délétés du gène codant cette protéine sont viables, fertiles, et ne présentent que de faibles et inconstantes altérations phénotypiques.

1 Du gène à la protéine

Le gène *PRNP*, codant pour la protéine du Prion, est porté par le bras court du chromosome 20 chez l'homme. Chez la souris (*Mus musculus*), la PrP est codée par le gène *Prnp*, présent sur le chromosome 2. L'analyse de leurs séquences nucléotidiques a montré qu'ils étaient multiexoniques, mais que leurs phases de lecture étaient monoexoniques.

Le gène codant pour la PrP a été caractérisé chez de nombreuses espèces de mammifères, d'oiseaux, ainsi que chez quelques reptiles et poissons[105]. Ce gène est bien conservé chez les mammifères. L'homologie en amino-acides entre les séquences de Protéines du Prion de divers mammifères est relativement forte (environ 90%), suggérant une fonction essentielle pour la PrP[106,107].

1.1 Régulation du gène *Prnp*

Divers niveaux de régulations du gène *Prnp* ont été identifiés.

1.1.1 Régulation transcriptionnelle

Le gène de la PrP, longtemps considéré comme un gène ménager (car normalement soumis à aucune régulation transcriptionnelle dans un type cellulaire donné) présente dans sa structure un certain nombre de zones de régulation transcriptionnelle (voir figure A.III.4) :

Facteurs de croissance : La régulation du gène *Prnp* peut être dépendante de facteurs de croissance tels le NGF (Facteur de croissance neuronale) qui entraîne une augmentation de l'expression du gène. Cet effet a été constaté dans des cellules PC12 (phéochromocytome de rat)[108].

Voie de signalisation MAPK : Une protéine de la voie MAPK (Mitogen-activated Protein Kinase), la protéine MEK1 potentialise l'effet du NGF. Des protéines de la voie AKT diminuent l'effet activateur du NGF. Ces résultats suggèrent que le NGF agit via la voie MAPK, du moins dans les cellules PC12[109].

Acide rétinoïque : L'acide rétinoïque entraîne une diminution de l'activité du promoteur, via l'activation du récepteur RAR (Récepteur de l'Acide Rétinoïque)[109]. Le RAR régulerait un facteur de transcription de type AP-2, et réprimerait l'induction par le sérum de c-fos.

Histones désacétylases, facteur de transcription et sites Sp : Le promoteur possède des sites Sp (3 sites Sp putatifs : le premier de -63 à -54 pb, le second de -51 à -42 pb et le troisième de -18 à -9 pb)[110] qui permettent des interactions directes avec des facteurs de transcription (régulation positive et négative). Ces facteurs de transcription interagissent également avec des histones désacétylases, ce qui suggère que la régulation du gène *Prnp* dépend également de la conformation de la chromatine[108]. Les sites Sp sont inclus dans une région d'îlots CpG (au moins 35) dans la région -110 à +242 pb. Un inhibiteur d'une histone désacétylase, la trichostatine A, permet une forte augmentation de l'activité du promoteur du gène de la PrP^c dans des cellules de rat PC12 et C6 (gliome).

Facteurs de transcription et sites AP : Le promoteur du gène *Prnp* possède un site AP-1 (-103 à -96 pb)[111], ce qui suggère que des facteurs de transcription de la famille Jun et Fos peuvent s'y fixer[108]. De plus, un site AP-2 (-597 à -591 pb) a également été mis en évidence[110].

Boîte CCAAT : Le promoteur du gène *Prnp* possède une séquence inversée CCAAT (5'-ATTGGTG-3') entre les positions -78 et -72 pb. Cette séquence est un élément de régulation transcriptionnelle[110].

Métaux : Le promoteur du gène *Prnp* possède également des séquences MRE (Metal Responsive Element, en position -2075 à -2086 pb)[111,112] qui permettent la fixation de métaux (principalement le Cuivre), ce qui régule l'activité génique en fonction de la concentration de Cuivre. Il peut donc y avoir une régulation métal-spécifique de l'expression du gène *Prnp*[112]. La PrP est ainsi décrite comme impliquée dans l'homéostasie du Cuivre (voir 3.2).

Régulation par les régions transcrites non codantes : Des études montrent que l'exon 1 et l'intron 1 permettent une régulation de l'expression du gène *Prnp*, chez les bovidés, l'intron 1 présentant comme exemple une activité promotrice[113].

Par ailleurs, *in vivo* ou en culture cellulaire, divers agents ou conditions modifient l'expression de la PrP. Par exemple, la PrP^c est exprimée à la surface de nombreuses cellules immunitaires, et notamment les cellules dendritiques, et son expression augmente en corrélation avec le degré de maturation de ces cellules[114]. Par ailleurs, dans les plaques de Peyer chez le mouton, l'expression de l'ARNm de la PrP augmente lorsque l'animal ingère du matériel infectieux[115]. Lors de l'infection de cellules neuroendocrines, le gène subit également une régulation négative, permettant une forte réduction de la production de la PrP[116]. La PrP voit également son expression augmenter au cours du développement, comme cela a été montré chez la souris[117].

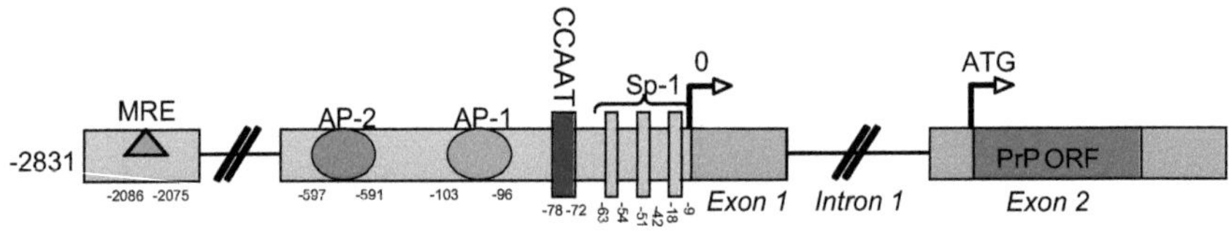

Fig. A.III.4: *Gène de la PrP et zones régulatrices du promoteur. (MRE : Metal Responsive Element, Sites AP : sites apuriniques et sites apyrimidiques, ORF : Open Reading Frame).*

1.1.2 Régulation par la stabilité de l'ARNm

Il existe un second niveau de régulation du gène ; il s'agit de la régulation induite par la stabilité de l'ARNm : comme il existe deux tailles de polyadénylation de l'ARNm qui influencent la production de PrP (chez le mouton et les bovidés, mais ni chez l'homme ni chez la souris), et que les régions non traduites en 3' peuvent jouer un rôle dans la stabilité de l'ARNm, la stabilité de l'ARNm pourrait constituer un second niveau de régulation génique de l'expression de PrP[118].

1.2 Une protéine ubiquitaire

L'ARNm, biexonique chez l'homme et transcrit à partir du gène *PRNP*, est essentiellement produit dans le cerveau et la moëlle épinière[119]. Chez le bovin, un épissage alternatif a été mis en évidence, mais ces deux ARNm codent pour la même protéine[120].

La protéine du Prion est majoritairement exprimée au niveau du SNC[121] (neurones et astrocytes du cortex cérébral et cérébelleux, de l'hippocampe et du tronc cérébral). Elle est principalement localisée au niveau des synapses[122]. Elle est également produite dans les lymphocytes B, T, les Cellules Folliculaires Dendritiques (FDC), les cellules dendritiques (DC) des organes lymphoïdes (rate, thymus, amygdales, ganglions, etc.). Les cellules circulantes du sang, du placenta, du système nerveux périphérique ainsi que les testicules, les ovaires, l'intestin, le pancréas, le foie, les reins et les poumons expriment également cette protéine, mais à des niveaux moins importants. La protéine du Prion est donc considérée comme une protéine ubiquitaire, représentée dans tous les organes, et ce, chez tous les vertébrés.

1.3 Métabolisme de la protéine du Prion

Initialement longue de 253 acides aminés, la Protéine du Prion est clivée en ses extrémités amino-terminale et carboxy-terminale, en vue de son export à la membrane cellulaire. Elle suit une voie classique de production, cependant sa dégradation, ainsi que sa topologie à la surface cellulaire présente quelques particuliarités originales et impliquées dans la pathogénèse des maladies à Prions.

1.3.1 Une biosynthèse classique des glycoprotéines surfaciques

La PrP^c, glycoprotéine présente à la surface des cellules, suit une voie de synthèse classique de ces protéines. En effet, une fois transloquée dans le RE, elle est clivée et ancrée à une molécule GPI, puis elle transite jusqu'à la membrane cellulaire, où elle est exportée du côté extracellulaire (voir figure A.III.5).

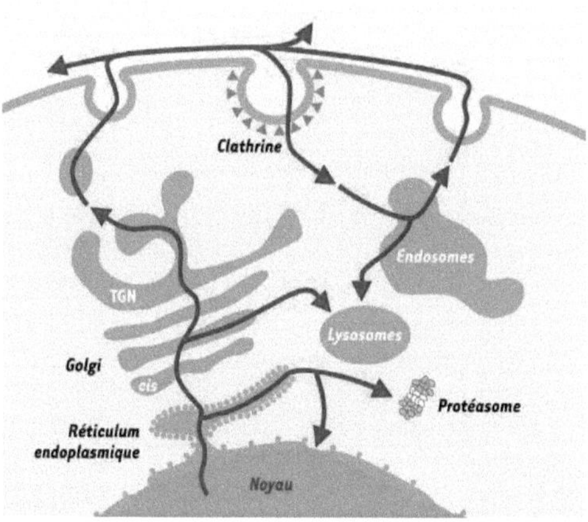

Fig. A.III.5: *Trafic de la Protéine du Prion cellulaire (TGN : trans-Golgi network) (tiré de Mangé et Lehmann[123]).*

Translocation dans le RE : Lors de sa synthèse dans le RE, la PrP est transloquée, grâce à son peptide signal N-terminal de 22 acides aminés (signal d'adressage à la membrane), reconnu par une protéine de reconnaissance du signal (SRP). Ce signal permet la fixation du ribosome à la membrane d'enveloppe du RE. Cela induit l'ouverture d'un canal appelé translocon par lequel la PrP, toujours en cours de biosynthèse, traverse la membrane d'enveloppe du RE[124].

Maturation protéique dans le RE : La PrP subit plusieurs étapes de maturation dans cet organite : (i) au niveau de la partie C-terminale, le peptide d'ancrage est clivé et l'ancre GPI est fixée sur une sérine ou une alanine, selon l'espèce, (ii) elle subit des glycosylations, sur l'atome d'azote des asparagines 180 et 196, (iii) un pont disulfure est établi entre les acides aminés 179 et 214, et (iv) elle acquiert sa conformation tridimensionnelle[124]. Certains contrôles de la qualité sont effectués à ce stade de maturation.

Par ailleurs, au niveau du RE, certaines PrP portant des mutations pathogéniques seraient repliées anormalement, ce qui suggère un rôle essentiel de ce compartiment dans les ESST[125]. De plus, des mutations ponctuelles dans ce peptide (M232R, M323T, ou encore P238S) induisent des maladies de Creutzfeldt-Jakob familiales : elles n'altèrent pas l'ancrage du GPI mais modifient l'orientation de la PrP à la surface (orientation ^{Ctm}PrP)[126]. Enfin, la délétion du peptide 232-253 (PrP-ΔGPI), notamment réalisée chez la souris, conduit à des souris répliquant les

Prions sans signes cliniques particuliers[127].

Passage dans l'appareil de Golgi : La protéine normale est exportée vers le Golgi, des acides sialiques sont accrochés à sa structure, et elle y est soumise à des contrôles qualité très stricts. Des protéines chaperonnes interviennent dans les étapes de maturation de la PrP[124].

Export à la membrane : La PrP est concentrée, lors de son exocytose et comme la plupart des autres protéines à ancre GPI, dans de larges domaines membranaires enrichis en cholestérol et en sphingolipides. Ces complexes correspondent à des microdomaines spécialisés de la membrane plasmique appelés radeaux lipidiques (rafts) ou DRM (Detergent Resistant Microdomains)[123].

1.3.2 Clivages, recyclage et dégradation de la PrP

Lors de sa synthèse protéique, la PrP subit divers contrôles de la qualité de son repliement, et l'échec de ce contrôle mène à deux types de dégradation. Par ailleurs, une fois exportée à la surface, elle est constamment recyclée, et parfois clivée par diverses enzymes intracellulaires ou extracellulaires.

Endocytose : La PrP surfacique est constamment recyclée entre la surface et les endosomes, et une faible quantité de PrP (moins de 5%) présente dans les endosomes est dégradée via les lysosomes[128]. L'endocytose de la PrP, médiée par son extrémité amino-terminale, fait intervenir les puits de clathrine[129]. Il est estimé que la demi-vie de la PrP à la surface est de 20 minutes, et que 60 minutes plus tard elle est recyclée à la surface cellulaire[124].

Dégradation de la PrP : Cette dégradation prend deux formes. Elle peut intervenir à un stade précoce de sa synthèse, au niveau du RE : elle prend le nom d'ERAD (Dégradation Endosplamique Associée au Réticulum). Elle correspond (i) à un export de la PrP hors du RE, dans le cytosol (transport rétrograde, ou rétrotranslocation), (ii) à l'ubiquitination de la PrP, (iii) à la déglycosylation de cette dernière, et enfin (iv) à la dégradation protéique, médiée par le protéasome. Cette protéolyse n'est cependant pas toujours efficace, notamment dans le cadre des ESST, où elle serait inhibée par la forme anormalement repliée de la PrP[130].

Par ailleurs, la dégradation de la PrP intervient également via les lysosomes après endocytose de la PrP surfacique, ou lors d'un mauvais repliement de la PrP mis en évidence lors de sa synthèse par les voies du contrôle de la qualité protéique dans le Golgi[123].

Clivages protéolytiques : Au cours du cycle de recyclage des protéines PrP, un faible pourcentage de ces protéines subit un clivage (appelé clivage α), au niveau des acides aminés 111-112, par certaines métalloprotéases[123]. Un autre clivage est décrit : le clivage β, au niveau des octapeptides[123]. Le clivage α pourraient jouer un rôle modulateur de la pathogénèse des maladies à Prions, car il coupe la PrP au niveau de sa région neurotoxique 106-126.

1.3.3 Localisation subcellulaire et topologies de la PrP

La PrP^c est majoritairement présente à la surface cellulaire, mais également au niveau de l'appareil de Golgi et des endosomes, que ce soit *in vivo* ou *in vitro*[131]. Elle est généralement présente sous sa forme glypiée (ancrée GPI), dans les membranes riches en cholestérol, les radeaux lipidiques (DRM ou rafts). La présence de la PrP dans ces zones indique la possibilité qu'elle puisse jouer un rôle dans les diverses voies de signalisation cellulaire.

Il a été décrit deux autres formes topologiques de la PrP. Elles sont enchâssées dans la membrane via leur propre domaine protéique hydrophobe 111-134 (région transmembranaire ou TM). La forme ^{Ctm}PrP (extrémité C-terminale extracellulaire) est également ancrée à la membrane, via son ancre GPI et via sa région TM, à la différence de l'isoforme ^{Ntm}PrP (extrémité N-terminale extracellulaire) qui ne possède pas d'ancre GPI, et qui n'est pas glycosylée[132]. Cette dernière forme serait notamment exprimée *in vivo*, dans les plaquettes[133].

Il existe des souris transgéniques, présentant des mutations au niveau de la région TM, impliquée dans le changement de topologie de la PrP en ^{Ctm}PrP. Ces souris développent une maladie neurologique non transmissible, sans accumulation de PrP^{res}, suggérant que la PrP^{res} est responsable de la propagation de la maladie, et que la forme ^{Ctm}PrP participe à la neurodégénérescence[134]. Cependant, le rôle précis de ^{Ctm}PrP au niveau de la physiologie cellulaire, ainsi que son implication dans la neurodégénérescence demeurent inconnus.

Bien que la localisation subcellulaire de la PrP^c soit bien décrite, celle de son isoforme résistante l'est beaucoup moins, notamment en raison de sa mauvaise réactivité aux anticorps. Même si cette immunoréactivité peut être améliorée par divers traitements, ceux-ci rendent difficile l'analyse et l'interprétation des résultats, car ils ont des effets délétères sur la morphologie cellulaire[78]. Néanmoins, l'étude de diverses lignées cellulaires infectées (N2a, GT1-7, HaB) indique que la PrP^{res} réside majoritairement de façon intracellulaire, et notamment dans les lysosomes, où la dégradation N-terminale de la PrP^{res} se produit. La PrP^{res} est également présente à la surface cellulaire (N2a, MovS)[78].

2 Propriétés structurales de la PrP mature

2.1 Domaines structuraux de la PrP

La protéine du Prion s'organise en cinq sous-structures dans sa forme immature, et trois sous-structures dans sa forme mature, la PrP 23-231 (voir figures A.III.6 et A.III.7).

Extrémité N-terminale (23-91) : Cette région n'est pas repliée de façon stable[45,136]. Ses sept premiers acides aminés (KKRPKG), contrairement aux premières idées, ne constituent pas un signal de localisation nucléaire[137], mais semble importants pour le trafic de la PrP[138]. La zone contient cinq Répétitions d'Octapeptides (RO, de séquences consensus PHGGGWGQ), sites de fixation aux glycosaminoglycanes. Elle inclut également une zone hydrophobe ainsi qu'une zone chargée. Fonctionnellement, la région des RO (60-91) constitue également un site de fixation du Cuivre (Cu^{2+}), mais aussi d'autres ions divalents (Zn^{2+}, Ni^{2+} et Mn^{2+})[139], et pourrait présenter une forte signification biologique, car elle est conservée chez tous les mammifères étudiés. La fixation du Cuivre à cette zone déclenche l'endocytose, de façon réversible, de la PrP.

La PrP a ainsi été proposée comme étant un récepteur de recyclage du Cuivre (par captation intracellulaire ou extracellulaire)[140], ce qui semble cohérent avec l'observation des souris KO pour le gène *Prnp*, qui présentent des niveaux de Cuivre inférieurs à ceux des souris contrôles.

Par ailleurs, l'expression, sur un fond KO, de PrP tronquée (sans les cinq RO, Δ[32-93]) restaure la susceptibilité aux Prions, mais sans signes histopathologiques classiques de ces infections[141] : l'extrémité N-terminale n'est pas essentielle à la réplication des Prions, même si elle affecte le niveau d'accumulation de la PrP^{res} et la pathogénèse de la maladie. Cette région amino-terminale détermine la localisation subcellulaire de la PrP à la surface cellulaire,

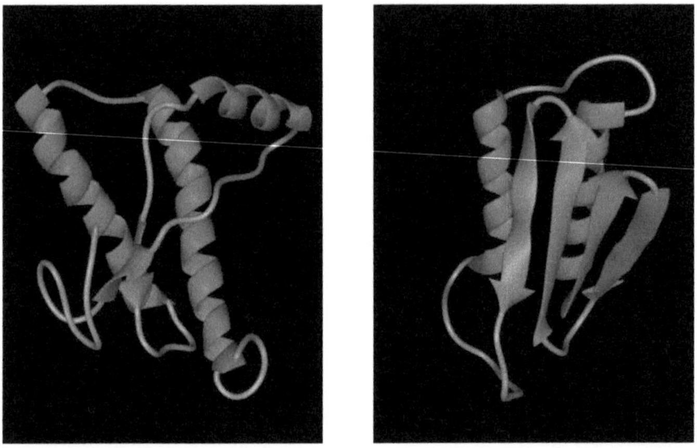

(a) Structure tertiaire de la PrP^{c} obtenue par RMN

(b) Modèle de PrP^{res} déduit des données de dichroïsme circulaire et de spectrophotométrie infra-rouge

Fig. A.III.6: *Deux isoformes de la Protéine du Prion*[135,136]*. En vert sont indiqués les hélices α, et en bleu les feuillets β.*

au niveau des radeaux lipidiques, riches en cholestérol[142], ainsi que le niveau d'endocytose de la PrP[129]. En outre, la délétion de partie N-terminale (Δ[32-121] ou Δ[32-134]) induit une dégénérescence neuronale, appelé syndrome de Shmerling[143].

Région centrale (92-120) : Cette zone est très hydrophobe et peu structurée, et la région constituée des résidus 111-134 (en partie dans la région globulaire C-terminale) constitue le domaine transmembranaire (TM) des formes ^{Ntm}PrP et ^{Ctm}PrP (voir partie 1.3.3). La partie 106-126 est décrite comme neurotoxique dans divers modèles[144]. De plus, la région 92-111 est une autre région fixant le Cuivre, mais à une plus faible affinité que la zone des RO (60-91)[139].

Région globulaire C-terminale (121-231) : Cette zone comporte les deux site de N-glycosylation (asparagine en 180 et 196). La présence des deux sites explique la présence des trois glycoformes de la PrP, visibles en Western Blot, les formes non-glycosylées, mono-gycosylées, et bi-glycosylées). Le nombre de variants de glycosylation (bi-, tri-, quadri-antennes N-glycosylées, riches en oligosaccharides de type mannose) est évalué à 50[145]. Un pont disulfure est également présent entre deux cystéines (aux acides aminés 179 et 214). La région carboxy-terminale est riche de trois hélices α (143-153, 171-192 et 199-226), et de deux feuillets β antiparallèles (128-130 et 160-162)[146].

2.2 La forme résistante de la Protéine du Prion

La PrP est synthétisée par la cellule sous sa forme structurellement et majoritairement repliée en hélices α. Elle existe sous une autre forme, la PrP^{res}, forme résistante à la protéinase

K et riche en feuillets β.

Structures tertiaires : La structure tertiaire de la PrP^{res}, à la différence de celle de la PrP^{c}, n'a pas été clairement résolue à ce jour, notamment en raison de sa propension à former de larges agrégats hétérogènes, difficilement purifiables. Cependant, des analyses de microscopie électronique sur le fragment protéolytique PrP 27-30 ont conduit, en conjonction avec des considérations théoriques, à un modèle de structure quaternaire de la PrP^{res} basé sur une superposition parallèle des feuillets β, formant ainsi des structures trimériques, alors que la forme cellulaire semble monomérique[147].

Les différences structurelles entre la PrP^{c} et la PrP^{res} sont notamment identifiées par l'utilisation de divers anticorps : certains ne reconnaissent en effet que la forme résistante (sous sa forme native)[53]. Les deux formes n'expriment donc pas les mêmes épitopes à leur surface. Par ailleurs, les différences d'immunoréactivité entre les PrP purifiées de diverses souches de Prions indiquent la présence de multiples conformères de la PrP, chacun induisant une maladie à Prions particulière[33].

Propriétés physico-chimiques : Comme partiellement décrit au tableau A.I.4, (i) la PrP^{res} est résistante au relargage par la PI-PLC, à la différence de la forme cellulaire. De plus (ii), elle forme des agrégats insolubles en présence de détergents, alors que la PrP^{c} est soluble dans les détergents. (iii) Elle présente une structure résistante à la protéinase K, la PrP 27-30 (la PrP^{c} est sensible à la PK). Par ailleurs, (iv) la PrP^{c} est présente à la surface cellulaire, alors que son isoforme résistante réside majoritairement dans des compartiments intracellulaires. (v) L'immunoréactivité de la PrP^{res} est augmentée par se dénaturation, à l'inverse de celle de la forme cellulaire. Enfin, (vi) la synthèse et la dégradation de la PrP^{c} se déroulent significativement plus rapidement que celles de la forme résistante[148].

Clivages par la protéinase K : L'extrémité N-terminale de la la PrP^{res} est dégradée par la protéinase K, et entre 70 et 100 acides aminés sont ainsi clivés. Le site spécifique dépendrait de la souche testée : ainsi, la PrP^{res} d'ESB serait principalement clivée à l'acide aminé 96, alors que les souches de tremblante présenteraient un spectre de clivage par la PK plus large[149]. En revanche, l'extrémité C-terminale n'est pas dégradée.

2.3 Analogues structuraux de la Protéine du Prion

L'étude des analogues structuraux de la PrP peut permettre de mieux approcher la fonction de la Protéine du Prion. Deux analogues sont connus pour l'instant, les deux protéines Doppel et Shadoo[150,151] (voir figure A.III.7). Par ailleurs, un troisième gène analogue, appelée *PRNT* a été décrit, il serait présent chez les primates, mais pas chez les rongeurs[152], mais aucune expérience ne prouve à ce jour la traduction effective d'une telle protéine prédite.

2.3.1 Doppel

La protéine Dpl, majoritairement impliquée dans le système reproducteur mâle fut identifiée en 1999[150,151]. Le gène *Prnd* codant pour cette protéine partage une faible homologie nucléotidique avec le gène *Prnp*, et se situe sur le même locus ; les deux protéines PrP et Dpl sont semblables à 24%[153], mais il est supposé qu'elles sont issues du même gène ancestral. D'un point de vue structural, la protéine Dpl est relativement semblable à la PrP : présence de ponts

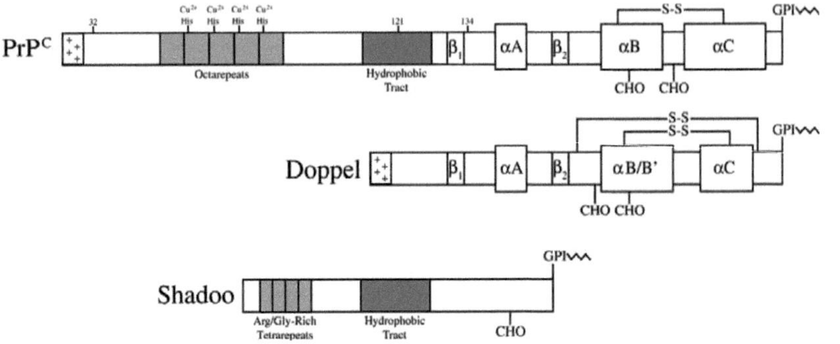

Fig. A.III.7: *Structure de la PrP et de ses analogues structuraux*[151]. *α et β indiquent les sites des hélices α et des feuillets β, CHO les sites de glycosylation, S-S la présence d'un pont disulfure.*

disulfures, protéine extracellulaire présentant deux sites de glycosylation, riche en hélices α, et ancrée GPI. Une différence majeure repose notamment sur l'absence, chez Dpl, de la région N-terminale (octapeptides). Des analyses réalisées par RMN proposent une structure très proche de celle de la PrP^c. Cependant, la présence d'un pont disulfure surnuméraire par rapport à la PrP pourrait stabiliser la protéine Dpl et empêcher ses changements conformationnels, à la différence de la PrP.

Par ailleurs, la surexpression de Dpl chez la souris induit une dégénérescence cérébelleuse et une ataxie, mais n'est pas associée à une accumulation de protéines sous forme amyloïde. De plus, la dégéneresscence des cellules de Purkinje (neurones majoritairement présents dans le cervelet), induite par la surexpression de Dpl, peut être abolie par l'expression de la PrP, laissant supposer un rôle fonctionnel antagoniste de la PrP, bloquant la neurotoxicité de Dpl. En outre, l'expression de PrP délétée en N-terminal (PrP Δ[32-134], voir 2.1) induit une dégénérescence neuronale[143], et ce phénotype peut être inhibé par l'expression d'un ou plusieurs allèles de PrP sauvage. Ainsi, d'un point de vue fonctionnel, Dpl se comporterait comme une protéine PrP délétée de son extrémité N-terminale hydrophobe et de ses régions de répétitions d'octapeptides.

2.3.2 Shadoo

La recherche de séquences nucléotidiques similaires à celle codant pour la PrP a permis d'identifier un ADNc (ADN complémentaire) codant pour une protéine hypothétique, appelée Shadoo[150,151]. Le gène codant pour cette protéine, *Sprn*, n'est pas présent sur le même chromosome que *Prnp* et *Prnd*, mais il est représenté dans des espèces très éloignées, comme le poisson zébré (*Danio rerio*) ou les rongeurs et primates. La protéine Shadoo murine est ancrée via un ancrage GPI, mais ne présente qu'un seule site de glycosylation, et montrerait une grande ressemblance structurelle avec l'extrémité N-terminale de la PrP. Fonctionnellement, elle présenterait une activité neuroprotectrice, comme cela a été décrit pour la PrP^c. Lors de l'infection, son expression est considérablement réduite, ce qui pourrait expliquer la forte neurotoxicité observée lors de l'infection[150].

3 Fonctions et partenaires de la protéine du Prion

La séquence primaire de la protéine du Prion est particulièrement conservée chez les mammifères, ce qui suppose qu'elle possède une fonction essentielle dans l'organisme. Cependant, les animaux transgéniques délétés de ce gène n'ont que peu d'altérations phénotypiques[154], indiquant que le rôle de la PrP est probablement compensable par d'autres protéines ou molécules, à ce jour inconnues.

3.1 Interactions de la PrP avec des protéines cellulaires

Les cofacteurs moléculaires impliqués dans la conversion de la PrP de sa forme cellulaire à sa forme résistante étape restent pour l'instant peu caractérisés. Afin de tenter de répondre à ces problématiques, les interactions entre la PrP et les autres composants cellulaires sont analysées, majoritairement par co-immunoprécipitation et double hybride. Par exemple, une étude réalisée en utilisant des puces à protéines a permis l'identification de 47 protéines, constituant, au moins en partie, l'interactome de la PrP[155] : il semble principalement constitué de protéines appartenant à diverses voies de signalisation.

Une étude plus récente, réalisée sur des souris transgéniques PrP_{myc} (PrP marquée en C-terminal par un myc-tag), et reposant sur diverses immunoprécipitations et analyses en spectrométrie de masse a permis l'identification de sept protéines associées de façon équimolaire à la PrP : il s'agit majoritairement de protéines appartenant à la famille des glycoprotéines neuronales et des protéines associées à la myéline[156].

Plus généralement, un certain nombre de protéines ont été proposées comme interagissant avec la PrP, il s'agit notamment de la laminine, de N-CAM, d'une Fyn tyrosine kinase, ou du LRP. Elles sont impliquées dans diverses voies de transduction de signaux, dans l'internalisation de la PrP, dans la neuroprotection, la croissance ou la différentiation neuronale, ou encore le trafic intracellulaire[157].

Un certain nombre de partenaires de la PrP sont décrits dans le tableau A.III.7.

3.2 Rôle de la forme cellulaire de la PrP

La PrP, ubiquitaire dans l'organisme mais exprimée à divers niveaux dans les organes, pourrait jouer divers rôles, majoritairement au sein de deux systèmes[114], le système immunitaire et le Système Nerveux Central (SNC).

Rôle spécifique au niveau du système immunitaire : La PrP^c serait impliquée dans la régénérescence des cellules souches hématopoïétiques. En effet, les souris Knock-Out (KO) pour la PrP (souris PrP-/-), renouvellent moins rapidement et moins efficacement leurs cellules souches. Par ailleurs, la PrP^c jouerait un rôle au niveau de l'activation des lymphocytes T en modulant l'activité des cellules présentatrices de l'antigène.

Rôle spécifique au niveau du SNC : L'étude des animaux PrP-/- fournit de nombreuses indications sur les fonctions potentielles de la PrP^c dans le SNC : les animaux KO présentent de légères altérations du sommeil et du rythme circadien, ainsi que certains troubles dans la

Nom	Fonction proposée
Acides nucléiques	-
Aplp1	Glycoprotéine associée à la membrane
Bcl-2	Fonction anti/pro-apoptotique
Bip	Rôle de chaperonne
Cavéoline-1	Fixation/internalisation
Clathrine	Fixation/internalisation
Cltc	Protéine de revêtement
Cnp	Associée aux membranes
Cspg2	Signalisation intracellulaire, rôle dans la matrice extracellulaire
Fyn Tyrosine Kinase	Fixation/internalisation
GAG	Rôle dans la pathogénèse des Prions, récepteur des Prions
GFAP	Protéine des filaments intermédiaires
Grb2	Transduction de signal
HS/HSPG	Cofacteur de la synthèse de PrP^{res}, récepteur PrP^{c}/Prions
Hsp60	Influencerait la conversion de PrP
Laminine	Différentiation et mouvement cellulaire
LRP/LR	Fixation et internalisation de PrP^{c} et PrP^{res}
M6-a	Glycoprotéine neuronale membranaire
NCAM	Molécule d'adhérence cellulaire neuronale
Neurofascine	Protéine membranaire
NRAGE	Viabilité neuronale
Nrf2	Facteur de transcription
p75	Fixation/internalisation
Pint1	Non identifiée
Plasminogène	Précurseur inactif de la protéase plasmine
PrP	
STI1	Neuroprotection, pousse neuronale
Synapsine Ib	Phosphoprotéine neuronale
Tubuline	Trafic intracellulaire
Vcp	Protéine impliquée dans la fragmentation du Golgi
ZAP-70	Activation des lymphocytes T

Tab. A.III.7: *Principaux partenaires se liant à la PrP^{c} ou à la PrP^{res}*[156-158].

consolidation de la mémoire, et dans le processus d'intégration des stimuli sensoriels[114, 159]. En outre, l'interaction entre la PrP^{c} et la protéine d'adhésion neuronale NCAM suggère une fonction dans le développement du SNC. La PrP pourrait également jouer un rôle dans la synapse, ce qui est suggéré par sa localisation le long des axones et dans les régions présynaptiques : plus précisément, elle pourrait participer à la création des liaisons synaptiques, et plus généralement à la transmission synaptique[114].

Elle présente une action neuroprotectrice, via ses activités sur (i) la signalisation cellulaire, (ii) le stress oxydatif, et (iii) la fonction pro-apoptotique de la protéine Bax.

(i) En raison de la localisation de la PrP dans des compartiments impliqués dans la transduction des signaux (radeaux lipidiques), la PrP a été supposée jouer un rôle dans la signalisation cellulaire. Des anticorps anti-PrP, dans la lignée 1C11, dimérisent la PrP surfacique et ainsi stimulent les Fyn tyrosine kinase : Fyn étant associée à la survie et la prolifération cellulaire, la PrP surfacique pourrait moduler la survie neuronale. A l'instar de Fyn, d'autres voies de transduction de signaux de survie sont activées par la PrP, comme par exemple PKA, les MAPK/ERK kinases, ou AKT[160].

(ii) Les cinq octapeptides de la partie N-terminale de la protéine du Prion constituent une région fixant les ions divalents Cu^{2+}, la PrP pourrait ainsi jouer un rôle dans l'homéostasie du cuivre et présenter une activité de type Super Oxyde Dismutase (la SOD est une enzyme intracellulaire anti-oxydante). De plus, la comparaison entre des cellules exprimant ou non la PrP indique que ce rôle potentiel dans la réponse au stress oxydatif repose sur le recrutement de PI 3-kinase, ainsi que sur l'activation de diverses voies de signalisation[160].

(iii) Structurellement, les octapeptides présentent un fort degré de similarité avec le domaine BH2 des membres de la famille Bcl-2, suggérant que la PrP pourrait se comporter comme certains éléments de cette classe. Il a ainsi été montré que la PrP protège contre la mort cellulaire induite par Bax (protéine pro-apoptotique majeure de la famille Bcl-2).

Protéine du Prion et maladie d'Alzheimer : Les oligomères solubles d'Aβ (produits par le clivage de l'APP), composants toxiques de la maladie d'Alzheimer, inhibent notamment la potentialisation à long terme dans l'hippocampe. Selon des données récentes, la PrP pourrait être le récepteur de ces oligomères, car l'absence de PrP (souris KO pour la PrP), ou le blocage par certains anticorps anti-PrP inhibe leur fixation au niveau cellulaire. La PrP pourrait donc jouer un rôle dans l'inhibition de la plasticité synaptique lors de la survenue de la maladie d'Alzheimer, et la zone impliquée pourrait être celle reconnue par les anticorps anti-PrP, soit la région 95-109. Par ailleurs, il est à noter que ni Doppel ni Shadoo ne semblent être des récepteurs pour ces protéines oligomériques[161].

Autres rôles : La PrP^{c} pourrait intervenir dans la régulation du cycle de certains virus. EllePrP^{c} interagirait aussi avec la matrice extracellulaire, via la PrP^{c} elle-même, les laminines et leur récepteur, les glycosaminoglycanes (GAG) sulfatés (tels les Héparanes Sulfates Protéo-Glycanes ou HSPG).

Conclusion

La Protéine du Prion est une protéine ubiquitaire, exprimée dans de nombreuses espèces animales. Elle suit une voie de biosynthèse et de dégradation classique pour une protéine ancrée dans la membrane via un ancrage GPI. Deux analogues structuraux ont été décrits, et, comme la PrP, elles joueraient un rôle dans l'équilibre entre neuroprotection ou neurotoxicité. Cependant, le rôle exact de la PrP ne reste pas à ce jour totalement élucidé, ni au niveau du système immunitaire, ni au niveau du système nerveux.

Cette protéine existe sous plusieurs conformères différents, et un de ces conformères, la PrP^{res}, serait l'agent responsable des maladies à Prions. L'infection par les Prions est, *in vivo*, associée à une forte mortalité neuronale, cette pathogénèse liée à l'infection pourrait donc être induite par une perte de fonction de la PrP^{c}, ou par un gain de fonction de la PrP^{res}.

Chapitre IV

Réplication des Prions dans l'organisme et physiopathologie

Les Prions se répliquent principalement dans les organes du système nerveux central et périphérique, ainsi que dans les organes lymphoïdes. Cependant, des études présentent des zones de réplication ectopique comme les muscles, le rein, la glande mammaire, le foie, notamment lors d'inflammations intercurrentes. De plus, l'infectiosité des fluides biologiques (urine, salive, sang, etc.) alerte sur les risques de transmission secondaire, à l'homme notamment, et ainsi sur les besoins de sécurisation des filières de production alimentaire et de médicaments. Par ailleurs, les processus physiopathologiques impliqués dans ces maladies conduisent systématiquement à la mort de l'individu. Il est donc important de mieux évaluer les mécanismes de réplication des Prions, notamment afin de mettre au point des thérapeutiques efficaces contre ces maladies.

1 Localisation des Prions

1.1 Présence au sein du système nerveux et des organes lymphoïdes

Système nerveux périphérique et central : La plus grande concentration de PrP^{res} dans l'organisme est détectée dans le système nerveux central, et localisée au niveau des astrocytes et des neurones. Les terminaisons nerveuses sont également infectieuses, comme cela a été montré au niveau de la langue et de certains muscles squelettiques. Les nerfs périphériques sont en général porteurs d'infectiosité. Par ailleurs, le Liquide Céphalo-Rachidien (LCR) est également infectieux, mais à des taux bien inférieurs[10,162].

Les neurones sont les cellules semblant répliquer au plus fort taux la PrP^{res}. Cependant, des travaux montrent, par l'utilisation de souris transgéniques, l'importance des astrocytes et des cellules microgliales dans la réplication de la PrP^{res}[88]. En effet, une déplétion de la PrP dans les neurones, après infection par les Prions, n'inhibe pas la production et l'accumulation extra-neuronale de PrP^{res}. En outre, il n'est pas noté de mort neuronale, à la différence de ce qui est observé dans les souris conventionnelles. Par ailleurs, la coexistence dans des cerveaux humains atteints de MCJ de divers types biochimiques de PrP^{res} indique la possibilité d'une réplication différentielle des Prions selon les zones cérébrales, et donc selon les neurones touchés[163].

Localisation périphérique, hors SNP : La présence de l'agent a été caractérisée, à divers degrés selon les souches de Prions, dans des tissus périphériques tels que les organes lymphoïdes (rate et ganglions lymphoïdes, et notamment ceux associés au tractus digestif à des titres 10 à 100 fois inférieurs à celui du cerveau[164]), les muscles squelettiques, le rein et la muqueuse olfactive[10, 162]. Dans certaines formes, le titre infectieux est détectable dans le sang (le plasma et les globules blancs sont porteurs d'infectiosité, le doute subsiste quant à la présence d'infectiosité intrinsèque des globules rouges)[10], ce qui explique la transmission, suite à une transfusion de produits sanguins contaminés, du vMCJ à cinq patients.

Au niveau des organes lymphoïdes, l'agent serait répliqué par les FDC, cela repose sur plusieurs arguments : (i) les FDC expriment de forts taux de la protéine PrP^{c}, (ii) l'analyse histologique des animaux infectés démontre la colocalisation des FDC avec la PrP^{res}[165], (iii) la déplétion en FDC conduit à une absence de réplication périphérique[166–168], (iv) des souris dont les cellules immunitaires autres que les FDC sont KO pour la PrP sont tout de même capables de répliquer l'infection au niveau de la rate[165].

Un autre type cellulaire pourrait également répliquer de l'infectiosité, il s'agit des Macrophages à Corps Tingibles (Tingible Body Macrophages, ou TBM), dans les plaques de Peyer. Ces cellules, participant à la régulation des centres germinatifs (siège de la réaction immunitaire dans les organes lymphoïdes), pourraient ainsi être les premières cellules portant de l'infectiosité dans ces organes, même s'il est également proposé que ces cellules participent à la dégradation de cette infectiosité[169].

1.2 Présence ectopique de Prions

Les animaux infectés répliquent les Prions essentiellement au niveau du SNC et des organes lymphoïdes, et de nombreux organes tels que le rein, le pancréas ou le foie, ne sont pas infectieux. Cependant, des souris présentant des inflammations naturelles ou induites dans divers organes (rein, pancréas, foie, etc.) répliquent les Prions dans ces organes[89]. Les conditions inflammatoires modifient ainsi le tropisme de réplication des Prions. Dans les organes lymphoïdes, la réplication des Prions est dépendante de l'expression de PrP^{c} par les FDC ainsi que la production locale de lymphotoxines α et β (LTα, LTβ). Ces conditions sont également réunies lors de foyers inflammatoires locaux, ce qui pourrait expliquer les réplications ectopiques de Prions dans les organes inflammés.

Par ailleurs, les souris atteintes de néphrites lymphocytaires et infectées par des souches de tremblante produisent une urine infectieuse, ce qui n'est pas le cas chez les souris ne présentant pas de telles inflammations. Ce phénomène, appelé prionurie, est notamment présent chez les cervidés et les ovins[170], mais concerne également l'homme atteint de MCJ[171].

Un phénomène semblable est décrit chez les moutons : certains animaux, atteints concomitamment de mastite (ou mammite, inflammation de la glande mammaire) et de tremblante répliquent les Prions au niveau des glandes mammaires[172], et la PrP^{res} colocalise avec les marqueurs histologiques des FDC murins et des macrophages, suggérant un rôle essentiel pour ces deux types cellulaires.

La présence de sites inflammatoires conduit ainsi à la réplication ectopique, et à la production locale d'infectiosité, également retrouvée dans les fluides (urine, lait) produits ou filtrés par l'organe inflammé. Ainsi, la présence d'inflammations intercurrentes pourrait modifier le risque de transmission des Prions, et notamment expliquer la persistence de certaines maladies telles que le CWD ou la tremblante[89]. Par ailleurs, la présence d'infectiosité dans le lait soulève quelques questions concernant l'exposition humaine aux produits laitiers bovins et ovins[173].

2 Réplication et dissémination des Prions

Les Prions, présents notamment dans de nombreux fluides (salive[174], urine[175], sang[174], lait[173]), se propagent par diverses voies, naturelles (scarification, voie orale), ou expérimentales (inoculations intracérébrale, intrapéritonéale, orale, etc.). En général, la contamination est périphérique, puis atteint le système nerveux périphérique puis central.

Cependant, il est également proposé qu'une contamination par voie intracérébrale conduise également à une réplication en périphérie, et notamment dans la rate, suggérant la présence de nombreuses voies de transport de l'infectiosité[176].

2.1 Etapes de l'infection cellulaire

Durant le processus d'infection des cellules, la PrP^{c} est convertie en PrP^{res}. Cette dernière est supposée capable de recruter et convertir la forme normale en forme anormale. L'infection est donc un phénomène PrP-dépendant. Cependant, son implication dans les diverses étapes précoces de l'infection cellulaire par les Prions reste à ce jour peu caractérisée. L'infection pourrait se dérouler en deux étapes : (i) internalisation ou fixation à la surface de la PrP^{res} exogène, (ii) transconformation de la PrP^{c} endogène en forme résistante, en contact avec la PrP^{res} exogène.

(i) Internalisation de la PrP^{res} : Du moins dans le système cellulaire Rov, cette phase est décrite comme indépendante de la présence de PrP^{c}[177]. Cette observation a également été décrite pour d'autres types cellulaires (CHO[178], cultures de neurones primaires[179]). Cependant, l'infection des cellules requiert l'expression de la PrP^{c} dans les phases précoces, avant l'internalisation de la forme résistante.

Ainsi, il semble que les conditions de présence spatiale et temporelle de la PrP^{c} soient essentielles pour la phase d'infection cellulaire. Cela renforce l'idée selon laquelle la présence de PrP^{c} à la surface des cellules est cruciale pour l'établissement de l'infection[180], et suggère que l'infection transite par une étape de formation précoce d'un complexe entre la PrP^{c} et la PrP^{res} (voire d'autres molécules) à la surface, avant internalisation. Par ailleurs, l'implication des glycosaminoglycanes dans l'internalisation de la PrP^{res} diffère selon les types cellulaires considérés[177,178], laissant supposer une multitude de voies d'entrées de ce complexe dans la cellule.

(ii) Transconformation de la PrP^{c} endogène en forme résistante : Cette phase implique que la PrP^{c} synthétisée soit en contact avec la PrP^{res} exogène. Il semble établi que la PrP^{res} réside dans des compartiments intracellulaires (du moins pour les cellules N2a, GT1, HaB), probablement les endosomes tardifs ou les lysosomes. Ce compartiment pourrait donc être impliqué dans la transconformation de la forme cellulaire en forme anormale, car la forme normale transite constamment de la membrane plasmique vers divers compartiments membranaires[78].

Cependant, les étapes décrites ici semblent très dépendantes des cellules, et ne constituent probablement pas la voie d'infection de toutes les cellules susceptibles dans l'organisme. Concernant les FDC, par exemple, elles pourraient capter l'infectiosité directement, ou via un complexe avec certaines molécules du complément, mais il est également possible que des cellules mobiles (DC par exemple) apportent l'infectiosité jusqu'aux FDC[181].

2.2 Propagation de cellule à cellule

Même si une transmission mère-fille est observée dans les modèles cellulaires, le mode de transmission de cellule à cellule pourrait se produire en trois phases : (i) transfert de particules infectieuses par la cellule infectée, (ii) captation de l'infectiosité par la cellule saine, (iii) infection de la cellule saine. Les phases (ii) et (iii) viennent d'être précisées (voir 2.1). Concernant la première étape (i), elle semble plus difficile à définir, car paraît cellule-dépendante. En effet, certaines cellules présentent un transfert efficace de cellule à cellule, comme les N2a[75], ou à l'inverse ne sont pas capables de propager leur infectiosité à d'autres cellules, comme certains fibroblastes[182]. De plus, *in vivo*, certaines données suggèrent la présence de divers modes de dissémination des Prions[183], soit de cellule à cellule (dissémination proximale), soit à plus longue distance (dissémination distale).

En culture cellulaire, il a été mis en évidence un transfert d'infectiosité par contact cellulaire, notamment pour les cellules SMB[184], ou les MovS[185]. En revanche, un tel transfert n'a pas été mis en évidence pour les cellules Rov[185]. Ce mécanisme, ainsi cellule-dépendant, pourrait être médié par un échange d'infectiosité via une incorporation dans les cellules saines de PrP^{res}, par son ancre GPI (phénomène de « painting »), ou par un contact entre la PrP^{res} de la cellule infectée et la PrP^{c} de la saine.

Par ailleurs, des mécanismes à plus grande échelle ont également été proposés, car il existe *in vivo* des dépôts extracellulaires de PrP^{res} pouvant infecter à distance des cellules neuronales[186]. *In vitro*, des cellules infectées ont été décrites comme relargant de l'infectiosité dans le milieu de culture[187–189]. Ce transfert à distance pourrait être médié par des microvésicules de 50 à 100 nanomètres, appelés exosomes, décrites notamment dans les modèles SN56[187], Rov[188] ou N2a[190].

Récemment a été décrite une voie alternative de transfert de l'infectiosité de cellule à cellule, via les nanotubes. Ce transport pourrait expliquer le mécanisme de propagation de neurone à neurone, ou le passage de l'infectiosité du Système Lymphoréticulaire (SLR) au système nerveux[191].

2.3 Propagation des Prions dans les tissus

Une voie naturelle d'infection par les Prions, selon les données épidémiologiques (et notamment celles sur l'ESB et le vMCJ), semble être la voie orale[192].

Propagation au niveau périphérique : La longue durée d'incubation des infections à Prions indique la présence de réservoirs de réplication de ces agents, et un des candidats est le SLR (amygdales, rate, ganglions, etc.). De nombreuses études impliquent ainsi ce système dans la réplication des Prions, même dans le cadre d'une inoculation intracérébrale, suggérant son importance au niveau périphérique[176].

Après infection par voie orale, les Prions franchissent la barrière intestinale, vraisemblablement par un mécanisme de trancytose dépendant des cellules épithéliales membranaires (cellules

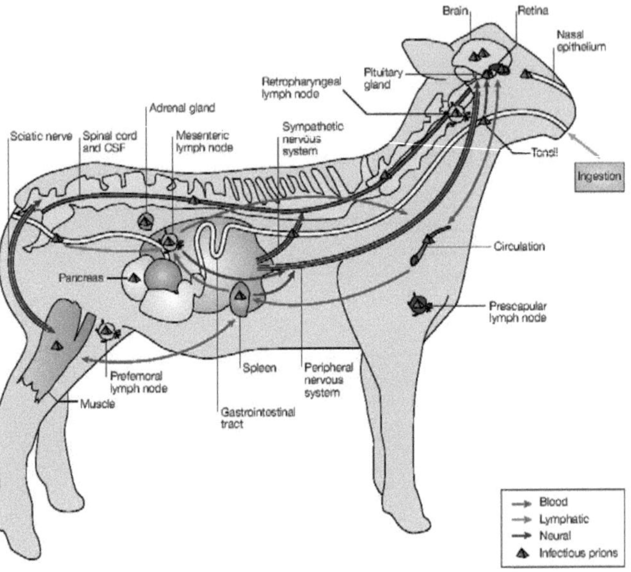

Fig. A.IV.8: *Propagation des Prions après infection par voie orale, chez le mouton*[193].

M)[194]. Les cellules dendritiques mobiles, connues pour capturer directement les antigènes dans la lumière de l'intestin, pourraient également être responsables de la transmission initiale[195]. Après avoir traversé la barrière épithéliale, la PrP^{res} semble être phagocytée par des cellules cellules présentatrices d'antigènes, comme les macrophages et les Cellules Dendritiques (CD). Les macrophages semblent avoir un rôle protecteur, au contraire des CD, qui conduiraient les agents infectieux aux Cellules Folliculaires Dendritiques (FDC, cellules présentant l'antigène aux lymphocytes B) présentes dans les plaques de Peyer et les autres organes lymphoïdes[196].

De la périphérie au système nerveux central : Lors d'une infection périphérique (par voie orale, sanguine), les organes touchés sont tout d'abord les organes lymphoïdes, véritables réservoirs de Protéines du Prion anormalement replié. Puis la phase de neuroinvasion survient, et enfin les troubles neurologiques se manifestent. Le passage de l'infection de la périphérie au SNC pourrait notamment être médiée par la proximité entre les FDC et les terminaisons neuronales innervant notamment la rate, car le rapprochement entre les FDC et ces terminaisons réduit la durée de l'incubation[197].

Néanmoins, la réplication au sein même du SNP reste inconnue, elle pourrait être axonale[198] (transport rapide, notamment mis en évidence pour le transport de la PrP^c), ou non-axonale[199] (voie beaucoup plus lente, *a priori* suggérée par une étude démontrant la localisation adaxonale de la PrP^{res}).

Le passage de l'infectiosité du SNP au SNC reste également une question ouverte, il pourrait néanmoins être médié par les nerfs des systèmes nerveux sympathique et parasympathique (ou vagal)[192].

Un envahissement du système nerveux central : Au sein même du SNC, la réplication des Prions pourrait reposer sur une propagation cellulaire de proche en proche, portée sur les cellules exprimant de la PrP^{c} et capable de répliquer la PrP^{res}[192], et il pourrait s'agir des neurones et des astrocytes[69].

La propagation des Prions a notamment été étudiée grâce aux neurogreffes (neurografts). Elles consistent en une reconstitution de l'expression de la PrP dans des zones particulières du cerveau ou de la rate de souris KO pour la PrP, par l'injection de cellules embryonnaires exprimant ou surexprimant la PrP. Ces souris sont ensuite inoculées par des Prions, par voie périphérique, intracérébrale ou intraoculaire[200]. Ces souris ne présentent aucun symptôme clinique, mais l'analyse histologique révèle des lésions histopathologiques caractéristiques des ESST (spongiose, puis astrogliose et mort neuronale, mais exclusivement dans les zones greffées, pas dans les zones PrP-). Les greffes de tissus PrP+ dans diverses zones du cerveau semblent indiquer que la propagation intracérébrale des Prions est fondée sur un réseau pavé de cellules exprimant la PrP^{c}[200].

Deux hypothèses sont proposées. D'une part, les astrocytes pourraient être les producteurs majoritaires de PrP^{res}, qui serait captée par les neurones exprimant la PrP^{c}, ce qui rendrait la PrP^{res} neurotoxique. D'autre part, les neurones et les astrocytes pourraient produire deux formes de PrP^{res} diverses, mais seule la forme produite par les neurones serait toxique[88].

3 Des lésions restreintes au système nerveux central

Les lésions observées concernent majoritairement le système nerveux central, et sont à l'origine des détériorations cliniques (troubles neurologiques et démences). En outre, même s'il est noté une accumulation de PrP^{res} dans les organes lymphoïdes, aucune lésion particulière ni réelle altération physiologique n'est associée à ces organes.

Historiquement, les maladies à Prions sont caractérisées, lors des analyses neuropathologiques, par une vacuolisation neuronale (spongiose), par une prolifération astrocytaire et microgliale, par la présence de plaques amyloïdes, ainsi que par une mortalité neuronale (voir figure A.IV.9).

L'astrogliose, présente dans les cerveaux de patients atteints, caractérise un état de prolifération astrocytaire importante, une hypertrophie cellulaire intense, ainsi qu'un expression plus forte de la GFAP (Protéine Glio-Fibrillaire Acide, filament intermédiaire marqueur de l'activation astrocytaires) et de la Nestine (marqueur de prolifération)[201]. Les proliférations les plus fortes des cellules gliales colocalisent avec les dépôts de PrP^{res}, suggérant que l'astrogliose serait une réponse à la présence de PrP^{res}[202].

La présence de plaques amyloïdes (biréfringence après coloration au Rouge Congo, insolubilité, aspect fibrillaire en microscopie électronique) dans le SNC est une des propriétés histologiques observées dans un nombre réduit de maladies humaines : seuls 10-15% des patients atteints de MCJs présentent de telles plaques, mais ces plaques sont absentes chez les patients atteints d'IFF, les bovins infectés par l'ESB ou les moutons par la tremblante. A l'inverse, les bovins atteints par la souche BASE, et les humains par le vMCJ en sont pourvus[203]. Elles pourraient présenter un rôle neuroprotecteur (en captant les oligomères solubles toxiques), même si ce rôle est contesté[204].

La spongiose correspond à la formation de vacuoles siégant dans le neuropile. Cette vacuolisation s'effectue aux dépens des corps cellulaires et des prolongements nerveux, et touche principalement le cortex cérébral et cérébelleux, et les noyaux de la substance grise. Très présente chez certains patients atteints par la MCJs, elle l'est moins chez d'autres atteints de MCJi[205].

La perte neuronale est retrouvée dans toutes les ESST, mais sa localisation et son intensité diffèrent selon les souches de Prions.

Les lésions sont ainsi souche-dépendantes, mais également hôte-dépendantes, suggérant que la réplication des Prions est soumise à un double contrôle, celui lié à sa souche et celui lié à son hôte.

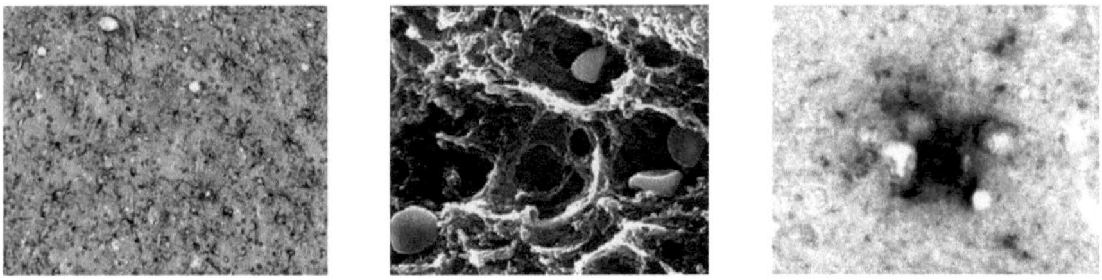

(a) Astrogliose (Microscope électronique à balayage x2.000)

(b) Spongiose (Détection immunohistochimique de la GFAP x10)

(c) Plaques amyloïdes (Détection immuno-histochimique de la PrP^{res} x20)

Fig. A.IV.9: *Lésions des maladies à Prions.*

4 Physiopathologie cellulaire et moléculaire

La réplication des Prions induit de profondes modifications au niveau du cerveau, et plus particulièrement une mort neuronale, ainsi qu'une réaction microgliale et astrocytaire intense[206].

4.1 Modifications transcriptomiques et protéomiques

Afin d'étudier les mécanismes moléculaires impliqués dans les maladies à Prions, des analyses transcriptomiques ont été réalisées, par quantification de l'ARNm, sur des broyats de cerveaux[207] ou de rates[208], des explants primaires[209], ou des lignées cellulaires infectées[210]. Elles ont conduit chacune à l'identification de nombreux gènes dérégulés, notamment impliqués dans la croissance et l'adhésion cellulaire, les réponses immunitaires, la transduction de signaux. Cependant, le recoupement des données ne permet pas de réel consensus autour des dérégulations géniques dans le cadre des maladies à Prions. En effet, les études précédemment citées présentent des données issues de populations hétérogènes (neurones, astrocytes, cellules microgliales, etc.), et semblent ainsi indiquer la présence d'une hétérogénéité de réponse aux Prions.

En complément, une étude récente s'est focalisée sur la recherche de gènes dérégulés en cultures cellulaires (N2aPK1, CAD, GT1), en tenant compte de la dérive génétique de ces lignées[211]. Elle suggère ainsi qu'aucun gène n'est dérégulé de façon significative dans le cadre des maladies à Prions, du moins dans un contexte *in vitro*. Dans cette hypothèse, les modifications des cellules infectées sont uniquement présentes à des niveaux post-transcriptionnels.

Néanmoins, ces dernières données *in vitro* ne semblent pas mimer un contexte *in vivo*, puisque l'apoptose, mort neuronale impliquée dans les maladies à Prions (et non présente *in vitro*), modifie profondément l'expression génique[212]. Les réponses géniques présentes dans les infections à Prions restent ainsi à ce jour peu connues.

4.2 Dégradation fonctionnelle des neurones

Bien que les signes cliniques majeurs puissent être causés par une mortalité neuronale intense, les premiers troubles comportementaux pourraient être provoqués par un dérèglement fonctionnel des neurones, comme cela a été montré sur certaines souris transgéniques (KO conditionnels), inoculées et en stade clinique, dans lesquelles la délétion de la PrP^{c} réduit les troubles comportementaux. En outre, cette dégradation fonctionnelle pourrait être causée par d'autres formes de la PrP que la PrP^{res} elle-même[88].

Plus spécifiquement, des altérations des systèmes de neurotransmetteurs ont été relevées dans les ESST[206]. Les premières modifications semblent toucher le système GABAergique, et pourraient soit être liées à l'accumulation de PrP^{res}[213], soit à une perte de fonction de la PrP^{c}[214]. Les synapses subissent également quelques altérations ; il est noté par exemple une réduction d'expression de la synaptophysine (dans l'hippocampe notamment), indiquant une perte des terminaisons présynaptiques[215]. Enfin est décrite une atrophie dendritique chez les animaux atteints par une ESST, et elle pourrait être médiée par une inactivation de la protéine Notch, quantitativement corrélée au niveau de PrP^{res}[216]. De plus, la PrP^{c} étant impliquée dans la croissance des neurites[217], la transconformation de la PrP^{c} en PrP^{res} pourrait altérer cette fonction. A terme, ces altérations liées à l'infection par les Prions pourraient conduire à une perte totale de fonction de la PrP, ou à un gain de fonction de son isoforme résistante, ainsi qu'à terme à une mort neuronale massive.

4.3 Mécanismes de mortalité neuronale

Une des caractéristiques typiques des ESST est la mort neuronale massive. L'apoptose est majoritairement responsable de ces lésions cérébrales (en raison des voies d'activation des caspases impliquées dans ces maladies, et de la présence d'ADN fragmentés[218]), même si la mort par autophagie semble impliquée également. De plus, les réactions microgliales peuvent également induire certaines morts neuronales, notamment par réaction à la présence de PrP^{res} ou de dérivés réactifs de l'oxygène (ROS).

4.3.1 Gain de fonction toxique de la PrP

La corrélation entre la présence de PrP^{res} et la perte neuronale massive laisse supposer un lien de cause à effet entre ces deux éléments, cependant d'autres études contredisent cette idée, et proposent que la PrP^{res} n'est pas neurotoxique en soi[206] : en effet, l'apparition de signes cliniques précède parfois l'accumulation de PrP résistante[219]. Néanmoins, des fibrilles amyloïdes produites à partir de PrP^{rec} (structure proche de la PrP^{res}, mais non infectieuse) sont toxiques sur des cultures cellulaires et des neurones en culture primaire[204], indiquant, au moins dans un certain cadre, que la PrP^{res} est probablement neurotoxique.

Certains peptides dérivés de la PrP sont également décrits comme neurotoxiques, même si leur toxicité reste dépendante de la lignée cellulaire. Le plus caractérisé reste le peptide 106-126[220]. Il induirait un stress du réticulum endoplasmique, menant au relargage du cytochrome mitochondrial (cytochrome c), à l'activation de la caspase-3 et à la mort cellulaire[221].

Par ailleurs, la PrP est également présente sous forme cytosolique, dans certaines populations neuronales[222]. De plus, il est décrit que la PrP^{res} inhibe le protéasome, et que la PrP^{c} peut être rétrotransloquée et dégradée via le protéasome (Dégradation Endosplamique Associée au Réticulum ou ERAD) dans le cytosol[123,130] : ainsi, l'infection cellulaire pourrait entraîner une accumulation de la forme cytosolique et une cascade de signaux de mort neuronale. Le rôle de cette forme cytosolique reste néanmoins contreversé, elle protègerait ainsi par exemple contre l'apoptose induite par Bax[206].

En terme de taille d'agrégats de PrP^{res}, il semble que les formes les plus toxiques soient les monomères et les oligomères intermédiaires[40].

Il existe d'autres formes de la PrP : les formes transmembranaires, ^{Ctm}PrP et ^{Ntm}PrP. La forme ^{Ntm}PrP n'a pas été identifiée dans diverses ESST, en revanche ^{Ctm}PrP est détectée dans le GSS (mutation A117V)[132], elle est promue par la présence de PrP^{res}[134], et serait neurotoxique[223]. Cette forme pourrait ainsi être un intermédiaire de la PrP^{res}, impliquée dans les processus neurodégénératifs. Par ailleurs, les souris exprimant la forme non-ancrée de la PrP (PrP-ΔGPI) sont également susceptibles aux Prions, et accumulent la PrP^{res} à des titres plus importants, sans souffrir de neurodégénérescence[127]. Cela suppose que la PrP^{res} n'est pas nécessairement impliquée dans une voie neurotoxique, ou du moins quand elle n'est pas ancrée par un couplage GPI.

4.3.2 Perte de fonction neuroprotectrice de la PrP

Même si le rôle de la PrP n'est à ce jour pas clair, elle reste une protéine anti-oxydante et anti-apoptique. Ainsi, la transconformation de la forme cellulaire en forme résistante pourrait influencer sur ces deux activités, et rendre les neurones plus vulnérables. Par exemple, les cellules infectées sont plus susceptibles au stress oxydatif que les cellules saines[224], donc les neurones infectés seraient plus sensibles à l'apoptose due à ce stress. De plus, certaines lignées infectées présentent certaines altérations métaboliques : les PC12 présentent des modifications de leurs fonctions cholinergiques, les GT1-7 une viabilité réduite, et les 1C11 des altérations des fonctions associées à deux neurotransmetteurs[225].

La PrP est également une protéine fixant le Cuivre, or les cellules infectées par le Prion le fixent moins bien[226]. Le Cuivre jouant un rôle dans la détoxification de certains radicaux libres, la modification de son homéostasie pourrait jouer un rôle dans la pathogénèse des maladies à Prions.

Conclusion

L'agent responsable des maladies à Prions est décrit comme circulant dans l'organisme, entre le système digestif et les organes lymphoïdes, mais également entre les organes lymphoïdes, et le système nerveux périphérique et central. La réplication des Prions dans la rate, organe filtrant le sang, induirait une infectiosité dans ce fluide, ce qui pose le risque de transmission iatrogène des Prions lors de transfusions sanguines ou d'injections de produits sanguins.

Plus spécifiquement, les Prions se répliqueraient préférentiellement dans certains types cellulaires déterminés, notamment les neurones et les cellules folliculaires dendritiques. Cette réplication semble associée à une toxicité dans le cadre du système nerveux central exclusivement, et induit une neurodégénérescence systématiquement fatale.

D'un point de vue physiopathologique, les mécanisme précis qui conduisent au désordre au niveau du système nerveux central, ainsi que les processus de réplication dans les autres organes, restent inconnus. Leur compréhension reste indispensable dans la mise au point de méthodes de traitement de ces maladies.

Chapitre V

Prions et thérapeutiques expérimentales

Depuis les années 1960, de nombreuses stratégies de traitement les maladies à Prions ont été développées, et testées sur divers systèmes (modèle animal, modèle cellulaire, modèle « cell-free »). Parmi celles-ci, la majorité cible les différentes étapes de la réplication des Prions, incluant la synthèse de son précurseur, la transconformation de la forme cellulaire à la forme résistante, et la dégradation de la forme résistante, la PrP^{res}. Cependant, à ce jour, aucune des molécules testées ne permet d'inhiber de façon réellement significative la réplication des Prions chez l'homme.

1 Outils de recherche de thérapeutiques efficaces

La recherche de nouveaux composés actifs contre les Prions repose sur l'utilisation de nombreux modèles : les criblages sont principalement réalisés *in vitro* ou *in silico*, et les confirmations de l'activité anti-Prions sont évaluées chez l'animal (majoritairement la souris conventionnelle ou transgénique).

Test « cell-free » : La PrP^{rec}, lorsqu'elle est repliée sous une conformation amyloïde et sous certaines conditions, est infectieuse dans un modèle de souris transgénique[39,227], elle constitue donc un très bon modèle *in vitro* de l'agent responsable des maladies à Prions.

L'état d'agrégation sous forme amyloïde de la PrP^{rec} étant évaluée en temps réel par la présence d'un marqueur fluorescent, la Thioflavine T (ThT), l'incubation avec diverses molécules pendant cette acquisition permet d'évaluer leur caractère inhibiteur de l'agrégation de la PrP[228]. L'analyse des inhibiteurs classiquement décrits de la forme résistante de la PrP (curcumin, tétracycline, quinacrine, Rouge Congo) démontre une bonne corrélation entre les résultats de ce test et leur activité dans d'autres systèmes *in vitro*. L'utilisation d'un autre marqueur des amyloïdes, la Thioflavine S (ThS), est également décrite, et repose sur l'utilisation de peptides dérivés de la PrP[229].

Par ailleurs, le Cell-Free Conversion assay (CFC, voir partie II.1.1, page 31) est également utilisé pour caractériser le mode d'action de certaines molécules[230].

Cultures cellulaires : Le modèle cellulaire présente une certaine similitude avec le modèle animal, puisque les molécules efficaces contre les Prions *in vivo* présentent souvent une inhibition en culture cellulaire[231–233]. Le modèle cellulaire sert de précriblage, la validation étant effective après expérimentations chez l'animal. Les criblages sur cultures reposent sur l'utilisation de modèles cellulaires infectés par des Prions, comme N2a ou SN56, et consistent en des traitements avec diverses doses de molécules afin de déterminer leur toxicité et leur effet inhibiteur sur l'accumulation de PrP^{res}. L'équipe de Kocisko a publié les résultats du criblage de 2.000 composés, et 17 molécules présentent un effet intéressant (IC_{50} <1 µM) sur des N2a infectées par deux souches de Prions, et parmi eux des polyphénols, des phénothiazines, des antihistaminiques, des statines ainsi que des composés antipaludéens[234].

La levure *Saccharomyces cerevisiae* est également utilisée dans des tests d'activité anti-Prion : en effet, deux de ses protéines, Sup35p et Ure2p présentent des caractéristiques communes avec la protéine du Prion, et notamment la possibilité de former des agrégats amyloïdes, ce qui conduit aux phénotypes *[PSI+]* et *[URE3]* *in vitro*. 2.500 composés ont ainsi été testés[100], et parmi les molécules identifiées, deux composés (KP1, pour Kastellpaolitine-1, et 6AP) présentent un effet tant sur levure que sur modèle cellulaire murine (ScN2a).

Scanning for Intensely Fluorescent Targets (SIFT) : Le test consiste en un mélange de PrP^{rec} murine, d'un anticorps dirigé contre la PrP humaine mais ne reconnaissant pas la PrP murine, ainsi que d'agrégats de PrP^{res} préparés à partir de cerveaux humains infectés (MCJ). La PrP^{rec} et l'anticorps sont respectivement marqués par des fluorochromes vert et rouge. La liaison entre l'anticorps, la PrP^{rec} et les agrégats résultent en la formation de complexes à la fois fluorescents en vert et en rouge. En revanche, en présence d'un inhibiteur de l'association entre la PrP^{res} et la PrP^{rec}, la fluorescence de ces agrégats diminue dans le vert.

Avec cette technique, le criblage de 10.000 composé a permis d'isoler six molécules montrant un effet inhibiteur de la propagation de PrP^{res} en culture cellulaire, dont certaines qui partagent un groupe N'-benzylidène-benzohydrazide[235]. Cela confirme également que moduler l'interaction entre la PrP^{c} et la PrP^{res} est une stratégie pour contrer la propagation des Prions.

Résonance des Plasmons de Surface (SPR) : La Résonance des Plasmons de Surface (ou SPR) est un phénomène physique permettant de mesurer la force de fixation d'un ligand sur son récepteur (ici, la PrP^{c}), au préalable fixé sur une surface métallique. L'indice de réfraction, au voisinage de la surface est modifié lorsque le ligand est réellement fixé. Dans une étude récemment publiée[236], les molécules sont incubées sur une surface couverte de PrP^{rec}, l'ensemble est lavé et la constante de dissociation de l'interaction est déterminée.

Méthode *in silico* : L'usage de criblage à haut-débit représente un coût élevé, et des approches substitutives ont été proposées. Ainsi, en se basant sur les 17 structures identifiées parmi les 2.000 testées par Kocisko[234], un algorithme de recherche des structures 2D et 3D semblables a été développé[237], et appliqué sur la base de données SuperDrug (référençant 2.300 structures et 111.000 conformères). L'utilisation d'un double test (la similitude 2D ou 3D) permet d'identifier les composés structurellement ou chimiquement proches, ou avec des sites actifs semblables en dépit d'une structure chimique différente. De plus, la comparaison entre les hits proposés par l'algorithme et les près de 2.000 composés n'ayant pas démontré d'activité dans le test de Kocisko réduit le nombre de faux-positifs potentiels. Le criblage a permis l'identification potentielle de 16 molécules, déjà proposées comme traitement chez l'homme pour d'autres pathologies (comme analgésique, antihistaminique, antipsychotique, antiseptique, etc.).

Une autre étude présente les résultats d'un screening virtuel de 1050 composés dérivés d'arylthiols et d'arylaldéhydes, basé sur un algorithme de docking[238] . Parmi les composés identifiés, 19 sont efficaces en SPR, et un d'entre eux s'est révélé être un inhibiteur de la formation de PrP^{res} en culture cellulaire.

Validations de l'activité anti-Prion sur l'animal : Certaines études proposent des molécules n'ayant qu'un effet *in vitro*, mais aucun effet *in vivo*[239]. Ainsi, même si les tests cités auparavant sont essentiels afin de réduire considérablement le nombre de molécules à tester, l'utilisation d'animaux demeure tout de même indispensable.

2 Différentes stratégies thérapeutiques

Diverses stratégies ont été envisagées, afin d'inhiber la réplication des Prions, soit au niveau central, soit au niveau périphérique (organes lymphoïdes), et afin de retarder l'apparition des signes cliniques. Certaines sont présentées dans ce chapitre et en figure A.V.11 (page 69).

2.1 Inhibition métabolique de la PrP^c

Selon l'hypothèse communément admise, la propagation des Prions implique la conversion de la forme cellulaire normale en forme résistante aux protéases, qui s'accumule dans les tissus. Ainsi, les souris KO pour le gène *Prnp* ne répliquent pas les Prions, quelles que soient les souches testées[84,240]. Dans cette hypothèse, réduire la quantité du précurseur pourrait donc, du moins partiellement, inhiber la réplication de l'agent, et faciliter la dégradation de la PrP^{res} néoformée.

Inhibition au niveau génique ou transcriptionnel : Il a été montré que la déplétion de PrP neuronale (par un KO-conditionnel sur un système Cre-Lox), chez la souris présentant une infection en phase de neuroinvasion, suspend le phénomène de spongiose cérébrale, et bloque les morts neuronales massives ainsi que la progression vers la phase clinique de la maladie[88]. Cependant, ce système ne pourrait pas se décliner en thérapeutique applicable, ces études ont donc été complétées par une autre technique d'extinction ou de réduction de l'expression de gènes, l'interférence à ARN. Cette technique, lorsqu'elle est médiée par l'utilisation de lentivirus, permet de transduire stablement les cellules post-mitotiques, et notamment les cellules neuronales *in vivo*. L'injection au niveau hippocampique d'un lentivirus codant pour un shRNA (short hairpin RNA, il s'agit d'un ARN coupé en ARN interférents), permet d'une part de réduire durablement l'expression de la PrP dans cette région, et d'autre part de prolonger la survie des animaux[241].

Inhibition au niveau post-traductionnel : Une réduction d'expression de la PrP^c peut également être induite chimiquement, il a effectivement été montré que le Pentosane Polysulfate (PPS)[242], l'amphotéricine B[232], ou la suramine[243], trois molécules inhibant la réplication de la PrP^{res} en culture cellulaire, réduisaient l'expression de la PrP^c surfacique.

En outre, un lien entre la propagation des Prions et le système LRP/LR (Précurseur du Récepteur à la Laminine / Récepteur à la Laminine) a été mis en évidence, et il a également été démontré que dans diverses cultures cellulaires[244] l'expression d'un ARN antisens spécifique du LRP, ou l'ajout d'un anticorps dirigé contre le système LRP/LR réduisaient l'expression de la PrP^c, et inhibaient l'accumulation de la PrP^{res}. De tels systèmes sont décrits comme des outils potentiels dans le traitement des maladies à Prions.

L'ajout de Cuivre induit une réduction de la PrP surfacique, en stimulant son endocytose (sans modification de l'expression du gène de la PrP), et inhibe partiellement la réplication des Prions en culture cellulaire[140,245].

2.2 Interaction avec la PrP^c ou son trafic cellulaire

La relocalisation de la PrP^c, ou l'altération de son trafic cellulaire modifie sa biodisponibilité pour la conversion en PrP^{res}, et sous certaines conditions ces modifications inhibent la production de PrP^{res} *de novo.*

Modification du repliement protéique : La suramine interfère avec le repliement de la forme mature de la PrP^c dans un compartiment post réticulum endoplasmique / appareil de Golgi. Les molécules de PrP matures ne sont plus exprimées correctement à la surface, et des agrégats de PrP^c sont ciblées vers les compartiments acides en vue d'une dégradation cellulaire. Dans le cas des cellules infectées, les agrégats de PrP^{res} formés en présence de suramine ne s'accumulent pas, sont sensibles à la dégradation protéolytique et moins infectieux. La néosynthèse de PrP anormalement repliée est ainsi inhibée en culture cellulaire[243,246].

Inhibition de l'endocytose : A la différence de la suramine, la lactoferrine retient la PrP à la surface, en diminuant son internalisation[231], et inhibe la réplication de la PrP^{res} *in vitro* et augmente la durée d'incubation de la maladie chez l'animal infecté. Il peut alors être supposé qu'en étant retenue à la surface, la PrP^c ne soit pas disponible pour une conversion en PrP^{res}. De même, la filipine (un antiobitique polyénique) limite l'endocytose de la PrP^c, et réduit considérablement la quantité de cette protéine à la surface. Elle inhibe également la formation de PrP^{res} en modèle celulaire[247].

Modulation des radeaux lipidiques : La localisation subcellulaire de la PrP^c semble donc essentielle dans le phénomène de réplication des Prions. La modulation de l'interaction entre la PrP^c et les radeaux lipidiques (ou rafts) en est une autre preuve :

- L'amphotéricine B, un antiobitique polyénique induisant une augmentation de temps de survie chez le hamster[233], inhiberait la réplication PrP^{res} en culture cellulaire et *in vivo* : il modifierait les propriétés des radeaux lipidiques (zones riches en PrP[248], et a priori impliquées dans la conversion de PrP^c en PrP^{res}[249]) par une fixation sur le cholestérol, ce qui modulerait l'expression surfacique de la PrP^c[232].
- L'expression de la PrP est cholestérol-dépendante[250]. Un traitement par divers inhibiteurs des voies de synthèse du cholestérol tels que la mévinoline[250] ou la squalestatine[251] réduisent l'expression de la PrP^c surfacique, et inhibent la réplication de PrP^{res}. Ces données montrent l'importance du cholestérol au niveau de la localisation à la surface de la PrP^c, ce qui joue sur la néoformation de PrP^{res}.

Le rôle du cholestérol semble donc essentiel dans le métabolisme de la PrP^c et celui de la PrP^{res}, même si ce rôle pourrait être spécifique des cellules neuronales[252]. Ainsi, les composés déplétant en cholestérol, ou modifiant son métabolisme, modifient l'accumulation de PrP^{res}.

2.3 Prévention de la transconformation de PrP^{c} en PrP^{res}

La réplication des Prions repose sur un changement de structure tertiaire de la PrP^{c}, ainsi prévenir cette transconformation constitue une stratégie d'inhibition des Prions.

Blocage de la conversion par des anticorps : Dans un contexte acellulaire, l'ajout d'anticorps anti-PrP inhibe la réaction de conversion de la PrP^{c} en PrP^{res}[253], et en culture cellulaire, la propagation des Prions est inhibée par de tels anticorps dilués dans le milieu de culture des cellules chroniquement infectées[254]. De plus, *in vivo*, les effets des anticorps dirigés contre certains épitopes de la PrP sont démontrés, notamment par l'inoculation intrapéritonéale de Prions chez une souris exprimant transgéniquement l'anticorps 6H4[255]. Cependant, l'immunisation passive avec des anticorps anti-PrP est inefficace lors des infections intra-cérébrales, ou après l'apparition des signes cliniques[256].

En outre, la période d'incubation est allongée suite à une immunisation active par de la PrP recombinante[257], des peptides synthétiques de la PrP[258], des vaccins à ADN[256],[259], lors des infections par voie périphérique ou centrale.

Une protection totale, par des immunisations avec un vecteur atténué de salmonelle, exprimant la PrP, a été publiée : les souris présentant un fort taux d'immunoglobulines A spécifiques de la PrP et immunoglobulines G totales ne présentent après inoculation par voie périphérique aucun signe de maladie à Prions, et aucune accumulation de PrP^{res} n'est détectée[259]. Ces résultats suggèrent que les anticorps protègent contre l'établissement des Prions au niveau périphérique, et peuvent être de bons outils prophylactiques.

D'un point de vue mécanistique, l'effet inhibiteur des anticorps s'établirait par une liaison à la PrP^{c} et/ou la PrP^{res}, induisant un blocage de la transconformation de l'une en l'autre[253]. Certains épitopes sont plus particulièrement impliqués dans l'inhibition de la réplication de la forme résistante (voir figure A.V.10).

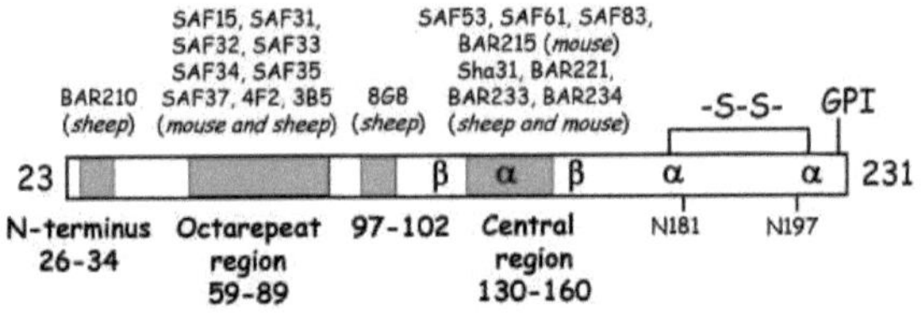

Fig. A.V.10: *Fixation des anticorps neutralisant la réplication des Prions en culture cellulaire. Quatre zones sont plus particulièrement impliquées (elles sont grisées sur la figure)*[260].

Blocage de la conversion par des dominants négatifs : Il existe des dominants négatifs pour la transconformation de la protéine du Prion[261]. L'expression transgénique de ces protéines dans des modèles cellulaires infectés inhibe la formation de PrP^{res}[262], et des manipulations *in vivo* valident l'usage de telles protéines comme agents anti-Prion[263]. Cela valide les expériences selon lesquelles l'expression d'une protéine du Prion hétérologue est inhibitrice des Prions[264], et suggère que l'interaction entre des molécules de Prion homologues est importante pour l'accumulation de PrP^{res}.

Ces dominants négatifs peuvent également constituer une base pour le criblage de nouvelles thérapeutiques anti-Prion. Une étude a ainsi identifié le composé Cp60, tout d'abord *in silico*, qui a montré son effet inhibiteur de la PrP^{res} en culture cellulaire[265].

Blocage de la conversion par des chaperonnes : Alors que certains composés stabilisent ou déstabilisent la PrP^{res} (voir 2.4), d'autres stabilisent la PrP^{c}, comme certains chaperonnes chimiques (TMAO, Diméthylsulfoxyde ou DMSO)[266]. Ces molécules favoriseraient la conformation sous forme d'hélices α de la PrP^{c}, et bloqueraient le dépliement de cette protéine, processus requis pour la transconformation en PrP^{res}. En culture cellulaire elles inhibent la formation de PrP^{res}. Les protéines chaperonnes sont également impliquées dans la réplication des Prions, et notamment la protéine Hsp70 (Heat Shock Protein 70), qui, lorsqu'elle est sur-exprimée ou sous-exprimée empêche la propagation d'un modèle de Prions de levure[98].

Blocage de la conversion par des polysaccharides : Certains glycosaminoglycanes (GAG) sulphatés inhibent également la conversion de la forme cellulaire en forme résistante, et sont proposés comme traitement[267]. En effet, l'interaction entre la PrP^{c} et les GAG est décrite comme essentielle dans sa conversion sous une forme anormalement repliée. Certains composés, tels que le pentosane polysulfate (PPS), inhibent cette interaction, et ainsi empêchent une transconformation de la PrP cellulaire en forme résistante[267].

L'interaction entre la PrP^{c} et la PrP^{res} peut également être inhibée par l'utilisation d'aptamères spécifiques de la PrP[268], ou encore par le β-sheet breaker[269] (voir 2.4) ou des dérivés tétrapyrroliques (porphyrines, phthalocyanines), décrits pour leur capacité à affecter la conformation des protéines[230].

2.4 Dégradation, déstabilisation ou surstabilisation de la PrP^{res}

La PrP^{res} s'accumule dans les cellules du système nerveux central, sa déstabilisation accélère sa dégradation et empêche la formation de nouvelles particules infectieuses *de novo*.

Déstabilisation de la PrP^{res} : L'analyse des tétracyclines, composés présentant une activité anti-Prion *in vivo*[270], démontre que ces molécules changent la conformation de la PrP^{res} qui acquiert une conformation plus sensible aux protéases[271]. Un mécanisme similaire a été proposé pour un peptide particulier de 13 acides aminés, le β-sheet breaker, modifiant la structure de la PrP^{res}, riche en feuillets β, en structure proche de celle de la PrP^{c}, apprauvie en ces structures[269].

Stabilisation de la PrP^{res} : La stabilisation de la PrP^{res} l'empêche de se déplier pour atteindre un état intermédiaire thermodynamiquement nécessaire à la conformation de PrP^{c} en PrP^{res}. L'activité anti-Prion du Rouge Congo est décrite comme suivant ce mécanisme[272], même si les résultats *in vivo* restent controversés[273].

Stimulation de la protéolyse de la PrP^{res} : Les polyamines branchées (telles que le polyéthylèneimine ou PEI) se lient directement à la PrP^{res}, et stimulent la protéolyse de cette dernière, via les lysosomes et à travers un mécanisme souche-dépendant[274]. De même, la quinacrine et la chloroquine, deux composés anti-Prion mais également antipaludéens, sont décrits comme agissant au niveau des lysosomes, via une augmentation du pH lysosomal[275]. Enfin, la lipopolyamine cationique DOSPA, composé inhibant la réplication des Prions en culture cellulaire, induit une dégradation de la PrP^{res} en 12 heures, et bloque la néosynthèse de cette dernière sans interférer avec le métabolisme de la PrP^{c}[276].

2.5 Inhibition de voies métaboliques ou de signalisation

Plusieurs stratégies ont été envisagées, afin de prévenir ou compenser la perte neuronale caractéristique des maladies à Prions.

Modulation de l'apoptose : Etant donné que la protéine p53 est impliquée dans l'apoptose neuronale, l'inhibition de cette protéine a été évaluée, par l'utilisation de la la pifitrine α, molécule passant la BHE (Barrière Hémato-Encéphalique). Cependant, en dépit d'une baisse (certes faible) de PrP^{res} en culture cellulaire, aucun effet n'est observé *in vivo*, ni en quantité de PrP^{res} ni en durée d'incubation. Cela suggère que la voie d'apoptose médiée par p53 ne serait pas un mécanisme indispensable au phénomène de mort neuronale induite par les Prions[277].

Modulation de voies de signalisation : Dans l'intention de tester les relations entre diverses voies de signalisation et la réplication des Prions, une cinquantaine d'inhibiteurs caractérisés et spéciques ont été évalués en culture cellulaire : un seul, l'inhibiteur d'une tyrosine kinase, le composé STI571 (Gleevec) se montre efficace dans l'inhibition de la réplication de la PrP^{res}[278]. Ce composé n'interfère pas avec la biogénèse, la localisation ou les caractéristiques biochimiques de la PrP^{res}, ni même avec la formation *de novo* de PrP^{c}. En revanche, il modifie la demi-vie de la PrP^{res} (de 24h à 9h) en activant sa dégradation lysosomale. Cependant, une application thérapeutique n'est pas directement envisagée, car le STI571, lorsqu'il est ingéré par voie orale, est très peu disponible dans le SNC[279].

Modulation de voies métaboliques : Des études ont montré que la PrP^{c} est associée à l'activation de la voie phospholipase A2 (PLA2) / COX. Cette voie a également été impliquée dans la réplication des Prions, puisque son inhibition (par un inhibiteur spécifique ou par des glucorticoïdes) réduit la formation de PrP^{res} en modèle cellulaire. Cette inhibition s'accompagne d'une réduction de la quantité de la forme cellulaire de la PrP, ce qui laisse entendre un rôle important de la voie PLA2 dans le contrôle de la formation de PrP^{res}[280]. Des résultats comparables sont obtenus avec des inhibiteurs de la voie MEK 1/2[281].

2.6 Immunomodulation

In vivo, un effet bénéfique est obtenu par déplétion en Cellules Folliculaires Dendritiques (FDC), ou l'inhibition de leur différentiation, et cela est notamment réalisé chez les souris transgéniques (KO pour les gènes codant pour la lymphotoxine β LTβ ou son récepteur LTβR, ou le TNFα), ou traitées avec des immunoglublines fusionnées au LTβR[16,166]. Par ailleurs, l'implication des molécules du complément (permettant la capture des antigènes par les FDC) a été mise en évidence dans l'étude des maladies à Prions, puisque l'inhibition d'une d'entre elles (C3) prolonge la survie des animaux[282].

3 Applications thérapeutiques à d'autres amyloïdoses neurodégénératives

Les protéopathies neurodégénératives partagent certaines caractéristiques, et notamment l'accumulation de protéines sous la forme d'amyloïdes, que ce soit l'Aβ dans la maladie d'Alzheimer, l'Huntingtine dans la maladie de Huntington, l'α-synucléine dans la maladie de Parkinson, ou encore la PrP dans notre cadre. Les mécanismes d'agrégation présentent également certaines similitudes[283]. De plus, la PrP pourrait jouer un rôle dans la pathogénèse de la maladie d'Alzheimer[161] (voir partie III.3.2, page 48). Ainsi, des parallèles thérapeutiques entre diverses maladies neurodégénératives liées à l'accumulation de protéines ont été envisagées.

Tant dans le cadre de la maladie d'Alzheimer que dans celui des maladies à Prions, les statines (réduisant la quantité de cholestérol), ou encore les glycosaminoglycanes mimétiques sont suggérées comme agent thérapeutique. Par ailleurs, certains colorants, comme le Rouge Congo et ses analogues, ou bien l'IDOX, identifiés initialement dans le cadre des maladies à Prions comme traitements potentiels, inhibent la formation des polymères de l'Aβ[284]. En outre, les molécules utilisées dans le cadre des traitements de la maladie d'Alzheimer (par exemple le curcumin dans un modèle murin[285], ou la mémantine chez l'homme[286]) montrent également un effet anti-Prion. De plus, certaines interactions entre la PrP^c et la protéine précurseur de l'Aβ (Amyloid Protein Precursor ou APP) sont connues[287] : la PrP^c régule en effet son clivage par les β-sécrétases, suggérant que des thérapeutiques agissant sur la PrP^c pourraient agir également sur ces clivages.

Comme exemple de molécule efficace dans diverses amyloïdoses, le tréhalose, un disaccharide simple, montre une activité inhibitrice de l'agrégation de l'Aβ[288], de la protéine Huntingtine, ainsi que de la PrP^{res}[289] ou de certains mutants de l'α-synucléine[290]. Son mode d'action, possiblement médié par une induction de l'autophagie, suggère l'existence de mécanismes communs entre les amyloïdoses.

Ainsi, les parallèles de traitement entre ces protéopathies semblent indiquer que les recherches de molécules à action anti-Prion pourraient également aider à définir de nouvelles thérapeutiques, pour d'autres maladies neurodégénératives. De plus, les maladies à Prions étant inductibles, elles constituent un très bon modèle pour la rechercher de nouvelles molécules de traitement d'autres amyloïdoses.

4 Essais cliniques

De nombreuses études comparatives des maladies à Prions chez l'homme ont été menées : plus de 140 études révèlent ainsi une très grande diversité de durée des diverses maladies évaluées. Au sein de ces études, 33 décrivent l'utilisation de 14 molécules, et parmi ces molécules 10 n'ont été testées que sur moins de trois patients. Afin de ralentir la progression de la maladie et de soulager du poids des symptômes, les traitements ont inclus un analgésique (flupirtine), un anticoagulant (Pentosane Polysulfate ou PPS), un antipaludéen (quinacrine), des anticonvulsifs (lévétiracétam, topiramate/phénytoïne), antidépresseurs (clomipramine et venlafaxine), antifongiques, antiviraux (acyclovir, amantandine, vidarabine), ainsi que des vitamines, des anti-oxydants, ou des interférons.

Quelques molécules ont été examinées plus en détail, il s'agit plus spécifiquement de la flupirtine, de la quinacrine, de l'amantadine[291], et du PPS, injecté en intraventriculaire[292]. Les résultats obtenus par le PPS sont plus difficilement analysables, en raison du faible nombre de patients, mais pourraient indiquer un rôle dans l'augmentation de la durée de la phase clinique lors du traitement[292]. Seule une étude, celle menée avec la flupirtine sur des patients majoritairement atteints de MCJs, semble donner des résultats significatifs : détérioriation moins rapide selon les tests de démence (amélioration des fonctions cognitives), cependant aucune différence n'est relevée concernant les courbes de survie[293].

Plus récemment a été publié un essai clinique sur 107 patients (45 cas de MCJs, 2 atteints de MCJi, 18 de vMCJ et 42 de formes familiales), traités par la quinacrine au Royaume Uni. Il a également conclu à l'absence d'effet significatif de cette molécule[294].

En outre, quatre nouveaux essais cliniques sont en cours sur diverses molécules : la doxycycline en Italie, le PPS en France, la simvastatine en Allemagne et la quinacrine aux Etats-Unis[294].

Cependant, les résultats des essais cliniques réalisés demeurent pour l'instant peu concluants, ce qui pourrait être expliqué par la lourdeur expérimentale des traitements, le manque d'efficacité des molécules testées, ou encore la présence d'effets secondaires.

Conclusion

Quelques résultats proposés récemment en immunothérapie semblent donc prometteurs, et ouvrent le champ aux immunothérapies dans le traitement des maladies à Prions. Cependant, le manque de diagnostic de certitude *ante mortem*, du moins pour les formes infectieuses ou sporadiques, pose un frein aux thérapeutiques chez l'homme. Des avancées dans ce domaine pourraient ainsi permettre des thérapeutiques adaptées à l'homme, et reposant sur les stratégies d'injection d'anticorps humains ou humanisés chez les patients infectés.

Plus généralement, l'ambition de ces stratégies thérapeutiques est de disposer d'outils prophylactiques et curatifs contre ces agents, mais l'ensemble des approches envisagées et la compréhension du mode d'action de ces molécules a également permis de mieux comprendre ces maladies. La recherche de nouvelles thérapeutiques constitue ainsi un axe de travail intéressant, pour mieux approcher le phénomène de réplication des Prions.

Nom de la molécule	Classe de molécules	Eff. *in vitro*	Eff. *in vivo*
Amphotéricine B	Antibiotique polyénique	Oui	Légère
MS-8209	Antibiotique polyénique	Oui	Oui
Filipine	Antibiotique polyénique	Oui	-
FabD18, D13, R1, R2	Anticorps incomplet	Oui	-
Anticorps complet (6H4, Saf34, Saf61, etc.)	Anticorps complet	Oui	Oui pour certains
siRNA contre la PrP ou le LRP	ARN interférant	Oui	-
SuperFect, PAMAM 4, PEI, PPI, DOSPA	Composé polyaminé	Oui	-
IDX, tétracycline, doxycycline	Composé tétracyclique	-	Oui
Quinacrine, chloroquine, méfloquine	Composé tricyclique	Oui	Non
Chlorpromazine	Composé tricyclique	Oui	-
Bis-acridine	Composé tricyclique	Oui	-
Quinine & analogues	Composé tricyclique	Oui	Légère
DS500 (dextran sulphate 500 kDa)	Dextran	Oui	Oui
DS8 (dextran sulphate 8 kDa)	Dextran	Oui	Légère
CR36	Dizoïque	Oui	Non
Rouge Congo	Dizoïque	Oui	Légère
Analogues divers du Rouge Congo	Dizoïque	Oui	Légère
LTβR-Ig	Immunoglobuline fusionnée	-	Oui
STI571	Inhibiteur Tyr Kin	-	-
Cuivre	Ion	Oui	Légère
PrP 119-136	Peptide	Oui	-
PrP 119-128, PrP 121-141	Peptide	Non	-
β-sheet breaker peptide	Peptide	Oui	Légère
HPA-23	Polyanion	-	Oui
Suramine	Polyanion	Oui	Légère
Héparine, Héparane sulphate	Polysaccharide	Oui	-
Héparane sulphate mimétique (HM2602, HM5004)	Polysaccharide	Oui	-
PPS	Polysaccharide	Oui	Oui
Mévinoline, squalestatine	Statine	Oui	-
PcTS, TMPP-Fe^{3+}	Tétrapyrrole	Oui	Oui
DPG2-Fe^{3+}	Tétrapyrrole	Oui	Légère
In-TSP	Tétrapyrrole	Oui	-

Tab. A.V.8: *Efficacité in vitro et in vivo de quelques molécules*[273].

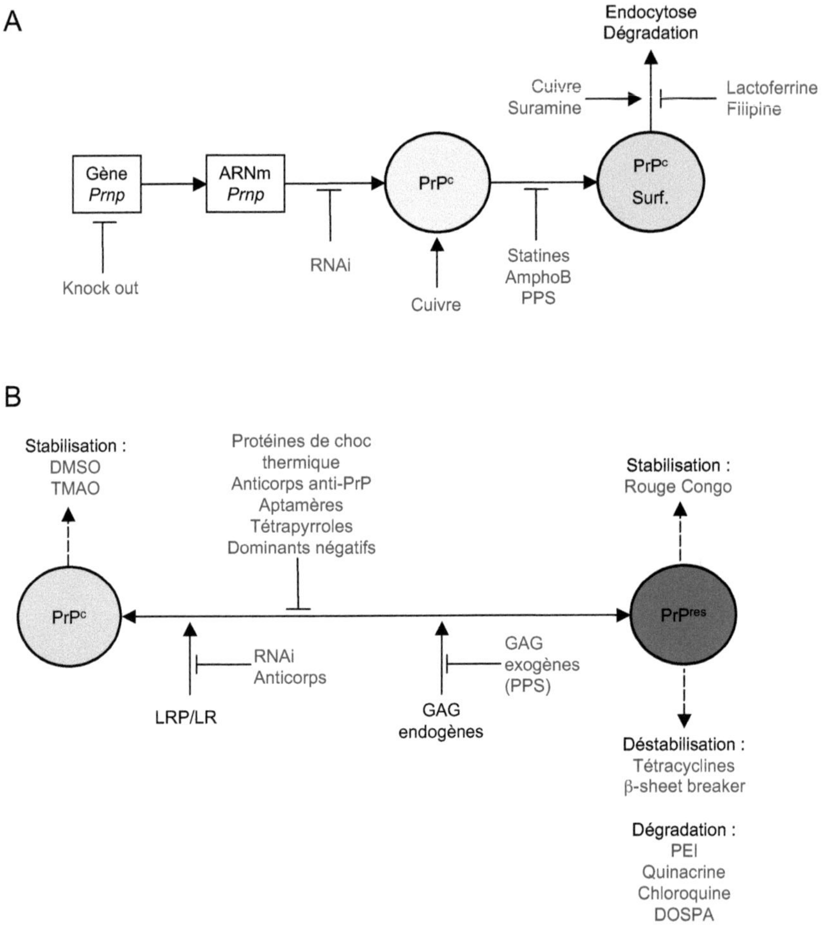

Fig. A.V.11: *Action des molécules à visée thérapeutique.* ***(A)*** *Composés interagissant avec le métabolisme de la PrP^c.* ***(B)*** *Molécules ciblant la stabilité de la PrP^c ou la PrP^{res} , ainsi que le mécanisme de transconformation de la forme cellulaire en forme résistante.*

Deuxième partie

Problématique et objectifs

Les Prions sont des agents extrêmement résistants à la dégradation, ce qui rend leur décontamination difficile, notamment en ce qui concerne les matériels chirurgicaux fragiles (endoscopes par exemple). D'autre part, les Prions étant résistants à la chaleur sèche, les farines produites par dégradation des carcasses bovines restent potentiellement porteuses d'infectiosité, et doivent être stockées en l'absence de procédé de décontamination efficace, ce qui pose un problème financier de poids aux pays producteurs de bovins, dont la France. La forte résistance des Prions dans les sols, notamment en Amérique du Nord, serait également partiellement responsable du maintien chronique de certaines maladies à Prions.

En dépit de nombreuses recherches, il n'existe à ce jour aucun diagnostic *ante mortem* d'infection par les Prions qui soit pertinent chez l'homme. Certes, des prototypes de tests de détection précoce de l'infection sont en cours d'élaboration dans divers laboratoires, mais le seul diagnostic de certitude est réalisé par analyse *post mortem* du cerveau du patient, par détection de l'agent par immunohistologie ou biochimie. Par ailleurs, il n'existe pour le moment aucun traitement, ni curatif ni préventif, efficace contre les Prions chez l'homme, malgré quelques essais cliniques de molécules prometteuses. Quelques pistes qui semblent intéressantes ont été développées en laboratoire et utilisées chez l'animal, et reposent notamment sur une vaccination active contre la Protéine du Prion. Ces approches sont cependant en phase précoce de développement, car elles utilisent des outils thérapeutiques encore à l'étude chez l'homme (thérapies géniques, vaccins à ADN, etc.). Une application à l'homme ne semble donc pas possible dans l'immédiat.

Les maladies à Prions constituent un enjeu de santé publique, tout d'abord au niveau de l'alimentation humaine et animale. Dans les années 1990, l'émergence de patients atteints par le variant de la maladie de Creutzfeldt-Jakob (vMCJ), suite à l'ingestion de produits bovins contaminés par l'agent de la vache folle (ou Encéphalopathie Spongiforme Bovine, ESB), a inquiété sur les risques d'épidémie humaine. Cependant, les moyens préventifs pour éviter les contaminations alimentaires liées à l'ingestion de produits bovins contaminés par l'agent de la vache folle (dépistages des animaux, retrait des abats à risque, interdiction des farines animales dans l'alimentation bovine) ont montré leur efficacité. En effet, le nombre de cas d'ESB et de vMCJ est en déclin depuis les années 2000. Le risque alimentaire semble ainsi maîtrisé dans le cas de l'ESB. Cependant, même si la possibilité d'une transmission à l'homme n'a pas été démontrée à ce jour, le développement du syndrome du dépérissement chronique, maladie à Prions touchant les cervidés, semble inquiéter en Amérique du Nord, notamment dans le cas d'ingestions répétées de faibles quantités de produits contaminés.

Les risques de transmission iatrogène des Prions constituent un second enjeu de santé publique. La transmission des Prions par voie sanguine chez l'homme est ainsi avérée, et en juste en quelques années cinq cas ont été présentés dans la littérature, ils ont tous reçu des produits sanguins contaminés par des Prions. Le dernier cas en date, à ce jour non confirmé, serait un homme hémophile, traité par un dérivé plasmatique (facteur VIII de coagulation) : il inquiète plus particulièrement la communauté scientifique, en raison notamment du grand nombre de patients traités par de tels dérivés. Par ailleurs, la description de plus de 400 cas de transmissions d'autres formes de maladies à Prions par voie iatrogène indique le besoin de sécuriser les procédés chirurgicaux et médicaux.

Les enjeux de santé publique sont ainsi relativement importants, et le risque pour l'homme est accentué en raison du manque de thérapeutique adaptée. En dépit de nombreuses recherches et de nombreuses évaluations de traitements potentiels, les résultats obtenus chez l'homme demeurent en général décevants, de nouvelles stratégies thérapeutiques doivent donc être développées. L'évaluation des risques de transmission pour la santé publique est également confrontée aux limites des modèles d'étude. Ces recherches se concentrent actuellement sur l'utilisation lourde d'animaux de laboratoire (singe, souris, hamsters principalement), ainsi que sur divers modèles cellulaires, principalement murins, infectés par diverses souches de Prions humains adaptés à la souris. Cependant, il n'existe pour le moment aucun modèle *in vitro* prenant en compte l'ensemble des paramètres impliqués dans la réplication des Prions humains, dans un contexte cellulaire humain. La définition d'un tel modèle passe par une meilleure connaissance de la susceptibilité cellulaire à l'infection par les Prions. Ainsi, la maîtrise des risques de transmission et la compréhension des mécanismes cellulaires de réplication des Prions constituent une thématique d'actualité, dont l'étude pourrait participer à la sécurisation des filières de production sanguine, ainsi qu'à la recherche de nouvelles thérapeutiques.

Objectif 1 : Dans un premier temps, nous souhaitons définir de nouveaux traitements pour les maladies à Prions humaines. Pour cela, une collaboration avec l'Institut de Chimie des Substances Naturelles (ICSN, CNRS) a été établie, en vue d'un criblage de leur chimiothèque, riche de 2. 960 molécules synthétiques ou naturelles. Le but est d'une part d'identifier de nouvelles classes de molécules actives contre les Prions, et d'autre part, après identification de ces molécules, de mieux comprendre leur mode d'action pour cibler plus spécifiquement la réplication des Prions.

Objectif 2 : En parallèle du projet de recherche de nouvelles thérapeutiques, nous nous proposons de développer un modèle cellulaire humain, répliquant stablement les Prions humains. Un tel modèle offrirait la possibilité d'étudier la réplication des Prions humains à l'échelle d'une cellule. Il serait aussi un bon outil de recherche de nouvelles thérapeutiques bloquant l'accumulation des Prions humains, mais également un outil utilisable pour la confirmation du diagnostic de ces maladies ou de l'efficacité d'un traitement décontaminant. Pour cela, nous envisageons de tester un grand nombre de lignées cellulaires, avec de nombreuses sources d'infectiosité différentes. Plusieurs stratégies seront évaluées afin de mettre au point un modèle humain infecté par des Prions humains, et de mieux approcher les critères de résistance et de susceptibilité à l'infection par les Prions humains.

Par ailleurs, nous souhaitons étudier plus largement le phénomène de susceptibilité cellulaire à l'infection par les Prions, en évaluant d'une part les critères de résistance de certaines lignées humaines, mais également en travaillant sur un modèle cellulaire murin, susceptible à diverses souches de Prions. Une meilleure appréhension des phénomènes de susceptibilité cellulaire pourrait ainsi permettre la modulation de cette susceptibilité, par des méthodes différant selon les mécanismes identifiés. Ainsi, certaines thérapeutiques ciblées et innovantes pourraient, à terme, être proposées.

Troisième partie

Identification de nouveaux inhibiteurs

Chapitre I

Introduction

La description de la transmission de l'agent de la vache folle à l'homme, dans les années 1990, a intensifié la recherche de nouvelles thérapeutiques. De nombreuses stratégies ont ainsi été développées. Elles visent, en règle générale, le métabolisme du Prion, ou de son précurseur la Protéine du Prion, par diverses modulations : interaction avec la synthèse ou le métabolisme de la PrP^c, prévention de la transconformation de PrP^c en PrP^{res}, ou modification de la stabilité de la PrP^{res}. Certaines immunomodulations sont également proposées comme traitement, ainsi que l'inhibition de certaines voies métaboliques ou de signalisation.

Cependant, à ce jour, aucune thérapeutique n'est décrite comme efficace chez l'homme, en dépit de nombreux essais cliniques. Même si certains résultats semblent prometteurs chez l'animal, ils reposent sur des techniques qui sont encore en phase d'étude très précoce chez l'homme (thérapies géniques, vaccins à ADN, etc.). Il est donc essentiel d'identifier de nouvelles classes de molécules thérapeutiques pouvant agir contre les Prions humains.

Nous nous proposons donc de rechercher de nouvelles molécules pouvant agir contre la réplication des Prions. L'Institut de Chimie des Substances Naturelles (ICSN) du CNRS collabore avec notre laboratoire sur ce sujet en fournissant son expertise et sa chimiothèque de 2.960 molécules. Le nombre de molécules rend inconcevable un criblage sur animaux infectés, mais est compatible avec un test en culture cellulaire. Nous présentons ici le résultat du criblage de cette chimiothèque, réalisé sur deux lignées cellulaires infectées par des Prions murins, ainsi qu'une étude sur les modes d'action des molécules les plus intéressantes.

1 Présentation de la méthode de criblage

Afin de cribler avec le meilleur rapport efficacité/temps, nous avons choisi un test reposant sur l'utilisation de modèles cellulaires infectés par des Prions murins, et sur un test biochimique (le dot-blot, voir article 1).

1.1 Choix du modèle

Nous disposions de trois modèles cellulaires infectables par des souches de Prions murins, les modèles SN56[187], MovS6[295] et GT1-7[189]. L'utilisation conjointe des trois lignées étant incompatible avec le grand nombre de tests à réaliser, un choix raisonné a été mené, en comparant les trois lignées selon les critères suivants :

- Forte vitesse de croissance, en raison du besoin d'un grand nombre de cellules,
- Niveau d'infection constant selon les passages, pour un test calibré et robuste,
- Bonne réponse aux molécules déjà publiées comme ayant une activité anti-Prion.

Les GT1-7 présentent une infectiosité stable au cours des passage, tout comme les SN56, mais à la différence de ces dernières présentent une vitesse de croissance relativement faible. Il n'est donc pas aisé d'obtenir rapidement de grandes quantités de cellules. Par ailleurs, l'analyse de l'infectiosité des MovS6 par dot-blot est relativement instable au cours des passages.

Notre choix s'est donc porté sur le modèle SN56, infecté par la souche Chandler, en raison de sa vitesse de croissance importante, de sa compatibilité avec le format de plaques 96 puits, et de la forte stabilité de son infectiosité au cours des passages. De plus, elle est sensible à diverses molécules ayant une activité anti-Prion (PPS, CR36, résultats notamment obtenus au laboratoire).

1.2 Mise au point du test

Notre méthode de test est adaptée de celle présentée dans Kocisko et al.[234]. Divers tests ont montré que l'ensemencement de 10.000 cellules infectées par la souche Chandler, à J0 semblait compatible avec le criblage que nous envisagions. Dans ce cas, l'infectiosité des cellules est testée à confluence, soit sept jours après ensemencement par dot-bot. La dose de PK optimale a été déterminée en comparant les signaux obtenus pour les cellules saines avec les cellules infectées, la meilleure dose correspondant à la quantité de PK permettant juste d'éteindre le signal de la PrP^c pour conserver le maximum du signal PrP^{res}. De plus, le traitement a été mis au point par l'utilisation du PPS et du CR36 comme molécules de référence. Ces résultats sont présentés en figure C.I.1.

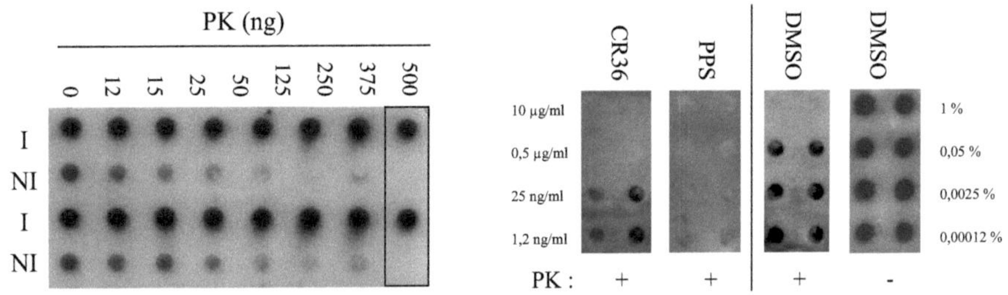

(a) Détermination de la dose de PK optimale, sur modèle SN56 infecté ou non

(b) Confirmation de la validité du test, sur modèle SN56 infecté par la souche Chandler

Fig. C.I.1: *Mise au point du test de criblage (NI : cellules SN56 non infectées, I : cellules SN56 infectées par la souche Chandler).*

1.3 Criblage de la chimiothèque

Nous avons choisi de tester les molécules à deux dilutions (voir article 1), ce qui représente donc 46 molécules par plaque 96 puits. Chaque plaque inclut 4 puits témoins, correspondant à des cellules saines (pour vérifier l'efficacité du traitement à la PK), à des cellules infectées et non traitées, ou traitées au DMSO (témoin négatif de traitement), ou au PPS (témoin positif de traitement).

Au total, 65 dot-blots ont été nécessaires pour tester l'intégralité de la chimiothèque. Un plan typique d'analyse de 46 molécules est proposé en figure C.I.2.

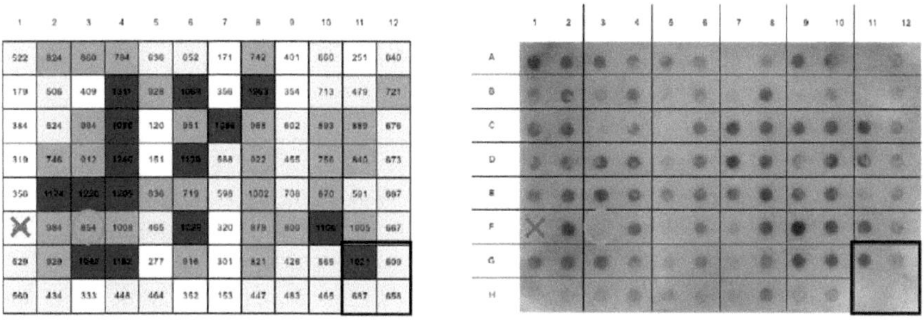

(a) Evaluation de la viabilité après traitement

(b) Evaluation de l'inhibition de PrP^{res} par les molécules

Fig. C.I.2: *Détermination de l'activité et de la toxicité des composés de la chimiothèque. Par exemple, la molécule barrée en rouge est toxique, en revanche la molécule entourée en vert n'est pas toxique et semble inhiber l'accumulation de PrP^{res}. Les puits contrôles (cellules infectées non traitées ou traitées par le PPS et le DMSO, cellules saines) sont entourés en noir.*

Les molécules sélectionnées sont celles présentant une faible toxicité et une inhibition de l'accumulation de la PrP^{res} sur le modèle SN56. Ainsi, 148 molécules ont été sélectionnées, et sont testées par une autre technique, plus sensible et quantitative, le Western Blot, après traitement de SN56 infectées par la souche Chandler et de GT1-7 infectées par 22L. Parmi les 148 molécules, 134 ne présentent pas d'activité anti-Prion sur le modèle SN56, six composés inhibent partiellement ou totalement la réplication des Prions chez les SN56 et ne démontrent pas d'activité chez les GT1-7. Enfin, huit sont efficaces contre l'accumulation de la PrP^{res} dans les deux modèles SN56 et GT1-7. Ces dernières sont présentées dans l'article 1.

Le taux de faux-positifs du test de dot-blot (dot-blot négatif pour la PrP^{res}, Western Blot positif pour la PrP^{res}) est donc relativement élevé (90%), justifiant la nécessité de recourir à un autre test complémentaire, le Western Blot. Le nombre de faux-négatifs (dot-blot positif pour la PrP^{res}, Western Blot négatif pour la PrP^{res}) n'a en revanche pas été déterminé dans cette étude.

Les molécules présentant une activité anti-Prion uniquement sur le modèle SN56 sont présentées en figure C.I.3. Il semble ainsi que les stéroïdes (et donc pas uniquement les 3-aminostéroïdes) représentent une classe chimique intéressante dans le traitement des maladies à Prions, puisque les molécules (a)-(d) sont des dérivés stéroïdiens.

2 Article 1 (Accepté à J Gen Virol le 02/02/09)

Nous avons criblé 2.960 composés naturels et synthétiques, dans deux lignées cellulaires chroniquement infectées par des Prions murins, et identifié huit nouveaux inhibiteurs de la réplication des Prions *in vitro*. Ils appartiennent à deux familles chimiques distinctes, qui n'ont pas été à ce jour proposées comme efficace dans le traitement des ESST : sept composés sont des 3-aminostéroïdes, et le dernier est un dérivé de l'érythromycine A présentant un groupe oxime.

Nos résultats suggèrent que les 3-aminostéroïdes pourraient inhiber la réplication des Prions par leur action une cible commune, qui pourrait être impliquée notamment dans les voies de régulation du métabolisme de la forme cellulaire de la Protéine du Prion.

De plus, en utilisant une approche quantitative d'étude de la stabilité des protéines, nous avons montré que le dérivé de l'érythromycine A altère la stabilité de la Protéine du Prion, par une interaction directe. Un tel ciblage du précurseur amyloïde pourrait fournir de nouvelles pistes pour la compréhension des maladies à Prions, mais surtout permettre de définir de nouvelles molécules efficaces dans le traitement des maladies à Prions. L'utilisation de cette molécule, tant dans un cadre diagnostique que thérapeutique, nous semble tout à fait novatrice, et a donc été protégée par le dépôt d'un brevet, en janvier 2009.

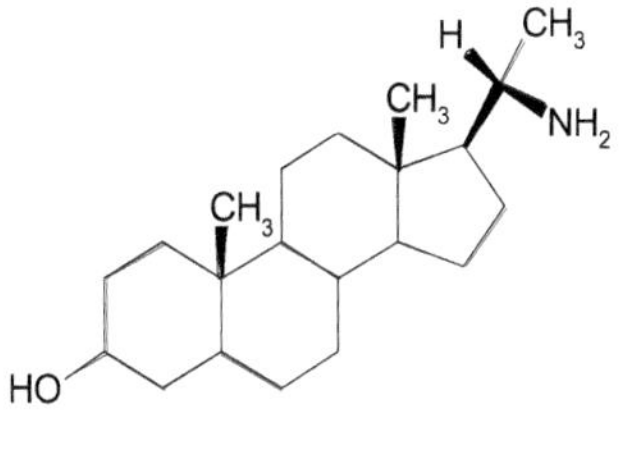

(a)

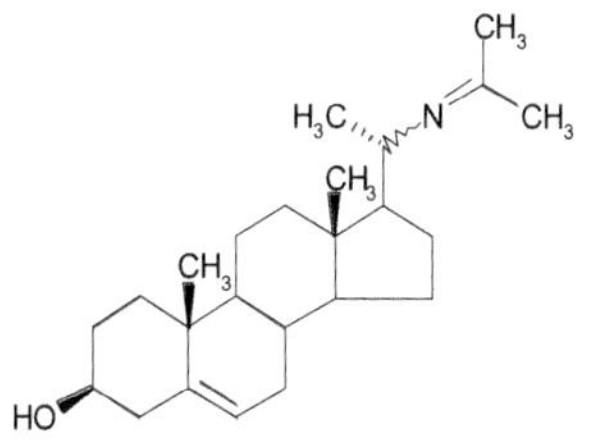

(b)

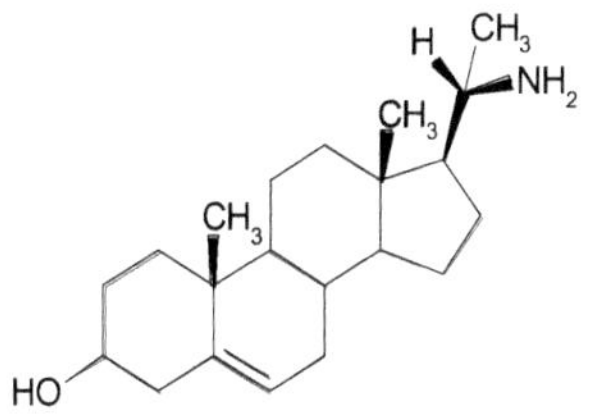

(c)

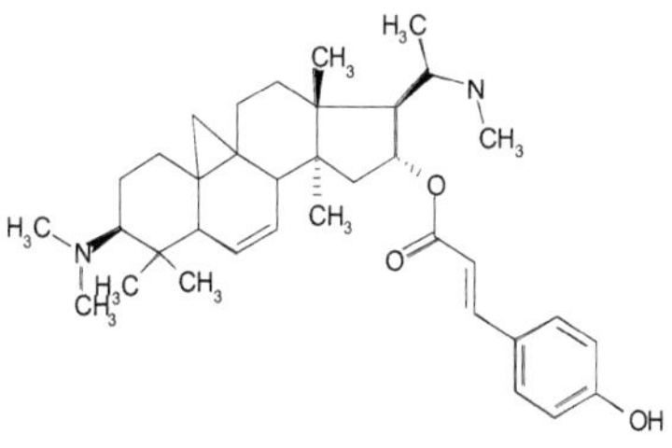

(d)

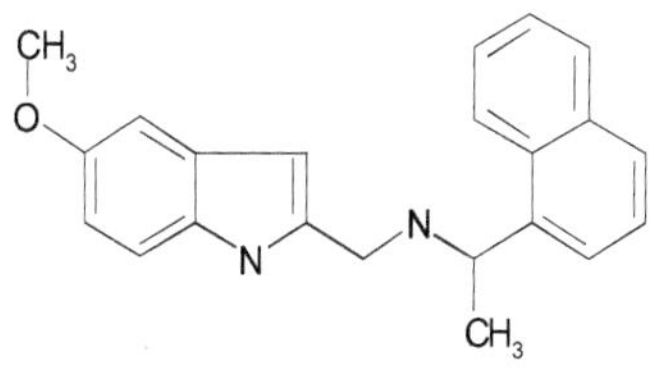

(e)

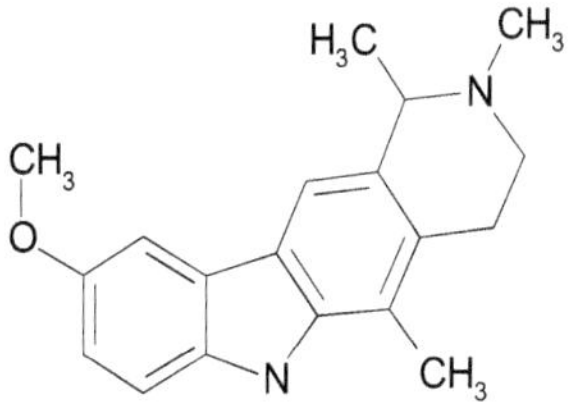

(f)

Fig. C.I.3: *Molécules présentant une légère activité anti-Prion : ces molécules ne sont efficaces que dans le modèle SN56 infecté par la souche Chandler, et ne modulent pas la réplication de la souche 22L dans la lignée GT1-7.*

New inhibitors of prion replication that target the amyloid precursor

Mathieu Charvériat,[1] Marlène Reboul,[1] Qian Wang,[2] Christèle Picoli,[1] Natacha Lenuzza,[1] Alain Montagnac,[2] Naima Nhiri,[2,3] Eric Jacquet,[2,3] Françoise Guéritte,[2] Jean-Yves Lallemand,[2] Jean-Philippe Deslys[1] and Franck Mouthon[1]

[1]Institute of Emerging Diseases and Innovative Therapies, CEA, F-92265 Fontenay-aux-Roses, France

[2]Institut de Chimie des Substances Naturelles, CNRS, 1 avenue de la Terrasse, F-91198 Gif-sur-Yvette Cedex, France

[3]IMAGIF-CNRS, 1 avenue de la Terrasse, F-91198 Gif-sur-Yvette Cedex, France

Correspondence
Jean-Philippe Deslys
jean-philippe.deslys@cea.fr

Received 9 December 2008
Accepted 2 February 2009

At present, there is no effective therapy for any of the neurodegenerative amyloidoses, despite renewed efforts to identify compounds active against the various implicated pathogenetic molecules. We have screened a library of 2960 natural and synthetic compounds in two cell lines chronically infected with mouse prions, and have identified eight new inhibitors of prion replication *in vitro*. They belong to two distinct chemical families that have not previously been recognised as effective in the field of transmissible spongiform encephalopathies: seven are 3-aminosteroids and one is a derivative of erythromycin A with an oxime functionality. Our results suggest that these aminosteroids inhibit prion replication by triggering a common target, possibly implicated in the regulatory pathways of cellular prion protein metabolism. Furthermore, using a quantitative approach for the study of protein stability, it was shown that the erythromycin A derivative altered prion protein stability by direct interaction. Such direct targeting of this amyloid precursor might provide new clues for the understanding of prion diseases and, more importantly, help to define new molecules that are active against prion diseases.

INTRODUCTION

The abnormal accumulation of host proteins in the brain is the putative cause of many neurodegenerative disorders, called amyloidoses. They include Alzheimer's disease, Parkinson's disease, Huntington's disease, prion diseases (or transmissible spongiform encephalopathies) and a variety of other disorders (Ross & Poirier, 2004). Amyloid deposits seem central to the observed neuropathogenesis; therefore, inhibition of protein misfolding might constitute an essential strategy for therapeutic developments. In order to evaluate possible new treatments, we focused on prion diseases as a unique and robust model of transmissible amyloidosis. These diseases still constitute a large public health issue, as four cases of transmission by blood transfusion have been documented (Brown, 2007) and there is currently no available treatment, neither curative nor preventive, for prion infection.

The search for new effective compounds is a priority. Animal models allow for low throughput screenings only, so many *in silico* (Heal *et al.*, 2007; Lorenzen *et al.*, 2005; Reddy *et al.*, 2006) or *in vitro* tests have been developed. The latter include the use of cellular (Kocisko *et al.*, 2003, 2005) or yeast (Bach *et al.*, 2006) models, cell-free conversion of prion protein (PrP) (Breydo *et al.*, 2005), surface plasmon resonance (Kawatake *et al.*, 2006), scanning for intensely fluorescent targets (Bertsch *et al.*, 2005) or filter retention assays (Winklhofer *et al.*, 2001).

Numerous compounds, such as amphotericins, sulfated polyanions, porphyrins and Congo red dye, have been reported as prospective treatments (Trevitt & Collinge, 2006). Most of these compounds displayed very low anti-prion activity *in vivo*, although some extended the incubation period when administered near the time of infection. Clinical trials have been conducted, with the use of quinacrine and pentosan polysulfate (PPS), but none of them appeared to be efficient or convenient (Stewart *et al.*, 2008). Moreover, both active and passive immunotherapies have been developed (Trevitt & Collinge, 2006) and some have recently yielded promising results (Goni *et al.*, 2008; Song *et al.*, 2008; Wuertzer *et al.*, 2008), which justifies the importance of continuing the search for new therapeutics.

Two supplementary figures are available with the online version of this paper.

In this study, we present the results of *in vitro* screening of a library of 2960 synthetic or natural compounds using cellular models. These compounds were assessed in a murine cellular model which identified 148 candidates that showed both low toxicity and high inhibition of the protease-resistant form of PrP (PrP^{res}). Further quantitative and more sensitive testing identified eight compounds that were active in two cellular models. The molecular mechanisms of these compounds were investigated in a cell-free context and in cell cultures.

METHODS

Cell cultures and antibodies. The mouse cholinergic septal neuronal cell line SN56 (Magalhaes *et al.*, 2005) was grown in OptiMem medium supplemented with 10 % fetal calf serum (FCS) and 1 % penicillin–streptomycin (PS). The hypothalamic neuronal GT1-7 cell line (Schatzl *et al.*, 1997) was maintained in OptiMem supplemented with 5 % FCS, 5 % horse serum and 1 % PS. Cells were inoculated with clarified homogenates from brains of mice infected with prion strains Chandler or 22L, as described elsewhere (Vilette *et al.*, 2001).

Saf70, Saf83 and Bar233 were used as anti-PrP antibodies. For flow cytometry analysis, rhodamine phycoerythrine (R-PE)-conjugated anti-mouse immunoglobulin G (IgG) was used as secondary antibody.

Compound library. The Chemical Library of the Institut de Chimie des Substances Naturelles is part of the French National Chemical Library (http://chimiotheque-nationale.enscm.fr/). The 2960 synthetic or natural compounds that were studied were supplied in 96-well microtitre plates and dissolved in DMSO (1 mg ml^{-1}). For subsequent tests, the 17 identified compounds and PPS were resuspended in DMSO (5 mg ml^{-1}).

Cell culture tests of PrP^{res} inhibition by the selected compounds (Supplementary Fig. S1a, available in JGV Online). For high-throughput screening, 10^4 Chandler-infected or non-infected SN56 cells were seeded in 96-well plates, with 100 µl culture medium. The following day, duplicate samples of the cells were treated with 5 and 0.25 µg ml^{-1} of the compounds (diluted in cell culture medium) and cells were incubated for 6 days.

The toxicity of the compounds was evaluated using the cell proliferation reagent WST-1 (Roche) and compounds presenting a low toxicity were selected.

After the removal of culture medium, cells were washed in PBS, and 50 µl lysis buffer [0.5 % (w/v) sodium deoxycholate, 0.5 % (w/v) Triton X-100, 50 mM Tris/HCl, pH 7.4] was added. After 10 min at 4 °C, lysates were treated with 500 ng proteinase K (PK) for 30 min at 37 °C; PK activity was stopped by the addition of PMSF (0.8 mM final concentration). Samples were applied under vacuum to nitrocellulose membranes via a 96-well dot-blot apparatus. The membrane was then immersed in guanidium thiocyanate (4.23 M in PBS) for 10 min. After rinses in PBS and PBS-Tween buffer (PBS plus 0.1 % Tween-20), the membrane was blocked in 5 % (w/v) fat-free milk and processed with Saf70, Saf83 or Bar233 anti-PrP antibodies, and anti-mouse horseradish peroxidase-coupled secondary antibody. Bands were visualised by using the ECL kit (Amersham) with the autoradiographic method. This technique was validated using PPS-treated cells as positive controls, while non-treated and DMSO-treated cells were used as negative controls (these presented a similarly strong PrP^{res} signal).

Toxicity analyses. In 96-well plates, 10^4 SN56 cells and 2.10^4 GT1-7 cells were seeded in 100 µl culture medium. They were treated with a range of dilutions of the identified compounds and viability was assessed 6 days later by a WST-1 test. Cytotoxic dose (CD_{50}) was then estimated graphically.

For precise evaluation of the induction of apoptosis, cells were treated overnight, and apoptosis and cell death were investigated by using the Vybrant Apoptosis Assay kit no. 2 (Molecular Probes), according to the manufacturer's instructions.

Western blot to confirm the PrP^{res} inhibitory activity of the identified compounds (Supplementary Fig. S1b). SN56 and GT1-7 cells were treated with two concentrations of the previously identified compounds (at 5 and 1 µg ml^{-1}), with DMSO (0.5 and 0.1 %) and PPS (5 µg ml^{-1}). After 6 days, cells were treated with trypsin and lysed for 10 min at 4 °C. Nuclei and cellular remnants were removed by centrifugation at 100 000 *g* for 2 min. The amount of protein was determined using bicinchoninic acid protein assay (Uptima). Samples were PK-treated for 30 min at 37 °C, 1 mM PMSF was added and proteins were centrifuged at 21 000 *g* for 1 h at 4 °C. The pellets were resuspended and heated for 5 min at 100 °C in 25 µl Laemmli buffer.

Samples were separated by SDS-PAGE (12 %) and electroblotted onto nitrocellulose membranes in transfer buffer (12 mM Tris, 80 mM glycine, 10 % 2-propanol) at 20 V overnight. The membrane was blocked and visualized exactly as described for the dot-blot method. The intensities of PrP^{res} signals were assessed by densitometry using the ImageJ freeware (NIH) and samples were normalized with blank controls, allowing the determination of IC_{50} using the same method that was used to estimate CD_{50}.

***prnp* gene expression, and surface and total PrP quantification.** SN56 and GT1-7 cells were treated overnight and dissociated using Accutase (Invitrogen). For *prnp* gene analysis, RNA was extracted using the RNeasy kit (Qiagen). First strand cDNA was prepared from total RNA (10 µg) using Superscript II RT (Invitrogen) according to the manufacturer's instructions. Expression levels of *prnp* were evaluated by quantitative PCR (qPCR), using *prnp* primers (5'-GCTTGTTCCTTCGCATTCTC-3' and 5'-GGGTATTAGCCTATGG-GGGA-3') and 18S RNA primers (5'-GTAACCCGTTGAACCCCATT-3' and 5'-CCATCCAATCGGTAGTAGCG-3') and iQ SYBR-Green Supermix (Bio-Rad). qRT-PCR was carried out using the $2^{-\Delta\Delta Ct}$ method (Livak & Schmittgen, 2001) and normalized to 18S RNA levels as standard.

For surface PrP analysis, cells were resuspended in PBS containing Bar233 antibody (1 µg ml^{-1}). After two washes, they were incubated with R-PE anti-IgG antibody (Dako; 1/15 dilution). Cells were rinsed in PBS and flow cytometry was conducted on a FACScan. Data were analysed using FlowJo software. For the phosphatidylinositol-specific phospholipase C (PI-PLC) release assay, cells were incubated for 30 min at 37 °C with 0.5 U PI-PLC and washed in PBS prior to PrP labelling.

For total PrP quantification, cells were lysed with lysis buffer containing protease inhibitor, and protein concentrations were normalized. Total PrP was quantified by ELISA according to a previously described protocol (Grassi *et al.*, 2001), modified to detect murine PrP.

Budesonide, a previously described steroid (Kocisko *et al.*, 2003) that also shows PrP^{res} inhibition in SN56 cells, and cholesterol, a non-treating steroid (Bate *et al.*, 2004), were used as controls.

Fluorescence-based thermal shift assay of PrP. Purified recombinant murine PrP (10 µg) [produced in *Escherichia coli*, in 20 mM MOPS, pH 7.4, according to the method described by Rezaei *et al.* (2000)] was diluted in phosphate buffer (50 mM potassium phosphate, 150 mM NaCl, pH 8) with the test compounds and SYPRO Orange (Invitrogen) (Senisterra *et al.*, 2008). SYPRO Orange is highly fluorescent when bound to hydrophobic sites on unfolded proteins and non-fluorescent in aqueous solution, where fluorescence is quenched. Samples were denatured by transfer from 25 to 95 °C at 3 °C min^{-1}, and SYPRO Orange fluorescence was monitored real-time, on an Applied Biosystems 7900HT Fast Real-Time PCR system. PrP was denatured by heat and the exposure of hydrophobic sites was quantified by fluorescence. Varying quantities of recombinant murine PrP (PrP^{rec}), different buffers (Tris/HCl, MOPS, phosphate buffer, MES) with or without salts (KCl, NaCl or $MgCl_2$) or glycerol, at various concentrations and pH values (ranging from 4.5 to 11) were tested. The results were reproducible, particularly for phosphate buffer (50 mM, pH 8) with NaCl at physiological concentrations (150 mM). This buffer was used for the results presented here.

RESULTS

I. Screening the 2960 synthetic or natural compounds

In order to investigate the potential of the compounds to act as anti-PrP^{res} treatments, we developed a dual test which allowed the parallel determination of the toxicity and the PrP^{res} inhibition ability of the compounds (Supplementary Fig. S1).

Primary screen of the 2960 compounds. This double evaluation was conducted on SN56, a mouse cholinergic septal neuronal cell line, chronically infected by the Chandler scrapie strain. We used a test of cellular viability based upon the analysis of mitochondrial activity to exclude the toxic compounds. To test the inhibitory effect of the 2960 compounds, a high-throughput screening test was used on SN56 Chandler-infected cells. PrP^{res} from infected cells was readily detected after adequate PK treatment using dot-blot. The method was validated using infected cells treated with PPS, a known anti-PrP compound (Trevitt & Collinge, 2006). For preliminary high-throughput screening, we tested the molecules at 5 and 0.25 μg ml^{-1}, to avoid any potential effects of DMSO (Tatzelt *et al.*, 1996) and to evaluate a large range of concentrations. Of the 2960 compounds, 148 compounds showed both low toxicity and notable PrP^{res} inhibition activity.

Validating the primary hits. To validate these compounds, their anti-PrP^{res} activities were further tested using Western blot analyses, within a smaller range of dilutions (1 and 5 μg ml^{-1}), since very few compounds were efficient at 0.25 μg ml^{-1}. Of the 148 compounds, PrP^{res} was not visualised on Western blot analysis of 17 of these (data not shown), indicating that they presented anti-PrP^{res} activity. To assess the *in vitro* anti-PrP^{res} activity further, these hits were tested in another cell line, GT1-7, which is chronically infected by mouse-adapted scrapie strain 22L, using the same Western blot techniques and concentration range. After a 2-week treatment, no PrP^{res} was observed in samples treated with eight compounds (data not shown); these were called compounds **#1–#8**. PrP^{res} was not detected after up to 12 passages (around 50 days) (Fig. 1). We did not observe any DMSO effects at the concentrations used.

The structures of these eight compounds are presented in Fig. 2. They belong to two distinct chemical classes: seven molecules are 3-aminosteroids and the eighth is a derivative of erythromycin A. Neither erythromycin A nor five of its derivatives in the chemical library showed any significant effect. Moreover, nearly 200 steroids (including aminosteroids) with structural similarities to the seven aminosteroids were tested with similarly negative results.

Characterizing the activity and toxicity of compounds #1–#8. After validation of these eight hits, CD_{50} and IC_{50} were determined to evaluate which could present the most therapeutic interest. Cellular viability after treatment with serial dilutions of the compounds was assessed (Supplementary Fig. S2 and Table 1). Dose–response curves, which allowed the identification of IC_{50} by densitometry, confirmed the concentration-dependent PrP^{res} inhibitory activity of compounds **#1–#8** on Chandler-infected SN56 cells.

II. Mechanism of action of compounds #1–#8

We investigated the mechanism of action of compounds **#1–#8** and, since cellular PrP (PrP^c) is the precursor of PrP^{res}, we investigated whether the compounds interacted with PrP^c, in purified protein solution and in a cellular context.

Effects of steroids on PrP levels. Since membranes are steroid-rich environments, we first evaluated whether the seven aminosteroids affect surface PrP.

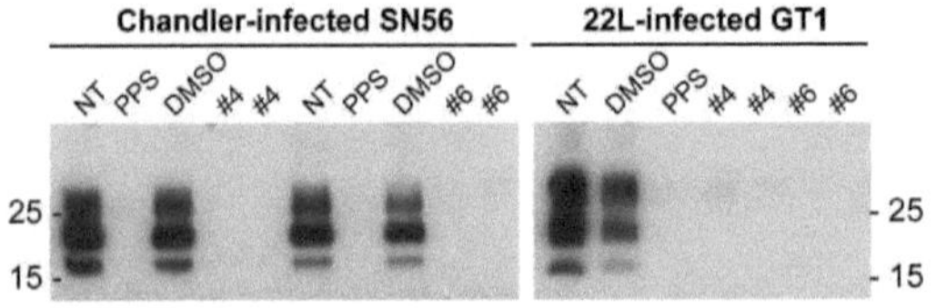

Fig. 1. Western blot analyses demonstrating PrP^{res} inhibition by compounds **#4** and **#6** in Chandler-infected SN56 and 22L-infected GT1-7 cells after a 2-week treatment. Non-treated (NT), PPS-treated (PPS) and DMSO-treated cells were used as positive and negative controls for the Western blot.

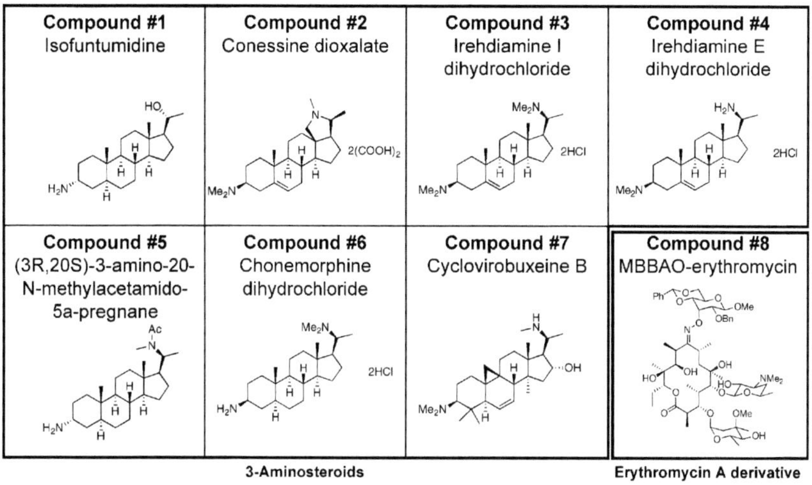

Fig. 2. Chemical structures of the eight most potent inhibitor compounds. These were found to be in two separate chemical classes. MBBAO-erythromycin, (E)-9-[O-(methyl 2-O-benzyl-4,6-O-benzylidene-β-D-allopyranosid-3-yl) oxime] erythromycin A.

In order to assess the effect at this level, surface PrP was quantified by flow cytometry, after an overnight treatment with 10 μM each aminosteroid. Results were normalized to the PrP levels of DMSO-treated cells. In SN56 cells, compounds #**4**, #**6** and budesonide decreased surface PrP[C] immunoreactivity. This reduction was associated with a decrease in total PrP (Fig. 3a). To evaluate whether this decrease might be due to transcriptional changes, *prnp* expression was measured by qPCR after overnight compound treatment and no significant changes were observed (Fig. 3b). Finally, in order to test whether this effect might be due to toxicity of the compounds at high concentrations, cells were treated overnight, and cell death and apoptosis were evaluated. Samples treated with compound #**4** showed a limited increase in apoptotic cells, whereas the other tested molecules did not induce apoptosis (Fig. 3c).

Table 1. Summary of CD_{50} and IC_{50} of the eight most potent inhibitors, after a 2-week treatment with compounds #**1**–#**8**

CD_{50} and IC_{50} are given in μM.

Compound*	Cytotoxicity (CD_{50})		PrP^{res} inhibition (IC_{50})
	SN56	GT1-7	SN56
#**1**	3	3	<0.5
#**2**	30	8	1
#**3**	5	3	0.4
#**4**	2	2	0.3
#**5**	16	19	1
#**6**	9	5	0.4
#**7**	18	6	0.5
#**8**	9	6	0.3

*Compounds #**1**–#**7** are aminosteroids; #**8** is an erythromycin A derivative.

To understand the nature of this reduction at the cell surface, PrP binding was tested. PrP is bound to the cell surface via a glycosyl phosphatidylinositol (GPI) anchor, so it can be released by PI-PLC (Stahl *et al.*, 1987). PrP levels in cells that were treated overnight and incubated with PI-PLC were assessed by flow cytometry (Fig. 3d). Cholesterol-, budesonide- and DMSO-treated cells presented similar PrP release effects after PI-PLC treatment (20 % of residual PrP after treatment). Membrane PrP release by PI-PLC was inhibited by compounds #**4** (50 % residual PrP) and #**6** (30 % residual PrP). Therefore,

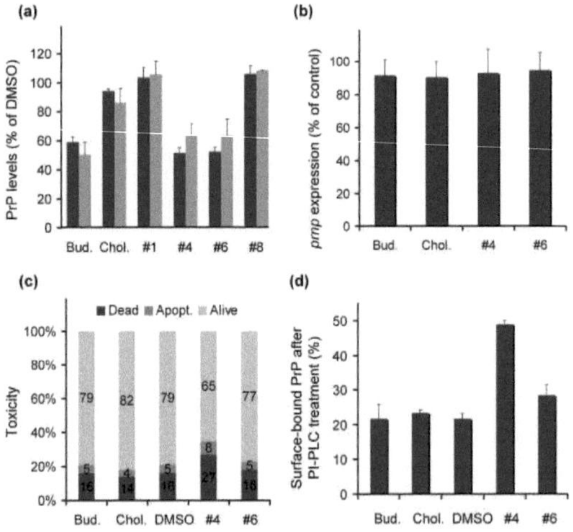

Fig. 3. Quantification of: (a) surface PrP^{c} by flow cytometry (dark grey) and total PrP^{c} by ELISA (light grey); (b) *prnp* gene expression, using the $-\Delta\Delta$Ct method; (c) apoptosis induced by budesonide (Bud.), cholesterol (Chol.), DMSO and compounds #**4** and #**6**; and (d) the release of PrP by PI-PLC treatment of SN56 cells treated with the compounds (10 μM) overnight. Results are normalized to the PrP levels of DMSO-treated cells. Data shown are the means ± SD.

compounds #**4** and #**6** altered PrP binding at the cellular membrane, but #**1**–#**3**, #**5** and #**7** did not.

Fluorescence-based thermal shift assay to determine PrP^{rec} stability. To determine whether these compounds interact directly with PrP proteins, we assessed PrP^{rec} stability by thermal shift assay. Fluorescence increased with temperature and after the intensity peak was reached, there were gradual decreases, indicating possible protein aggregation or precipitation, or a drop of SYPRO Orange efficiency. The method was valid, since the observed melting temperatures (T_m), which were between 59 and 60 °C, were in the same range as those identified in other studies, such as for human PrP (fragment 121-230) by circular dichroism (Knowles & Zahn, 2006) or ovine PrP by differential scanning colorimetry (Rezaei *et al.*, 2003).

The compounds that presented anti-PrP^{rec} activity were then tested, at different concentrations, for their effect on PrP^{rec}. Since compound #**4** greatly affected PrP levels and binding, it was compared with cholesterol, as a steroidal non-curing control (Bate *et al.*, 2004), but it did not affect the fluorescence derivative (Fig. 4a), even at 100 μM. Nevertheless, at 50 μM, compound #**8** significantly reduced the T_m of PrP by more than 0.8 °C compared with DMSO and erythromycin A. These modifications were not observed for compound #**8** incubated with SYPRO Orange alone and without PrP^{rec} (data not shown). Therefore, in contrast with compound #**4**, cholesterol and erythromycin A, compound #**8** interacts with PrP protein and may change its stability.

DISCUSSION

Many chemical libraries have been tested for their potential application to the field of prion diseases (Bach *et al.*, 2003; Bertsch *et al.*, 2005; Kocisko *et al.*, 2003; Lorenzen *et al.*, 2005). We tested an innovative library that included not only chemical but also natural products. The tested molecules, which encompass diverse chemical structures, are well-identified and characterized by different techniques.

Our drug screening on Chandler-infected SN56 and in 22L-infected GT1-7 cells led to the identification of eight compounds. Their IC_{50} values were consistent with those of compounds identified in other screens on infected cells (Kocisko *et al.*, 2003). The compounds presented here belong to classes never identified before in prion diseases: 3-aminosteroids and one derivative of erythromycin A (Fig. 2). Their putative therapeutic applications will be assessed in the future by *in vivo* studies on infected rodents.

Steroids and prion diseases

Steroids have been implicated in the pathogenesis of prion diseases. Surface PrP^{C} is found in lipid rafts or caveolae-like domains; its expression is cholesterol-dependent (Gilch *et al.*, 2006; Rothberg *et al.*, 1990; Vey *et al.*, 1996) and drugs that deplete cholesterol inhibit PrP^{res} accumulation (Bate *et al.*, 2004; Prior *et al.*, 2007; Taraboulos *et al.*, 1995).

Only a few steroids have been described which have activity against prions. Prednisone acetate, an anti-inflammatory

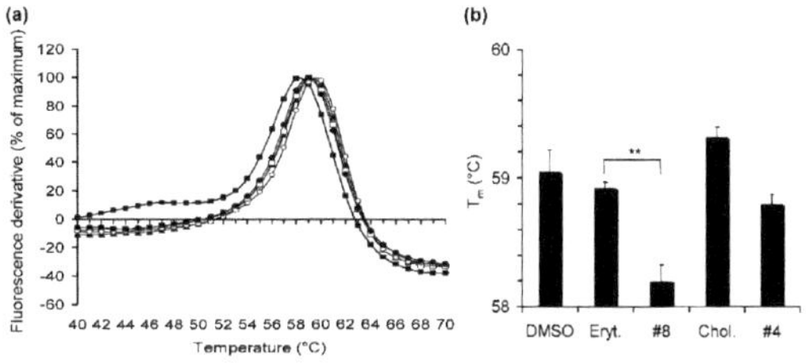

Fig. 4. Fluorescence-based thermal shift assay of murine PrP^{rec} (replicated six times). Denaturation curves (a) of PrP^{rec} incubated with compound #**8** (■), erythromycin A (□), DMSO (▲), cholesterol (○) and compound #**4** (●) were calculated and normalized, which enabled the T_m of PrP^{rec} to be estimated (b). Values that were significantly different by Student's *t*-test are indicated by asterisks (***P*<0.05).

steroid, affects the course of scrapie infection when injected at the time of infection (Outram *et al.*, 1974). In addition, previous high-throughput screening (Kocisko *et al.*, 2003) identified three steroids: budesonide, chol-11-enic acid and chrysanthelin A. However, *in silico* screening of compounds resembling budesonide identified several other steroids, most of which were ineffective in cell culture (Lorenzen *et al.*, 2005).

Thus, for the first time, we describe the novel anti-prion activity of aminosteroids. All the identified steroids presented here have an amino, methylamino or dimethyl amino group at position C-3 (Fig. 2). They differ mostly in the substituent at position C-17 and they all show PrP^{res} inhibitory activity in a dose-dependent manner (Supplementary Fig. S2 and Table 1).

Proposed mechanism of action of steroidal compounds

PrP release experiments showed that compounds #**4** and #**6** altered PrP binding, which may be a primary explanation for the PrP^{res} clearance induced by these two aminosteroids. Indeed, altering PrP anchorage [by changing its transmembrane anchorage (Taraboulos *et al.*, 1995) or by cholesterol depletion (Bate *et al.*, 2004)] leads to PrP^{res} inhibition.

However, since budesonide and compounds #**4** and #**6** reduced PrP levels but budesonide did not alter PrP binding, a more general mechanism of action might be involved here. Actually, similar observations of post-transcriptional PrP reduction have been made for other anti-prion compounds, such as pentosan sulfate (Shyng *et al.*, 1995) or suramin (Gilch *et al.*, 2001). Such PrP reduction may participate in altering the mechanism of PrP polymerization in infected cells (Aguib *et al.*, 2008).

Nevertheless, we did not observe any alteration in PrP levels for cells treated with compounds #**1**, #**2**, #**3**, #**5** and #**7**, although they inhibited PrP^{res} accumulation. The identified steroids might act by completely different mechanisms, but the high level of structural similarities of these compounds strongly suggests that they trigger a common target for prion inhibition. This common target, when activated or inhibited by steroids, and depending on the level at which it is modulated, could induce a reduction in PrP levels or a modification of PrP binding, either of which could interact with a target involved in the regulatory pathway of PrP^c metabolism. As such, they might well be promising pharmacological tools for the identification of common steps leading to prion replication inhibition.

Anti-prion activity of the erythromycin A derivative

Erythromycin A has previously been proposed as a treatment for Alzheimer's disease (Tucker *et al.*, 2005) but it was not an efficient inhibitor of PrP^{res} replication in our cell culture system. We present here a derivative of this molecule which might be interesting for prion treatment. We observed a change in the shape of the T_m curve and a reduction in PrP^c stability when PrP-infected cells were incubated with the erythromycin A derivative, compound #**8**. These results indicate that the interaction between PrP^c and compound #**8** leads to a peculiar conformation of PrP^c, which could induce the alteration of its amyloidogenic properties and consequently lead to the inhibition of PrP^{res} conversion (McCutchen *et al.*, 1993; Pellarin & Caflisch, 2006). Searching for compounds that interact with amyloid precursor stability, by using this newly described technique, might be a novel way to discover new therapeutic tools for amyloidosis diseases. Moreover, molecular characterization of amyloidogenic inhibition by interactions between PrP^c and compound #**8** might allow a better understanding of the mechanism of prion replication.

Classical strategies for prion treatment are based on destabilizing the amyloid protein, i.e. PrP^{res}, or targeting the level or trafficking of its precursor (Gilch *et al.*, 2007; Tagliavini *et al.*, 2000; Trevitt & Collinge, 2006). Here, we propose a new strategy, based on the alteration of the stability of the amyloidogenic properties of the PrP^{res} precursor, i.e. the normal PrP. Further experiments will encompass mutated PrPs, implied in familial forms of prion diseases, which are known to possess increased autoaggregation properties.

Conclusions

We have identified eight compounds, belonging to chemical classes that have never been observed to have an effect on prion diseases, that inhibited PrP^{res} accumulation in two cell cultures infected by two different prion strains. Our results suggest that the seven 3-aminosteroids and the previously described budesonide should trigger a common target, possibly implicated in the regulatory pathways of PrP^{c} metabolism. The major steps in this pathway are as yet unknown, but they will be investigated using these steroids as new pharmacological tools. More generally, the role of steroids and aminosteroids in prion infection and curing, and their involvement in cellular pathways will be dissected. Finally, structure–activity relationships and comparisons between treating and non-treating aminosteroids will provide information on these pathways.

Interestingly, we found that an erythromycin A derivative not previously investigated for use in prion therapy directly interacted with PrP stability. Since familial forms of prion diseases are characterized by an aggregation-prone PrP, this compound could be a lead for a new prophylactic treatment of these human diseases. Furthermore, as levels of amyloidogenic precursors have been identified as factors in the phenomenon of amyloid replication previously, altering their stability by drug design experiments may provide new alternative strategies for the treatment of prion diseases or other neurodegenerative amyloidoses.

ACKNOWLEDGEMENTS

We thank Paul Brown, Human Rezaei and Daniel Zerbino for their precious comments on the manuscript, Fabien Aubry, Valérie Durand and Virginie Nouvel for their technical advice and assistance, and Zhou Xu, who helped us in designing experiments for PrP quantification. GT1-7 cells were generously provided by Sylvain Lehmann, SN56 by Bruce Wainer and anti-PrP antibodies by Jacques Grassi and his colleagues.

REFERENCES

Aguib, Y., Gilch, S., Krammer, C., Ertmer, A., Groschup, M. H. & Schätzl, H. M. (2008). Neuroendocrine cultured cells counteract persistent prion infection by down-regulation of PrP^{c}. *Mol Cell Neurosci* **38**, 98–109.

Bach, S., Talarek, N., Andrieu, T., Vierfond, J. M., Mettey, Y., Galons, H., Dormont, D., Meijer, L., Cullin, C. & Blondel, M. (2003). Isolation of drugs active against mammalian prions using a yeast-based screening assay. *Nat Biotechnol* **21**, 1075–1081.

Bach, S., Tribouillard, D., Talarek, N., Desban, N., Gug, F., Galons, H. & Blondel, M. (2006). A yeast-based assay to isolate drugs active against mammalian prions. *Methods* **39**, 72–77.

Bate, C., Salmona, M., Diomede, L. & Williams, A. (2004). Squalestatin cures prion-infected neurons and protects against prion neurotoxicity. *J Biol Chem* **279**, 14983–14990.

Bertsch, U., Winklhofer, K. F., Hirschberger, T., Bieschke, J., Weber, P., Hartl, F. U., Tavan, P., Tatzelt, J., Kretzschmar, H. A. & Giese, A. (2005). Systematic identification of antiprion drugs by high-throughput screening based on scanning for intensely fluorescent targets. *J Virol* **79**, 7785–7791.

Breydo, L., Bocharova, O. V. & Baskakov, I. V. (2005). Semiautomated cell-free conversion of prion protein: applications for high-throughput screening of potential antiprion drugs. *Anal Biochem* **339**, 165–173.

Brown, P. (2007). Creutzfeldt–Jakob disease: reflections on the risk from blood product therapy. *Haemophilia* **13**, 33–40.

Gilch, S., Winklhofer, K. F., Groschup, M. H., Nunziante, M., Lucassen, R., Spielhaupter, C., Muranyi, W., Riesner, D., Tatzelt, J. & Schätzl, H. M. (2001). Intracellular re-routing of prion protein prevents propagation of PrP^{Sc} and delays onset of prion disease. *EMBO J* **20**, 3957–3966.

Gilch, S., Kehler, C. & Schätzl, H. M. (2006). The prion protein requires cholesterol for cell surface localization. *Mol Cell Neurosci* **31**, 346–353.

Gilch, S., Nunziante, M., Ertmer, A. & Schätzl, H. M. (2007). Strategies for eliminating PrP^{c} as substrate for prion conversion and for enhancing PrP^{Sc} degradation. *Vet Microbiol* **123**, 377–386.

Goni, F., Prelli, F., Schreiber, F., Scholtzova, H., Chung, E., Kascsak, R., Brown, D. R., Sigurdsson, E. M., Chabalgoity, J. A. & Wisniewski, T. (2008). High titers of mucosal and systemic anti-PrP antibodies abrogate oral prion infection in mucosal-vaccinated mice. *Neuroscience* **153**, 679–686.

Grassi, J., Comoy, E., Simon, S., Créminon, C., Frobert, Y., Trapmann, S., Schimmel, H., Hawkins, S. A., Moynagh, J. & other authors (2001). Rapid test for the preclinical postmortem diagnosis of BSE in central nervous system tissue. *Vet Rec* **149**, 577–582.

Heal, W., Thompson, M. J., Mutter, R., Cope, H., Louth, J. C. & Chen, B. (2007). Library synthesis and screening: 2,4-diphenylthiazoles and 2,4-diphenyloxazoles as potential novel prion disease therapeutics. *J Med Chem* **50**, 1347–1353.

Kawatake, S., Nishimura, Y., Sakaguchi, S., Iwaki, T. & Doh-ura, K. (2006). Surface plasmon resonance analysis for the screening of anti-prion compounds. *Biol Pharm Bull* **29**, 927–932.

Knowles, T. P. & Zahn, R. (2006). Enhanced stability of human prion proteins with two disulfide bridges. *Biophys J* **91**, 1494–1500.

Kocisko, D. A., Baron, G. S., Rubenstein, R., Chen, J., Kuizon, S. & Caughey, B. (2003). New inhibitors of scrapie-associated prion protein formation in a library of 2000 drugs and natural products. *J Virol* **77**, 10288–10294.

Kocisko, D. A., Engel, A. L., Harbuck, K., Arnold, K. M., Olsen, E. A., Raymond, L. D., Vilette, D. & Caughey, B. (2005). Comparison of protease-resistant prion protein inhibitors in cell cultures infected with two strains of mouse and sheep scrapie. *Neurosci Lett* **388**, 106–111.

Livak, K. J. & Schmittgen, T. D. (2001). Analysis of relative gene expression data using real-time quantitative PCR and the $2^{-\Delta\Delta Ct}$ method. *Methods* **25**, 402–408.

Lorenzen, S., Dunkel, M. & Preissner, R. (2005). *In silico* screening of drug databases for TSE inhibitors. *Biosystems* **80**, 117–122.

Magalhães, A. C., Baron, G. S., Lee, K. S., Steele-Mortimer, O., Dorward, D., Prado, M. A. & Caughey, B. (2005). Uptake and neuritic transport of scrapie prion protein coincident with infection of neuronal cells. *J Neurosci* **25**, 5207–5216.

McCutchen, S. L., Colon, W. & Kelly, J. W. (1993). Transthyretin mutation Leu-55-Pro significantly alters tetramer stability and increases amyloidogenicity. *Biochemistry* **32**, 12119–12127.

Outram, G. W., Dickinson, A. G. & Fraser, H. (1974). Reduced susceptibility to scrapie in mice after steroid administration. *Nature* **249**, 855–856.

Pellarin, R. & Caflisch, A. (2006). Interpreting the aggregation kinetics of amyloid peptides. *J Mol Biol* **360**, 882–892.

Prior, M., Lehmann, S., Sy, M. S., Molloy, B. & McMahon, H. E. (2007). Cyclodextrins inhibit replication of scrapie prion protein in cell culture. *J Virol* **81**, 11195–11207.

Reddy, T. R., Mutter, R., Heal, W., Guo, K., Gillet, V. J., Pratt, S. & Chen, B. (2006). Library design, synthesis, and screening: pyridine dicarbonitriles as potential prion disease therapeutics. *J Med Chem* **49**, 607–615.

Rezaei, H., Marc, D., Choiset, Y., Takahashi, M., Hui Bon Hoa, G., Haertlé, T., Grosclaude, J. & Debey, P. (2000). High yield purification and physico-chemical properties of full-length recombinant allelic variants of sheep prion protein linked to scrapie susceptibility. *Eur J Biochem* **267**, 2833–2839.

Rezaei, H., Choiset, Y., Debey, P., Grosclaude, J. & Haertlé, T. (2003). Study of stability of variants of ovine prions with different susceptibilities to scrapie. *J Therm Anal Calorim* **71**, 237–247.

Ross, C. A. & Poirier, M. A. (2004). Protein aggregation and neurodegenerative disease. *Nat Med* **10** (*Suppl.*), S10–S17.

Rothberg, K. G., Ying, Y. S., Kamen, B. A. & Anderson, R. G. (1990). Cholesterol controls the clustering of the glycophospholipid-anchored membrane receptor for 5-methyltetrahydrofolate. *J Cell Biol* **111**, 2931–2938.

Schätzl, H. M., Laszlo, L., Holtzman, D. M., Tatzelt, J., DeArmond, S. J., Weiner, R. I., Mobley, W. C. & Prusiner, S. B. (1997). A hypothalamic neuronal cell line persistently infected with scrapie prions exhibits apoptosis. *J Virol* **71**, 8821–8831.

Senisterra, G. A., Soo Hong, B., Park, H. W. & Vedadi, M. (2008). Application of high-throughput isothermal denaturation to assess protein stability and screen for ligands. *J Biomol Screen* **13**, 337–342.

Shyng, S. L., Lehmann, S., Moulder, K. L. & Harris, D. A. (1995). Sulfated glycans stimulate endocytosis of the cellular isoform of the prion protein, PrP^c, in cultured cells. *J Biol Chem* **270**, 30221–30229.

Song, C. H., Furuoka, H., Kim, C. L., Ogino, M., Suzuki, A., Hasebe, R. & Horiuchi, M. (2008). Effect of intraventricular infusion of anti-prion protein monoclonal antibodies on disease progression in prion-infected mice. *J Gen Virol* **89**, 1533–1544.

Stahl, N., Borchelt, D. R., Hsiao, K. & Prusiner, S. B. (1987). Scrapie prion protein contains a phosphatidylinositol glycolipid. *Cell* **51**, 229–240.

Stewart, L. A., Rydzewska, L. H., Keogh, G. F. & Knight, R. S. (2008). Systematic review of therapeutic interventions in human prion disease. *Neurology* **70**, 1272–1281.

Tagliavini, F., Forloni, G., Colombo, L., Rossi, G., Girola, L., Canciani, B., Angeretti, N., Giampaolo, L., Peressini, E. & other authors (2000). Tetracycline affects abnormal properties of synthetic PrP peptides and PrP^{Sc} *in vitro*. *J Mol Biol* **300**, 1309–1322.

Taraboulos, A., Scott, M., Semenov, A., Avrahami, D., Laszlo, L. & Prusiner, S. B. (1995). Cholesterol depletion and modification of COOH-terminal targeting sequence of the prion protein inhibit formation of the scrapie isoform. *J Cell Biol* **129**, 121–132.

Tatzelt, J., Prusiner, S. B. & Welch, W. J. (1996). Chemical chaperones interfere with the formation of scrapie prion protein. *EMBO J* **15**, 6363–6373.

Trevitt, C. R. & Collinge, J. (2006). A systematic review of prion therapeutics in experimental models. *Brain* **129**, 2241–2265.

Tucker, S., Ahl, M., Bush, A., Westaway, D., Huang, X. & Rogers, J. T. (2005). Pilot study of the reducing effect on amyloidosis *in vivo* by three FDA pre-approved drugs via the Alzheimer's APP 5′ untranslated region. *Curr Alzheimer Res* **2**, 249–254.

Vey, M., Pilkuhn, S., Wille, H., Nixon, R., DeArmond, S. J., Smart, E. J., Anderson, R. G., Taraboulos, A. & Prusiner, S. B. (1996). Subcellular colocalization of the cellular and scrapie prion proteins in caveolae-like membranous domains. *Proc Natl Acad Sci U S A* **93**, 14945–14949.

Vilette, D., Andreoletti, O., Archer, F., Madelaine, M. F., Vilotte, J. L., Lehmann, S. & Laude, H. (2001). *Ex vivo* propagation of infectious sheep scrapie agent in heterologous epithelial cells expressing ovine prion protein. *Proc Natl Acad Sci U S A* **98**, 4055–4059.

Winklhofer, K. F., Hartl, F. U. & Tatzelt, J. (2001). A sensitive filter retention assay for the detection of PrP^{Sc} and the screening of anti-prion compounds. *FEBS Lett* **503**, 41–45.

Wuertzer, C. A., Sullivan, M. A., Qiu, X. & Federoff, H. J. (2008). CNS delivery of vectored prion-specific single-chain antibodies delays disease onset. *Mol Ther* **16**, 481–486.

Chapitre II

Mécanisme d'action des 3-aminostéroïdes

Nous avons donc identifié huit composés, efficaces contre la réplication des Prions dans deux modèles cellulaires infectés par deux souches différentes de Prions. Un nouveau mode d'action a été proposé pour la molécule dérivée de l'érythromycine A (MMBAO-érythromycine), reposant sur la déstabilisation de la forme cellulaire de la PrP.

Nous nous sommes également intéressés aux 3-amino-stéroïdes. Comme les 3-aminostéroïdes présentent une forte similitude de structure, nous avons supposé qu'ils modulaient une cible au sein de la cellule. De plus, ils partagent une activité anti-Prion commune, et pour certains modifient la quantité de PrP^{c}. Nous avons donc que ces molécules aient une action sur une cible commune, impliquée dans le métabolisme de la PrP^{res}, mais également dans celui de la PrP^{c}, notamment surfacique. Plusieurs questions se posent alors. Quel est le niveau d'interaction entre cette cible et les radeaux lipidiques, sites de localisation de la PrP surfacique ? Cette cible est-elle présente dans d'autres types cellulaires ou dans d'autres espèces ?

1 Relation entre radeaux lipidiques et 3-aminostéroïdes

La présence de la PrP à la surface est cholestérol-dépendante[250], indiquant l'importance des stéroïdes dans la localisation de la PrP à la membrane, et notamment dans les radeaux lipidiques. Par ailleurs, les 3-aminostéroïdes présentent une similitude structurale avec certains composants principaux des radeaux lipidiques (notamment le cholestérol). Comme nous avons montré que la quantité de PrP surfacique est modulée par certains 3-aminostéroïdes, nous avons souhaité évaluer la possibilité d'une interaction entre les radeaux lipidiques et nos composés.

1.1 Quantification des gangliosides GM1

Les radeaux lipidiques sont riches en GM1 (monosialotétrahexosylganglioside-1), et ceux-ci peuvent être quantifiés par un marquage à la toxine cholérique (ou plus exactement sa sous-unité B, ou CTB) fluorescente[296]. Ce marquage est analysé en cytométrie de flux. Cependant, aucune différence significative dans la quantité de GM1 n'est observée, après traitement par les deux 3-aminostéroïdes **#4** et **#6**, comme cela est présenté en figure C.II.4.

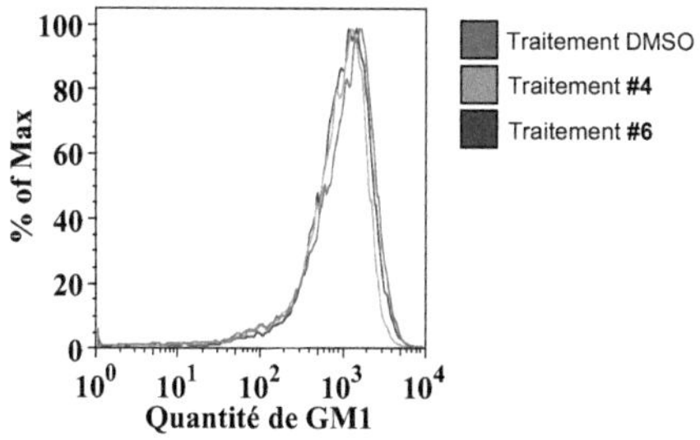

Fig. C.II.4: *Quantification des gangliosides GM1 après traitement par les composés #4 et #6.*

Ainsi, les deux composés, qui agissent au niveau de la quantité de PrP surfacique, ne modifient pas la quantité de GM1.

Cependant, une interaction directe entre les GM1 et les composés **#4** et **#6** ne peut être exclue, notamment si elle mène à une altération qualitative des GM1, ou à une délocalisation de ces molécules au niveau de la membrane.

1.2 Compétition avec le cholestérol

Le cholestérol est impliqué dans le métabolisme de la PrP[250], et nous avons montré que les composés **#4** et **#6** modifiaient ce métabolisme. La proximité structurale entre ces composés nous a conduits à envisager une compétition entre ces molécules, et d'évaluer la réplication des Prions dans ce cadre.

Nous nous sommes donc placés en excès de cholestérol, à 100 µg/ml, car cette dose inhibe l'activité anti-Prion de la squalestatine[251]). Cependant, comme cela est indiqué en figure C.II.5, la présence de cholestérol ne modifie pas l'activité anti-Prion des composés **#4** et **#6**. Il n'y a donc pas de compétition détectable entre le cholestérol soluble et les 3-aminostéroïdes.

Si nous supposons que le cholestérol et les deux composés agissent sur la même cible, l'affinité de fixation des composés devrait être très nettement supérieure à celle du cholestérol. Cependant, le plus probable semble être que la cible commune soit spécifique des composés **#4** et **#6**, et non du cholestérol, indiquant une possible indépendance entre les radeaux lipidiques et les 3-aminostéroïdes.

Même si le mécanisme d'action demeure à préciser, ces résultats préliminaires suggèrent que la cible commune aux 3-aminostéroïdes ne soit pas directement liée au cholestérol ou aux radeaux lipidiques.

La baisse de quantité de PrP, observée après traitement par certains 3-aminostéroïdes, pourrait être une conséquence de la modulation de cette cible commune. Nous avons souhaité étudier la présence de cette cible hypothétique dans divers modèles cellulaires, murins et humains, infectés ou non, en étudiant la quantité de la PrP dans ces divers modèles après traitement.

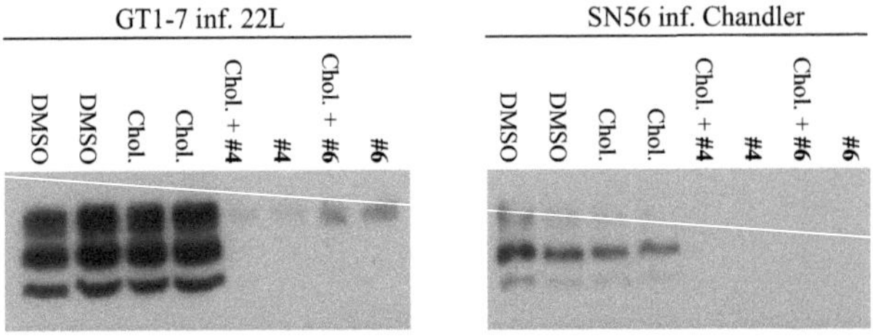

(a) Cellules GT1-7 infectées par la souche 22L

(b) Cellules SN56 infectées par la souche Chandler

Fig. C.II.5: *Traitement de cellules infectées par les composés #4 et #6 en présence de cholestérol.*

2 Réduction de la PrP surfacique par les 3-aminostéroïdes

2.1 Cellules exprimant la Protéine du Prion murine

La baisse du niveau de la PrP surfacique et totale, présentée dans l'article, concerne la lignée SN56 non infectée, lignée susceptible exprimant la PrP murine. Afin d'évaluer la présence de la cible commune hypothétique, nous avons voulu étendre ces résultats aux cellules infectées (par la souche Chandler), mais également à un autre modèle, la lignée GT1-7 (exprimant la PrP murine, et susceptible aux Prions murins).

Les résultats présentés en figure C.II.6 indiquent que la réduction de quantité de PrP surfacique est globalement indépendante de l'état d'infection, mais également du modèle murin étudié, et ce, d'une façon dose-dépendante.

Les cellules infectées répondent de la même façon au traitement. Ainsi, en faisant l'hypothèse que la baisse de PrP est une conséquence objective de l'action des 3-aminostéroïdes sur la cible commune, cette cible aurait un mécanisme qui serait indépendant de l'infection cellulaire par les Prions.

De plus, le budésonide présente le même spectre d'action sur la PrP que les deux composés, ce qui semble suggérer que la cible commune pourrait être modulée plus généralement par une classe de dérivés stéroïdien.

2.2 Etude d'autres lignées cellulaires

Afin de généraliser ces résultats, nous avons analysé l'effet des composés **#4** et **#6** dans d'autres modèles, le neuroblastome humain SH-SY5Y, et la lignée neurogliale MovS6 exprimant la PrP ovine, et infectable par une souche de tremblante ovine.

Les mêmes observations que précédemment sont réalisées pour la lignée MovS6 infectée ou saine (voir figure C.II.7). Cela suggère que la cible des composés **#4** et **#6** est également présente dans cette lignée. Nous n'avons cependant pas testé l'activité de nos huit molécules sur l'accumulation des Prions dans la lignée MovS6 infectée (par la souche de tremblante ovine Dawson).

En revanche, il est intéressant de noter que la molécule **#4** et le budésonide n'induisent

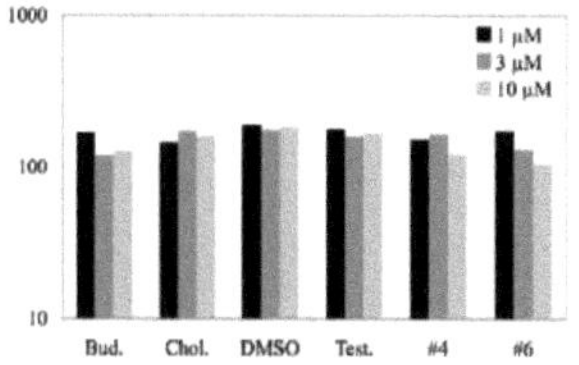

(a) SN56 saines

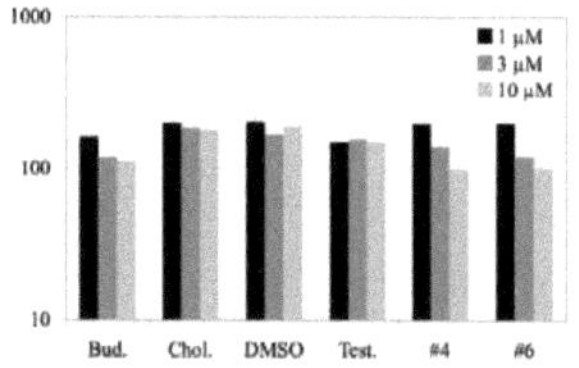

(b) SN56 infectées par la souche Chandler

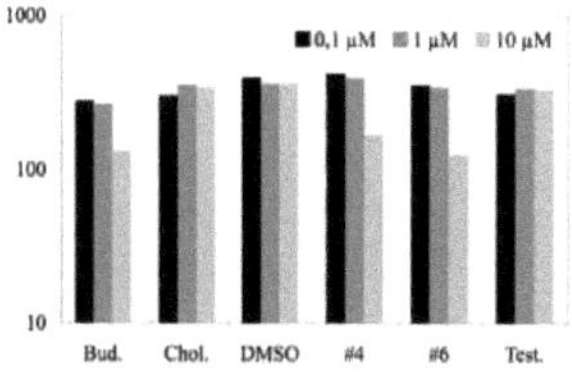

(c) GT1-7 saines

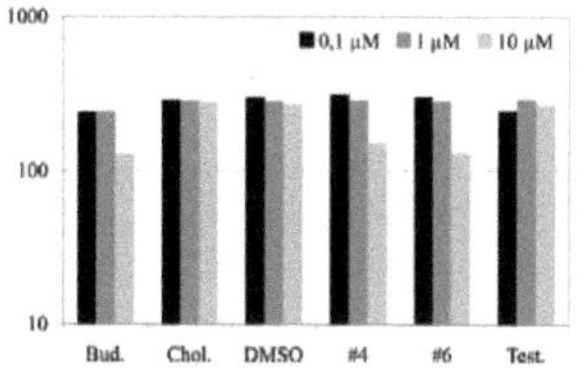

(d) GT1-7 infectées par la souche 22L

Fig. C.II.6: *Etude en cytométrie de flux de la quantité de PrP surfacique après traitement par six composés (budésonide, cholestérol, DMSO, composés #4 et #6, testostérone).*

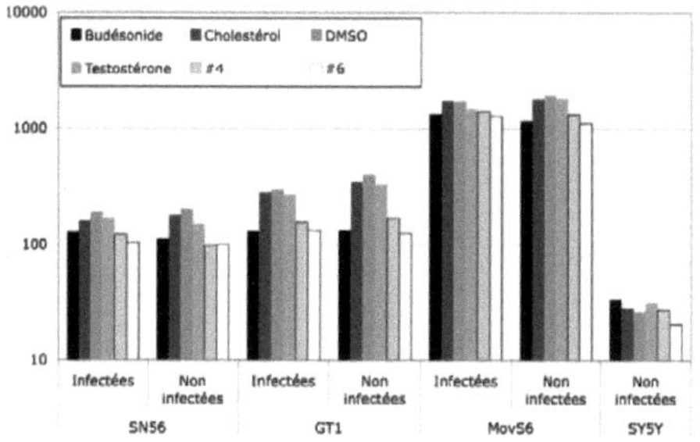

Fig. C.II.7: *Quantification de la PrP surfacique dans quatre modèles cellulaires après traitement par six composés.*

aucune réduction de la quantité de PrP surfacique dans le neuroblastome humain SH-SY5Y (voir figure C.II.7). Cette lignée pourrait donc répondre différemment aux 3-aminostéroïdes. Cependant, le traitement par la molécule **#6** est associé avec une réduction de la PrP de surface, comme dans les autres modèles cellulaires testés lors de cette étude.

A ce stade, deux hypothèses peuvent être proposées. Les stéroïdes pourraient agir différemment sur le modèle humain, par rapport aux modèles murins (SN56, GT1-7, MovS6), indiquant une certaine spécificité du modèle humain. Par ailleurs, en faisant la même hypothèse que précédemment (à savoir que la baisse de PrP, lorsqu'elle est observée, est une conséquence non directe de l'action des stéroïdes sur une cible commune), les résultats présentés pourraient indiquer que cette cible serait présente dans divers modèles humains et murins, de diverses origines.

3 Conclusion

Nous proposons ici deux nouveaux types de composés présentant une activité anti-Prion. Parmi eux, sept sont des 3-aminostéroïdes, et certains semblent modifier l'immunoréactivité de la PrP surfacique, dans divers modèles cellulaires, infectés ou non. De plus, certains altèrent l'ancrage de la PrP à la membrane, comme cela a été évalué par les manipulations de relargage à la PI-PLC.

L'implication des radeaux lipidiques a été évaluée, et les résultas obtenus ne sont pas en faveur d'une interaction entre les radeaux lipidiques et les 3-aminostéroïdes. Il semble ainsi que le mécanisme d'inhibition de la PrP^{res} soit indépendant de ces structures lipidiques.

Nous pourrions supposer l'existence d'un mécanisme commun à la souris et à l'homme (ou du moins dans certains modèles cellulaires humains et murins), qui pourrait permettre, lorsqu'il est modulé par certains stéroïdes, d'inhiber la réplication des Prions humains et murins. Par ailleurs, le fait que nous n'ayions pas observé de diminution de la quantité de la PrP par certains 3-aminostéroïdes, et dans certaines lignées cellulaires, renforce l'idée que la cible commune hypothétique est impliquée dans des voies métaboliques éloignées de celle de l'expression de la PrP à la surface.

Une autre molécule anti-Prion a été identifiée, il s'agit du composé **#8**, ou MBBAO-érythromycine A. Elle modifie la stabilité de la PrP, et elle pourrait empêcher le précurseur de se transconformer en forme anormale. Cette propriété du composé **#8** ne semble pas avoir d'équivalent dans le cadre des thérapieus anti-Prions.

Quatrième partie

Etude de la susceptibilité cellulaire aux Prions

Chapitre I

Introduction

De nombreuses études d'évaluation des risques de santé publique sont réalisées sur des souris, ou en utilisant des cultures de cellules murines infectées par divers Prions murins. Cependant, les souches humaines présentent certaines spécificités par rapport à d'autres souches, notamment par exemple en terme de résistance à la dégradation[297], de sites de réplication[176], ou de durées d'incubation chez des souris transgéniques[176]. L'évaluation des risques de santé publique se confronte à un manque de modèles d'études pertinents.

La PMCA constitue un premier modèle d'étude des mécanismes moléculaires de réplication des Prions humains. Cependant, l'étude des partenaires cellulaires de la réplication, des compartiments intracellulaires impliqués, ainsi que du métabolisme des diverses formes de la PrP semble incompatible avec une méthode acellulaire, et nécessite l'utilisation d'autres modèles. Chez l'homme, le phénomène de susceptibilité cellulaire à l'infection ne peut ainsi être approché que par le développement de modèles cellulaires infectés par des Prions humains. Il semble ainsi essentiel de développer des modèles d'études spécifiques des infections humaines.

1 Concept de susceptibilité

Il décrit l'état d'une cellule ou d'un organisme capable de répliquer un agent, et plus spécifiquement dans ce cadre, de répliquer une ou des souches de Prions. Cette notion est, du moins techniquement, directement corrélée à la capacité de détecter l'infectiosité répliquée *de novo*. Son étude pose donc quelques difficultés.

Phénomène transitoire : La susceptibilité n'est pas une donnée figée dans le temps, en effet une culture cellulaire peut, au cours de ses passages successifs, répliquer des taux de plus en plus en fort d'infectiosité, ou au contraire perdre son infectiosité. Deux modes de réplication des Prions ont ainsi été identifiés en culture cellulaire : un mode chronique (cellules SN56 chroniquement infectées par la souche Chandler par exemple), et un mode aigu (intervenant juste en présence de l'inoculum[298]).

Susceptibilité relative : Dans une culture cellulaire infectée par des Prions, et selon les lignées considérées, le nombre de cellules effectivement infectées peut varier de quelques pourcents à 80-90 pourcents[78]. De plus, la susceptibilité est un phénomène dépendant de la souche de Prions, car à ce jour aucune cellule n'est connue comme répliquant toutes les souches de Prions décrites (voir tableau page 36).

Susceptibilité variable : Dans divers modèles (notamment animaux), nous pouvons de plus définir une notion de gradation de la susceptibilité : ainsi, un modèle répliquant plus fortement un agent qu'un autre sera dit « plus susceptible », de même qu'un modèle permettant une réplication d'un agent à une dose inférieure.

2 Facteurs modulant la susceptibilité aux Prions

Divers facteurs sont connus pour moduler la susceptibilité, que ce soit en modèle cellulaire ou *in vivo*.

2.1 Polymorphismes de la PrP

De nombreux polymorphismes du gène *Prnp* existent naturellement chez les mammifères, ils jouent, du moins pour certains, un rôle prépondérant dans le phénotype de la maladie, et notamment les durées d'incubation. Il existe chez l'homme un vingtaine de polymorphismes (Single Nucleotide Polymorphism ou SNP)[299]. Ainsi, l'homozygotie au codon 129 (M_{129}/M_{129} ou V_{129}/V_{129}) prédispose à la MCJs et la MCJi[300,301].

Des polymorphismes protecteurs chez l'homme ont également été identifiés, comme le polymorphisme E219K, très présent dans les populations asiatiques, et rarement retrouvé dans les patients atteints de MCJs. La PrP K_{219} est certes convertible en PrP^{res}, mais ralentit l'infection par le vMCJ lorsqu'elle est coexprimée avec celle codée par l'allèle sauvage E_{219}, dans un modèle souris[302].

Chez la souris il existe deux allèles du gène *Prnp* ($Prnp^a$ et $Prnp^b$), différant aux codons 108 et 189. Les souris portant l'allèle *b* présentent une durée d'incubation plus longue pour la majorité des souches de tremblante, même si pour d'autres souches cette différence est inversée[303]. Le produit du gène $Prnp^a$ serait moins convertible que celui du gène $Prnp^b$[304].

Chez les moutons, la susceptibilité à la tremblante dépend d'un certain nombre de facteurs, comme l'âge, la voie d'inoculation, la dose infectieuse, et le génotype de la PrP. Pour résumer (car les effets des polymorphismes ne sont pas tous indépendants), les allèles $A_{136}R_{154}R_{171}$ et $A_{136}H_{154}Q_{171}$ sont associés à une résistance aux souches de tremblante, alors que les allèles $A_{136}R_{154}Q_{171}$, $A_{136}R_{154}H_{171}$, et $V_{136}R_{154}Q_{171}$ sont associés à une susceptibilité à ces souches. Les ovins sont aussi susceptibles à l'agent de l'ESB, et cette susceptibilité est également clairement associée au génotype de la PrP : les moutons Q_{171}/Q_{171} présentent une période d'incubation beaucoup plus courte que les animaux hétérozygotes Q_{171}/R_{171}[305].

Par ailleurs, il a été décrit des mutations dans l'ORF de la PrP la rendant insensible à la transconformation. De plus, certaines de ces mutations présentent une dominance négative : lorsqu'ils sont coexprimés avec la PrP sauvage, ils inhibent sa transconformation en PrP^{res}, que ce soit en culture cellulaire[265] ou même *in vivo*[263]. Il s'agit ainsi par exemple de la PrP murine Q167R, Q218K, S221P ou Y217C[261].

En conclusion, la séquence primaire de la protéine du Prion semble un élément clé de la susceptibilité aux Prions.

2.2 Importance de la glycosylation de la PrP

In vivo comme *in vitro*, la présence d'une chaîne de sucre est nécessaire à un trafic normal de la protéine du Prion, avec un export à la membrane, mais en absence de chaînes carbonées, la protéine reste bloquée dans l'appareil de Golgi, sans pour autant générer de phénotype particulier chez l'animal[306]. Plus généralement, la glycosylation joue un rôle connu dans le repliement et la maturation des chaînes polypeptidiques[307]. Il est donc possible qu'elle intervienne dans le changement de conformation responsable de la génération de PrP^{res}. En effet, il est montré qu'une protéine du Prion non glycosylée (sous l'action de la tunicamycine ou par mutation au niveau des sites de N-glycosylation[308]) pouvait présenter une forme résistante à la PK, en culture cellulaire. Par ailleurs, il existe une forme de MCJf (T183A[309]) caractérisée par une protéine du Prion avec un seul site de N-glycosylation. Ces résultats suggèrent que l'absence de glycosylation pourrait améliorer l'efficacité de formation de la PrP^{res}.

Cela a été validé par l'utilisation de souris transgéniques : une souris exprimant une protéine du Prion avec un seul site de glycosylation, voire aucun, est susceptible tant aux souches de tremblantes qu'aux souches d'ESB, avec des durées d'incubation légèrement plus courtes[310,311]. Cependant, à la différence de ce qui est observé en culture cellulaire[312], elles n'accumulent pas spontanément de PrP sous une forme légèrement PK-résistante et hydrophobe.

La glycosylation jouerait donc, à la vue de ces résultats, un rôle relatif dans les phénomènes de susceptibilité à l'infection. Cependant, elle pourrait intervenir dans les phénomèmes de barrière de souche, car les rendements de conversion *in vitro* de protéines du Prion hétérologues différent selon leur niveau de glycosylation[313].

2.3 Surexpression de la PrP

L'expression de la PrP^c est un des seuls prérequis connus à l'infection cellulaire par les Prions. Par exemple, l'expression de la PrP de différentes espèces de mammifères dans le modèle RK13 le rend susceptible à diverses souches de Prions[72,73]. Ainsi, dans des modèles susceptibles, la surexpression de la PrP pourrait permettre de prolonger l'infectiosité, ou d'augmenter son niveau de réplication : cela a été démontré pour certains clones de N2a, qui, surexprimant la PrP (modèle N2a#58), répliquent les Prions pendant plus de 30 passages à des niveaux détectables, alors que les N2a perdent l'infectiosité en deux ou trois passages[314]. Des résultats semblables ont été obtenus pour la lignée Rov[315].

Même si la clonalité pourrait également être un facteur explicatif de ces différences, la surexpression de la PrP semble être un modulateur de la réplication, et un prérequis nécessaire mais non suffisant de la susceptibilité.

2.4 Importance de la barrière d'espèce

La PrP joue donc un rôle essentiel dans la susceptibilité, notamment via sa séquence primaire. Il semblait initialement que la notion de barrière d'espèce soit dictée principalement par cette séquence[316] : les souris transgéniques exprimant la PrP de hamster sont susceptibles à la souche 263K (ou souche Sc237, infectant le hamster), à la différence des souris conventionnelles[317]. Cependant, le taux d'attaque du vMCJ est supérieur chez la souris conventionnelle que chez la souris transgénique pour la PrP humaine[7]. De plus, des études récentes montrent que le campagnol, en dépit d'une faible homologie entre la séquence en acides aminés de sa propre PrP et celle de l'homme, réplique efficacement les Prions humains[85].

Ainsi, il semble que la séquence de la PrP ne soit pas le seul facteur permettant d'expliquer le phénomène de susceptibilité à l'infection.

2.5 Différenciation et croissance cellulaire

En culture cellulaire, l'accumulation des Prions repose sur un équilibre entre la formation *de novo* de PrP^{res}, le catabolisme de cette PrP, la division cellulaire, et la transmission de cellule à cellule. Il existe ainsi un lien de corrélation étroit entre accumulation des Prions et divisions cellulaires[318]. Ainsi, sur le modèle ScN2a, les cellules répliquant à des plus forts taux sont celles se divisant le moins rapidement[319]. Ces différences de croissance pourraient être à la base du phénomène de susceptibilité aux Prions, en culture cellulaire, et pourraient expliquer pourquoi seules certaines lignées répliquent : ces lignées pourraient en effet présenter un équilibre entre accumulation des Prions et divisions cellulaires qui soit favorable à la PrP^{res}.

La corrélation entre réplication et ralentissement de la croissance pourrait notamment reposer sur des différences de différenciation cellulaire : par exemple, la différenciation des ScN2a par l'acide rétinoïque ralentit leur croissance et augmente leur niveau de réplication des Prions[319]. De plus, certaines lignées, telles que les cellules souches neuronales[71] ou les PC12[320] ne répliquent la PrP^{res} que différenciées. Ces effets sont cependant lignée-dépendants, car les cellules SN56, lorsqu'elles sont différenciées par l'AMPc, répliquent les Prions à des taux inférieurs[187]. Cela suggère un lien complexe entre différenciation et réplication.

3 Susceptibilité cellulaire aux Prions humains

De nombreuses tentatives d'infection de lignées cellulaires par des Prions issus de prélèvements humains ont été réalisées, mais les résultats ont été négatifs[320], ou non reproduits depuis : cela a été le cas pour le neuroblastome SH-SY5Y initialement décrit comme répliquant, après dilution limite, une souche de MCJs[321] (mais pas la souche 139A[320]). Cependant, d'autres laboratoires, et le nôtre, ont tenté de reproduire ces résultats, sans succès.

De plus, la lignée RK13, décrite comme répliquant pourtant de nombreuses souches de Prions lorsqu'elle est transduite pour l'expression de diverses PrP (voir tableau A.II.6, page 36), ne propage aucune des souches humaines testées lorsqu'elle exprime la PrP humaine[72]. A ce jour, aucun modèle exprimant la PrP humaine ne réplique donc stablement les Prions humains.

Plusieurs modèles cellulaires sont susceptibles à des souches humaines adaptées à la souris : il s'agit par exemple de la lignée GT1-7 répliquant une souche adaptée de GSS[322], des RK13 murinisées pour la PrP répliquant une souche adaptée de MCJs[72], ou encore de cellules stromales de la rate, premier modèle décrit comme répliquant le vMCJ adapté à la souris[74]. Par ailleurs, d'autres types cellulaires répliquent la souche d'ESB, mais uniquement lorsque celle-ci est adaptée à un autre hôte (souris pour des cellules de la moelle osseuse[103] ou campagnol pour les RK13 transduits[73]). Cependant, ces divers modèles sont des modèles de rongeurs, et donc n'expriment pas la PrP humaine. Il ne sont donc pas susceptibles aux Prions accumulés chez l'homme atteint, et la PrP qui s'accumule n'est pas de la PrP humaine, ce qui limite leur application (notamment en diagnostic, pour l'étude de l'infectiosité de tissus humains, ou pour la recherche de molécules thérapeutiques efficaces chez l'homme). Il semble donc essentiel de développer des modèles humains de réplication des Prions.

4 Conclusion

Il est déterminé que les cellules susceptibles sont, du moins dans l'organisme, principalement les astrocytes, les neurones, et les cellules folliculaires dendritiques, et possiblement les macrophages. Elles sont en général quiescentes, présentent des prolongements cellulaires, et expriment fortement la Protéine du Prion. Un des seuls prérequis connus à leur infection par les Prions semble être l'expression du gène du précurseur, le gène de la PrP.

Compte tenu des observations obtenues en culture, il semble que certaines cellules issues d'une même population répliquent différentiellement les Prions : les mécanismes de susceptibilité pourraient ainsi faire intervenir diverses modifications, par exemple transcriptomique ou épigénétiques. Cependant, en dépit de nombreuses études, l'identification des facteurs moléculaires et cellulaires influençant la réplication des Prions reste à ce jour difficile. Elle apporterait de nombreuses pistes tant en thérapeutique que pour le diagnostic, mais également dans la compréhension de la physiopathologie des Prions.

Chapitre II

Inoculations de cellules humaines avec des Prions humains

Par souci de simplification, nous parlerons ici de « Prions humains » pour désigner les Prions pathogènes pour l'homme (ce qui inclut donc les souches de MCJ, le GSS, l'ESB, etc.), et ce, quels que soient leurs hôtes d'origine.

Afin d'évaluer la susceptibilité des cellules humaines (donc exprimant la PrP humaine) aux Prions humains, nous avons testé le potentiel de réplication de nombreuses lignées cellulaires (voir article 2, page 116). Notre choix s'est tout d'abord porté sur la constitution d'un large panel de lignées cellulaires provenant de nombreuses origines tissulaires différentes, fournies par de nombreux partenaires (Hôpital Saint Vincent de Paul, Hôpital Necker, CHU de Caen, Institut Gustave Roussy, Université de Rouen, CEA, INSERM, INRA, Université de Washington). En outre, nous avons isolé cinq lignées à partir de souris transgéniques (exprimant l'Antigène T du virus SV40, ou la PrP humaine V_{129}, ou KO pour le gène *Prnp*).

Inoculations classiques de ces lignées cellulaires : Les diverses lignées cellulaires ont été inoculées avec diverses souches (voir figure D.II.1), selon des procédés classiques d'inoculation[69, 187, 314], en routine au laboratoire pour les souches adaptées à la souris (Chandler, 22L et 127S sur les cellules SN56, GT1-7, MovS6).

Nous avons testé de nombreuses sources d'infectiosité dans cette étude, et notamment des homogénats de cerveaux de patients humains atteints de diverses maladies à Prions, de singes contaminés par l'ESB, le vMCJ ou le Kuru, de vaches infectées par l'ESB, de moutons atteints de tremblante, ainsi que de nombreuses souches isolées chez diverses souris conventionnelles ou transgéniques (6PB1, Chandler, 22L, C506, Fukuoka-1, 127S).

Cependant, aucune des lignées que nous avons testées ne réplique ces Prions de façon détectable.

Caractérisation des lignées cellulaires : Les critères de susceptibilité cellulaire sont largement inconnus à ce jour, cependant l'expression de la PrP est un prérequis essentiel à l'infection[323, 324]. Nous avons donc étudié, dans nos lignées cellulaires, l'expression du gène *PRNP* (en référence à l'expression de 18S), et évalué la quantité de PrP^c à la surface des lignées. Les résultats, comparés à ceux obtenus pour deux lignées susceptibles (SN56, GT1-7), indiquent l'absence de corrélation entre l'expression de la PrP, la quantité de PrP^c à la surface, et la susceptibilité aux diverses souches de Prions testées.

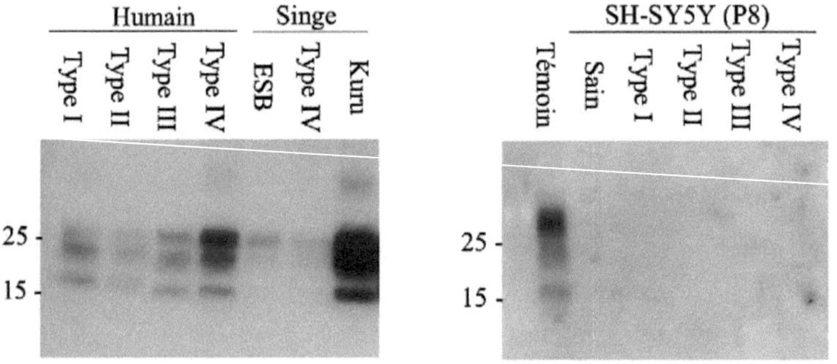

(a) Diverses souches de Prions testées dans notre étude

(b) Absence de réplication du neuroblastome SH-SY5Y inoculé par divers Prions, après huit passages

Fig. D.II.1: *Infections de cellules humaines par diverses souches de Prions humains.*

L'expression constitutive de la PrP n'est donc pas suffisante à l'infection, pour compléter ce travail nous avons surexprimé la PrP dans divers modèle (voir partie 3.1).

Par ailleurs, afin d'affiner la connaissance de nos modèles et sélectionner les plus intéressants, nous avons réalisé un génotypage au codon 129 de la PrP sur les modèles humains (voir article 2 pour une présentation des divers génotypes des lignées cellulaires, et figure D.II.2). L'allèle M_{129} est en effet plus favorable à l'infection que l'allèle V_{129}. Cependant, dans nos expériences, aucune des cellules homozygotes M_{129}/M_{129} n'a répliqué les Prions après une inoculation classique.

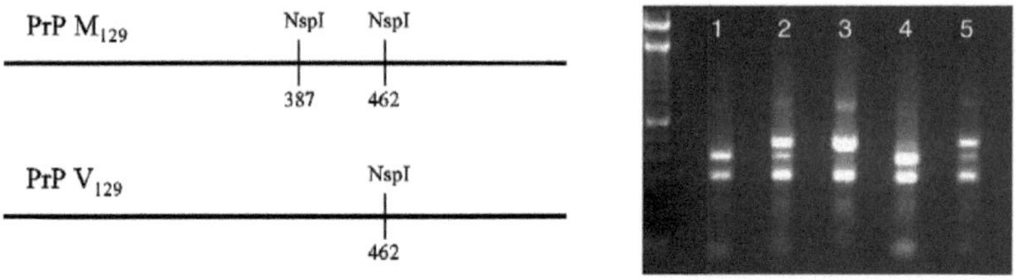

(a) Profil de restriction de l'ORF de la PrP par NspI

(b) Gel d'électrophorèse de l'ORF de la PrP après restriction par NspI

Fig. D.II.2: *Etude du génotype de la PrP par restriction enzymatique. Les lignes 1 et 4 correspondent à des prélèvements M_{129}/M_{129}, les lignes 2 et 5 à des cellules M_{129}/V_{129}, et 3 à un patient V_{129}/V_{129}.*

Définition de trois hypothèses de travail : Nous nous proposons d'évaluer diverses stratégies, pour rendre les cellules humaines capables de propager les Prions humains. En complément, nous avons étudié la susceptibilité de la lignée murine SN56, répliquant certains Prions murins (Chandler, 22L, ME7), mais non décrite comme propageant les Prions humains. Trois scénarios ont ainsi été envisagés afin de contourner l'apparente résistance des lignées humaines à l'infection par les Prions. Ils sont présentés en figure D.II.3 (voir page suivante) et résumés de la façon suivante :

1. **La méthode d'infection est inadaptée aux cellules :** L'infection des cellules susceptibles à des Prions murins est plus efficace lorsque l'infectiosité est présentée sous une forme particulière, proche de l'infection *in vivo*. Ainsi, la lignée C2C12 ne réplique pas la souche 22L lorsqu'elle est mise en présence d'homogénat de cerveau infecté par cette souche, mais en revanche propage ces Prions si elle est mise en contact de cellules infectées par 22L[325]. Le protocole classique d'inoculation n'est donc pas efficace pour toutes les cellules et souches. Il se pourrait également que l'inadaptation de ce protocole induise un nombre de cellules trop faibles, il semble donc nécessaire de purifier ces cellules infectées.
2. **Les cellules répliquent trop faiblement les Prions humains :** Dans ce cas, les cellules sont certes susceptibles, mais répliquent à des taux faibles donc indétectables. Cela a notamment été décrit pour la lignée N2a, qui, lorsqu'elle ne surexprime pas la PrP, perd rapidement son infectiosité après inoculation[78]. Plus généralement, la réplication des Prions à l'échelle d'une population cellulaire est un équilibre entre production et dégradation de PrP^{res}. En supposant que l'infection cellulaire soit défavorable, même très légèrement, à la cellule cible, s'il n'y a pas de transfert d'infectiosité de cellule à cellule, à chaque doublement de population l'infectiosité est diluée, menant ainsi à une absence de détection de PrP^{res}.
3. **Les cellules ne sont pas susceptibles à des Prions humains :** Dans cette hypothèse, certaines modifications doivent être apportées aux cellules pour les rendre susceptibles à l'infection par les Prions humains.

Nous avons concentré nos efforts sur deux ou trois neuroblastomes en particulier, et notamment la lignée SH-SY5Y, décrite comme susceptible aux Prions humains[321], présentant peu d'altérations chromosomiques, un caryotype diploïde stable[326], une vitesse de croissance intermédiaire entre les lignées SN56 et GT1, et enfin une homozygotie au codon 129 de la PrP.

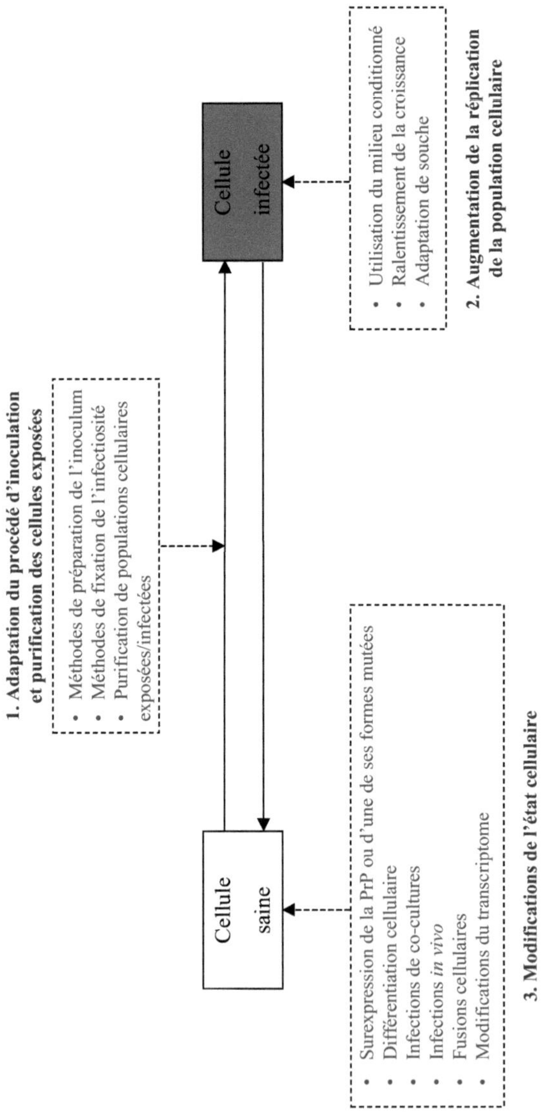

Fig. D.II.3: *Diverses stratégies d'étude de la susceptibilité des infections à Prions.*

1 Adaptation du procédé d'inoculation et purification des cellules exposées

Nous supposons dans cette partie que les cellules sont susceptibles aux Prions, mais que le protocole infection n'est pas adapté. Nous proposons donc dans un premier temps de modifier le protocole d'infection, puis, dans un second temps, de trier les cellules potentiellement infectées.

1.1 Diverses méthodes de préparation de l'inoculation

Nous avons donc évalué diverses méthodes de préparation et fixation de l'infectiosité, en souhaitant tout d'abord isoler les fractions les plus infectieuses.

Isolement des fractions les plus infectieuses : L'inoculation par des Prions présuppose une purification de l'infectiosité, nous avons testé différentes méthodes afin de déterminer les conditions permettant d'isoler les fractions les plus infectieuses. Tout d'abord, nous avons expérimenté diverses méthodes de préparation de l'inoculum (homogénat clarifié ou non, préparation de SAF). De plus, diverses étapes de centrifugation ont été menées, afin de tenter de purifier la fraction contenant les agrégats de Prion les plus infectieux[327].

Cependant, après inoculation des cellules avec diverses conditions, aucune réplication de PrP^{res} n'est détectée par Western Blot, indiquant soit que les cellules ne sont pas susceptibles aux souches testées, soit que les protocoles n'ont pas permis de purifier suffisamment l'infectiosité.

Utilisation d'agents facilitant l'entrée de l'infectiosité : Nous avons testé diverses techniques utilisées classiquement pour les infections par les virus : il s'agit par exemple de mélanger l'homogénat avec des agents transfectants (PEI[328], mais également Lipofectine, Lipofectamine, Exgen500), qui faciliteraient l'entrée ou l'accrochage de la PrP^{res} à la membrane. Par ailleurs, nous avons préincubé l'homogénat avec des anticorps dirigés contre la PrP[329] (Saf60, 3F4, Bar233), afin de faciliter son entrée, ou encore avec du polyéthylène glycol (PEG 500), agent permettant la fusion des membranes[330], et donc possiblement l'entrée de PrP^{res} dans la cellule (car la préparation de PrP^{res} est riche en membranes). Aucun de ces tests n'a cependant été concluant. L'augmentation de la fixation de l'infectiosité à la cellule ne semble donc pas une méthode efficace pour induire une réplication des Prions humains en culture cellulaire.

Modification de la biodisponibilité de l'infectiosité : Les Prions se fixent facilement sur les surfaces métalliques, et ces matériels contaminés sont hautement infectieux sur les souris et les cultures cellulaires[331]. Nous avons donc tenté de fixer de l'homogénat infecté (Prions humains) sur des tiges métalliques, ainsi que sur des billes magnétiques. Par ailleurs, afin d'augmenter la biodisponibilité de l'homogénat pour les cellules, nous avons déposé de l'homogénat sur une plaque de culture vierge, procédé à la dessication de celui-ci sur la nuit, puis à l'ensemencement cellulaire. La croissance cellulaire ne semble pas perturbée, ni ralentie, mais ni cette méthode ni la fixation de l'infectiosité sur des surfaces métalliques ne permettent de réplication détectable de PrP^{res} après six passages.

Il semble ainsi que les cellules ne sont pas susceptibles, ou réplique à des taux trop faibles donc indétectables.

1.2 Purification des population exposées et/ou infectées

Si la population cellulaire réplique à des taux trop faibles, il est également possible que seul un très faible nombre de cellules soient des cellules infectées et réplicantes. Ainsi, un tri cellulaire pourrait permettre d'isoler les cellules réplicantes, et ainsi de détecter une éventuelle réplication de PrP^{res}.

Tri par dilutions limites : La présence d'un très faible taux de cellules répliquant les Prions a déjà été identifiée pour la lignée SH-SY5Y[321], ainsi que pour les N2a[323,332], et suggère que les populations sont très hétérogènes vis-à-vis de la réplication des Prions. Cela pourrait notamment être expliqué par la grande hétérogénéité des lignées tumorales[333]. Cependant, comme présenté dans l'article 2, nous n'avons pas reproduit les résultats sur SH-SY5Y[321].

Tri magnétique des populations exposées : Nous avons donc tenté une autre méthode de tri, reposant sur l'idée qu'une cellule isolée par dilution limite n'est pas dans un contexte favorable à la réplication, même si elle est susceptible. Nous avons donc, trois jours après inoculation, souhaité trier les populations cellulaires humaines ayant été les plus exposées aux Prions, par diverses méthodes (inoculation sur des tiges puis récupération des cellules en contact avec cette tige, inoculation avec des billes magnétiques contaminées et tri magnétique des cellules, ou encore tri au cytomètre de flux après immunomarquage de la PrP, voir article 2). Plus spécifiquement, la méthode utilisant des billes magnétiques (magnétofection) est décrite pour faciliter l'entrée d'ADN dans les cellules, mais également l'infection par certains virus[334].

Ces méthodes de tri n'ont pas permis la détection de réplication de PrP^{res} humaine. En revanche, l'utilisation des billes magnétiques sur le modèle SN56 a permis d'augmenter d'un facteur dix la sensibilité de réplication de la souche 22L (voir article 3), ce qui suggère l'intérêt de la méthode pour des cellules décrites comme susceptibles.

Ainsi, en supposant que les cellules humaines répliquent les Prions et qu'elles se comportent comme les SN56 en présence de billes, l'éventuelle augmentation de sensibilité des cellules humaines aux Prions humains n'est pas suffisante pour permettre une détection de PrP^{res}. Dans ce cas, les cellules doivent donc être naturellement très peu susceptibles aux Prions.

Analyse par cytométrie de la présence de PrP^{res} : Le critère de purification des cellules selon leur exposition à l'inoculum semble efficace pour trier les SN56 infectées par des Prions de rongeurs (voir article 3), mais pas pour purifier les éventuelles cellules humaines répliquant les Prions. Nous avons donc tenté de purifier les cellules répliquant effectivement les Prions, et pour cela nous avons réalisé, pendant trois passages, des marquages avec l'anticorps V5B2, spécifique de la PrP^{res} humaine[335]. Cependant à aucun passage n'a été observée en cytométrie une différence significative entre les cellules inoculées avec des Prions humains et celles en contact avec de l'homogénat provenant d'un cerveau sain, donc aucun tri n'a été réalisé. Il se pourrait donc que, même si les cellules répliquent effectivement les Prions, la PrP^{res} soit présente dans des compartiments intracellulaires, comme cela a été proposé dans d'autres lignées[78].

2 Augmentation de la réplication de la population cellulaire

A ce stade, nous supposons toujours que les cellules sont susceptibles. Si les protocoles testés semblent ne pas révéler de production de PrP^{res}, il se pourrait que les cellules en produisent, mais à des taux trop faibles pour être détectés. Nous décrirons ici des expériences visant à augmenter la réplication des Prions par une population cellulaire.

2.1 Utilisation du milieu conditionné

Le milieu conditionné (ou surnageant cellulaire) est un milieu dans lequel des cellules ont été cultivés pendant une certaine période. Il contient notamment les facteurs, hormones, cytokines libérés par ces cellules. Il est par exemple utilisé dans la culture de certaines lignées telles que certaines cellules souches embryonnaires[336].

La culture des lignées MovS6 et GT1-7 infectées par deux souches de Prions (127S, 22L) montre que l'ajout de milieu conditionné par des cellules saines augmente la réplication des Prions de leurs analogues infectées (voir figure D.II.4) : cet effet, cellule-dépendant (car la lignée SN56 n'y est pas sensible), démontre la présence dans le milieu conditionné d'un ou plusieurs facteurs influençant la susceptibilité aux Prions, et permettant une accumulation supérieure de PrP^{res}.

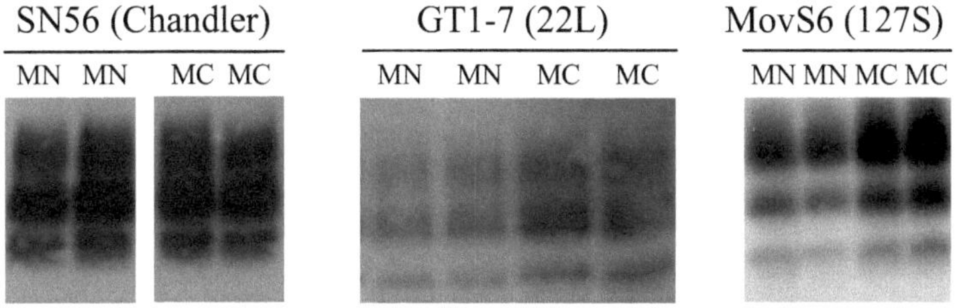

Fig. D.II.4: *Potentialisation de la réplication des Prions en présence de milieu conditionné. Les lignées MovS6 et GT1-7, à la différence de SN56, répliquent la PrP^{res} en plus grande quantité en présence de milieu conditionné (MN = milieu normal; MC = milieu conditionné).*

Nous avons donc tenté de cultiver les cellules humaines dans des milieux conditionnés par différentes lignées cellulaires (lignées murines susceptibles, ou neuroblastomes, glioblastome, astrocytome humains), mais aucune formation de PrP^{res} n'a été observée après cinq passages. Il se pourrait donc que soit les cellules ne répliquent pas les Prions, soit elles ne sont pas sensibles à l'effet du milieu conditionné, soit l'effet du milieu conditionné n'est pas suffisant pour permettre une détection de PrP^{res}.

2.2 Ralentissement de la croissance

Il semble qu'*in vivo* les types cellulaires répliquant les Prions soient les FDC, les neurones, et à moindre échelle les astrocytes : il s'agit (du moins pour les deux premières lignées) de cellules quiescentes, à demi-vie longue. En outre, il est montré sur le neuroblastome ScN2a que les cellules produisant le plus de PrP^{res} sont celles qui croissent le plus lentement[319]. Il existerait ainsi une corrélation inverse entre rapidité de la division cellulaire et accumulation de PrP^{res}, dans un modèle cellulaire donné.

Dans cette optique, nous avons tout d'abord focalisé nos efforts sur l'inoculation de neuroblastomes, et tenté plusieurs techniques pour ralentir la croissance des cellules, afin de favoriser une éventuelle accumulation de la PrP^{res}. Cela a été obtenu par des ensemencements à 33°C, une réduction de la quantité de sérum, ou une culture en milieu facilitant le ralentissement de la croissance neuronale (milieu NeuroBasal Medium, etc.), avec des passages au rythme d'un tous les 10-12 jours.

Cependant, aucune réplication de PrP^{res} n'a été détectée après cinq passages. Ainsi, la relative résistance des cellules humaines aux Prions humains ne semble pas nécessairement liée à un déséquilibre de production de PrP^{res} dû à une croissance cellulaire trop rapide.

La différenciation, qui est également une méthode de ralentissement de la croissance, sera traitée dans la partie 3.2 , car elle est décrite comme modifiant profondément les cellules.

2.3 Adaptation de souches

Il est supposable que les sources d'infections (homogénats de cerveaux en général) ne soient pas adaptées à nos cellules humaines, comme cela est décrit chez l'animal, lors d'un passage de barrière d'espèce[316]. Ainsi, chez l'animal, l'exposition à une souche de Prions non adaptée conduit en général à un taux d'attaque inférieur à 100%, une faible quantité de PrP^{res}, mais également à une longue durée d'incubation. Au second passage (c'est-à-dire après une transmission secondaire de la souche), la taux d'attaque augmente largement, tout comme la quantité de PrP^{res}, et la durée d'incubation se réduit.

Nous sommes donc partis de cette hypothèse, et avons envisagé une méthode d'adaption de nos souches à nos lignées cellulaires, en inoculant des cellules avec un homogénat de cellules exposées auparavant, et ce pendant trois passages. Le schéma expérimental est présenté en figure D.II.5.

Cependant, nous n'avons pas détecté de réplication de PrP^{res} lors de nos diverses tentatives d'inoculation avec des Prions humains, que ce soit pour les cellules humaines ou murines (voir figure D.II.6). Les cellules humaines ne sont peut-être pas permissives aux souches testées, ou l'adaption de la souche est partiellement efficace, car ne permet pas de réplication suffisante de la PrP^{res}.

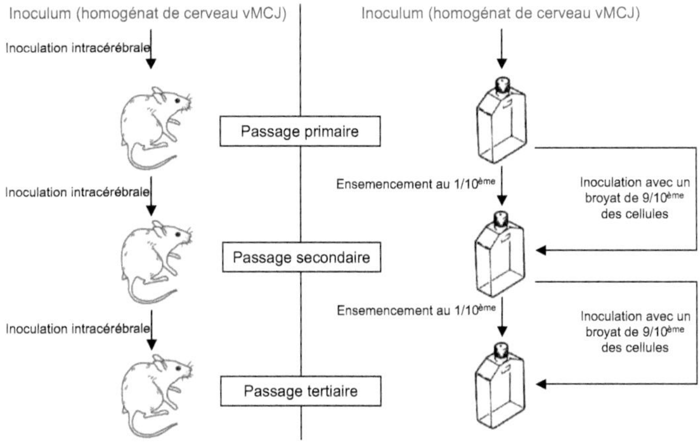

Fig. D.II.5: *Schéma expérimental de l'adaptation de souches. A gauche est présentée l'adaptation de souches dans l'animal, à droite les manipulations que nous avons réalisées sur les neuroblastomes humains : à chaque passage cellulaire, 10% des cellules sont réensemencées, et les 90% restants sont broyés, et servent d'inoculum.*

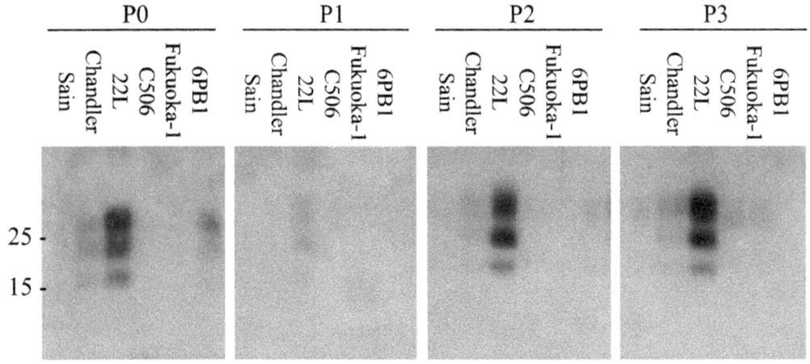

Fig. D.II.6: *Adaptation de cinq souches de Prions au modèle cellulaire SN56. 6PB1 est une souche d'ESB adaptée à la souris conventionnelle*[337]*, Fukuoka-1 une souche de GSS adapté à la souris*[338]*, et les autres souches sont des souches de tremblante également adaptée à la souris. Seule la souche 22L se réplique à fort taux, la souche Chandler se réplique néanmoins à un niveau nettement inférieur au niveau habituel, ce qui pourrait être expliqué par une inoculation initiale insuffisante. Les autres souches ne se répliquent pas sur le modèle SN56.*

3 Modifications de l'état cellulaire

Les résultats présentés dans les deux premières parties ne sont pas concluants quant à la susceptibilité des cellules humaines. Il apparaît dès lors que les cellules humaines que nous avons inoculées (plus d'une trentaine à cc jour) ne seraient pas permissives aux souches testées. Ainsi et toujours dans l'optique de mettre au point des modèles cellulaires infectés par des Prions humains, nous avons testé diverses méthodes de modification du métabolisme cellulaire, obtenues soit en surexprimant la PrP ou une de ses formes mutées, soit en induisant une différenciation des cellules ou en modifiant leurs conditions de culture, soit en modifiant aléatoirement les cellules, à plusieurs niveaux.

3.1 Surexpression de la PrP^c ou d'une de ses formes mutées

La PrP est un des seuls prérequis connus à l'infection par les Prions. Dans un contexte de cellule susceptible, par son niveau d'expression, elle module la quantité de PrP^{res} produite.

Surexpression de la PrP : Comme indiqué en partie I.2.3, les niveaux de réplication de PrP^{res} sont corrélés avec les niveaux de PrP.

Dans cette étude, nous avons surexprimé la PrP M_{129} dans un grand nombre de lignées (les neuroblastomes SH-SY5Y et SK-N-AS, l'astrocytome CCF-STTG1, le glioblastome T98G, ou encore le carcinome KB). Cette surexpression a été validée en cytométrie de flux (voir figure D.II.7). Cependant, les cellules transfectées n'ont pas répliqué les Prions humains. Ainsi, la surexpression de PrP ne semble pas moduler la susceptibilité cellulaire, du moins dans ces modèles cellulaires et avec les souches testées. D'autres facteurs moléculaires seraient ainsi nécessaires à la réplication des Prions dans ces lignées.

Surexpression d'une forme mutée de la PrP : Certaines mutations de la PrP sont décrites comme facilitant son accumulation, c'est par exemple le cas de la PrP présente dans les formes familiales de maladies à Prions (IFF, MCJf, GSS). Nous nous sommes concentrés sur la mutation H187A, décrite comme s'agrégeant plus rapidement dans des modèles *in vitro* (Human Rezaei), et avons dérivé des lignées cellulaires exprimant la PrP mutée au codon 187 (voir figure D.II.7). Spontanément, les cellules n'accumulent pas de formes de PrP résistantes à la PK, à la différence de ce qui a été décrit pour d'autres mutations dans la PrP, dont la mutation P102L impliquée dans le GSS[339]. Après inoculation, aucune présence de PrP^{res} n'est détectée.

Cela pourrait être expliqué par un effet de dominance négative de la PrP mutée sur la PrP endogène (ou de l'endogène sur la mutée)[340]. Il serait donc intéressant de transfecter des lignées KO pour la PrP avec les deux constructions présentées ici, puis d'évaluer leur susceptibilité aux Prions.

3.2 Différenciation cellulaire

Dans les cultures cellulaires susceptibles, comme décrit en I.2.5, la production de PrP^{res} peut être augmentée par une autre méthode, en différenciant les cellules. Nous disposons de deux neuroblastomes M_{129}/M_{129} différenciables ou non (SH-SY5Y sensible à l'AR[341], et SK-N-AS non sensible[342]). L'AR n'induisit qu'une faible réduction de la croissance cellulaire chez

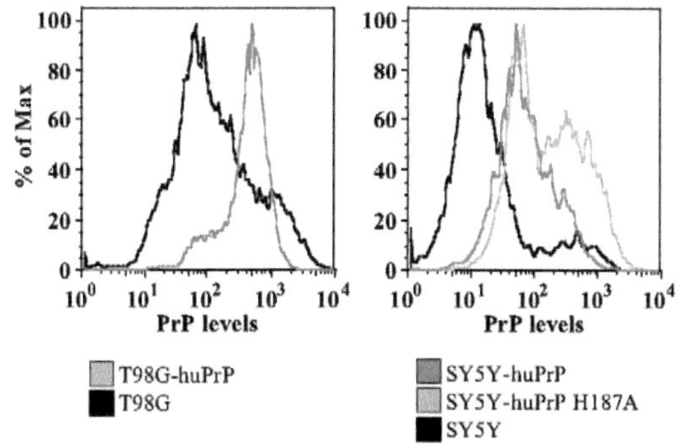

(a) Quantification de la PrP surfacique, après transfection

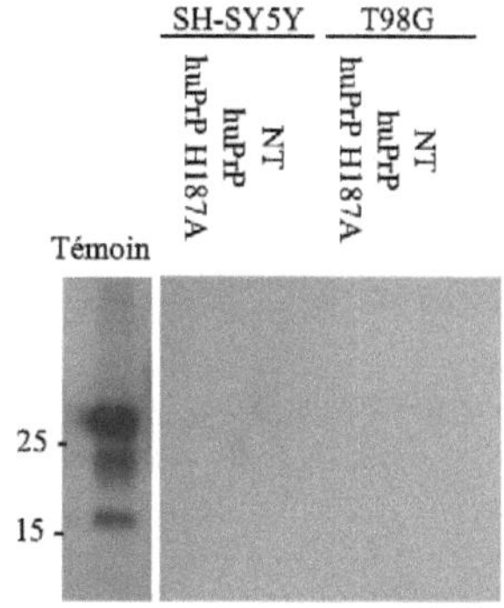

(b) Analyse par Western Blot de la réplication cellules transfectées SH-SY5Y et T98G, inoculées par la souche du vMCJ

Fig. D.II.7: *Expression de la PrP humaine sauvage et mutée (H187A), et réplication des cellules transfectées.*

SH-SY5Y, et aucune différence significative n'a été observée pour SK-N-AS. Des expériences similaires ont été réalisées par ajout d'AMPc, agent différenciant la lignée SH-SY5Y[343], et les deux neuroblastomes, en présence de ces deux agents différenciants, ont été inoculés par des Prions humains.

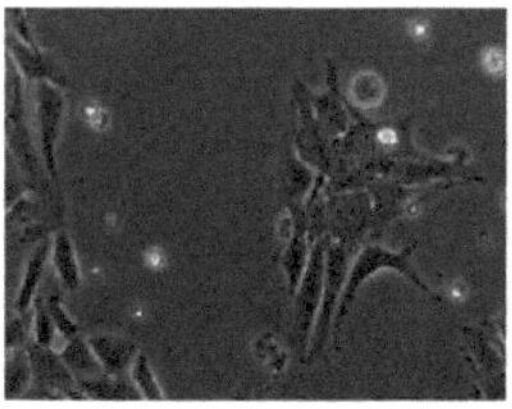

(a) GT1-7 en milieu normal

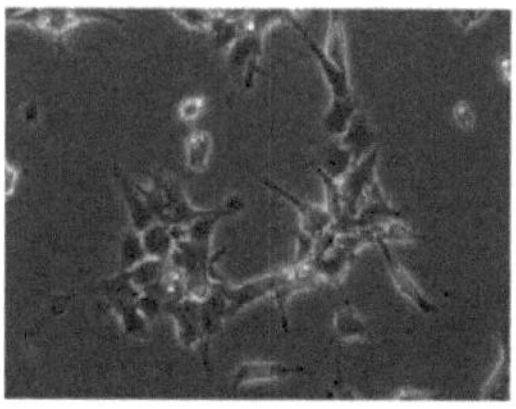

(b) GT1-7 en milieu Neurobasal

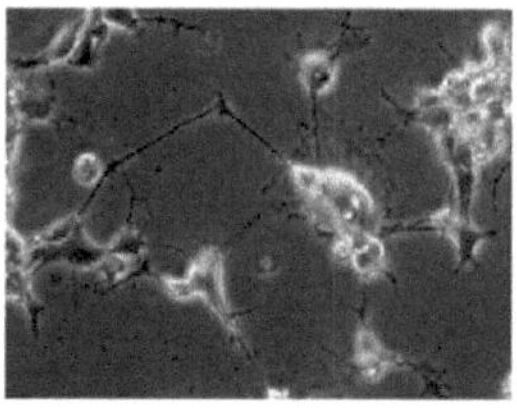

(c) GT1-7 en milieu Neurobasal supplémenté en AMPc

Fig. D.II.8: *Différenciation de la lignée GT1-7. Cette lignée, à la différence de SH-SY5Y ou de SK-N-AS présente des modifications phénotypiques notables en présence d'agents différenciants, et servent donc ici de témoin de différenciation.*

Cependant, aucune production *de novo* de PrP^{res} n'a été détectée, indiquant (i) que la différenciation n'a pas été efficace, ou (ii) que les cellules humaines ne répliquent pas plus de Prions lorsqu'elles sont différenciées, ou encore (iii) que l'augmentation de PrP^{res} après différenciation n'a pas été suffisante pour être détectable.

Ainsi, en supposant que la différenciation ait été efficace, il existerait une relation entre la cellule et son mécanisme de différenciation, elle serait propre à un type cellulaire donné, et ne mènerait donc pas systématiquement à une présence de PrP^{res} (comme identifié dans la lignée PC12[320]).

3.3 Infections de co-cultures

Il est décrit que certaines cellules (C2C12[325]) ne peuvent pas être infectées par simple présence d'un inoculum, une co-culture avec un neuroblastome est alors essentielle pour l'initiation de l'infection dans ces lignées. Ainsi, comme cela a été suggéré auparavant, il pourrait y avoir des co-facteurs ou des microenvironnements spécifiques et nécessaires à l'infection par les Prions[344].

Nous avons donc réalisé plusieurs co-cultures, entre différentes lignées cellulaires humaines (glioblastome T98G, astrocytome CCF-STTG1, avec d'autres lignées telles que SK-N-AS, SH-SY5Y, KB, HUH-7, etc. ; voir figure D.II.9), mais également en présence de cellules SN56. Ces co-cultures ont ensuite été inoculées et passées, mais aucune réplication de PrP^{res} n'a été détectée.

La susceptibilité aux Prions ne semble donc pas modifiée par l'utilisation des co-cultures. L'environnement cellulaires créé par les lignées testées dans cet étude pourrait être trop éloigné d'un contexte cérébral chez l'homme ou l'animal, notamment en raison du fait que les deux lignées T98G et CCF-SSTG1 sont des lignées cancéreuses, donc ne présentant pas toutes les caractéristiques de leur cellule d'origine.

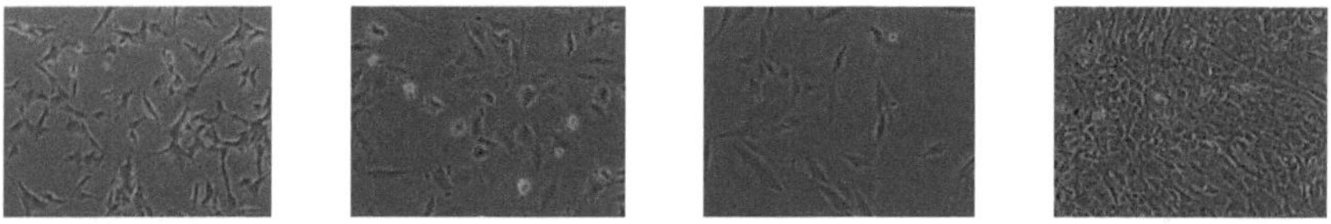

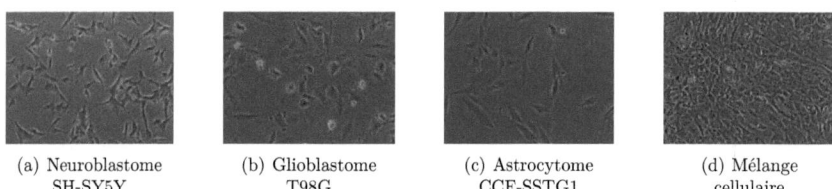

(a) Neuroblastome SH-SY5Y (b) Glioblastome T98G (c) Astrocytome CCF-SSTG1 (d) Mélange cellulaire

Fig. D.II.9: *Co-cultures de trois lignées cérébrales.*

3.4 Infections *in vivo*

In vivo, les cellules infectées et répliquant les Prions au niveau du système nerveux central (astrocytes/neurones) sont présentes dans un environnement glial particulier, et ce contexte pourrait être propice et favorable à l'infection. Nous avons donc tenté d'infecter des cellules humaines (KB) et de rongeurs (SN56, ou CHO exprimant la PrP murine) par une inoculation dans l'hippocampe de souris C57BL/6 infectées (par les souches 6PB1 et Fukuoka-1). Aucune de ces inoculations n'a cependant permis la détection de réplication des Prions humains dans les lignées cellulaires, avec aucune des souches que nous avons testées (voir article 2).

Cependant, aucun traitement n'a permis la propagation des Prions humains en culture cellulaire. Il serait intéressant de reproduire ces manipulations sur des neuroblastomes humains, dans un contexte humanisé (souris exprimant la PrP humaine M_{129}).

3.5 Fusions cellulaires

Après analyse des diverses techniques présentées précédemment, il semble que les neuroblastomes sur lesquels nous travaillons ne sont pas, en l'état, capable de propager une infection par des Prions humains. Ainsi, en collaboration avec l'Hôpital Saint Vincent de Paul (Pierre Lebon), nous avons envisagé une méthode permettant de modifier les cellules, reposant sur la fusion entre deux lignées cellulaires. Cela présente un triple intérêt pour notre thématique :

1. Il est supposable que la susceptibilité des cellules murines aux Prions murins soit un caractère transférable, par fusion cellulaire, à des cellules humaines et exprimant la PrP humaine. Cela permettrait de rendre les cellules humaines susceptibles aux Prions humains.
2. Les modifications sont, pour certaines, permanentes quelques passages après fusion : les chromosomes relargués ne peuvent plus être réintégrés dans la cellule. Cela pourrait permettre de stabiliser les modifications de susceptibilité cellulaire à l'infection.
3. Il est possible de modifier profondément le phénotype cellulaire, car les fusions cellulaires induisent la reprogrammation de la cellule[345]. Ces modifications incluent des changements d'expression de gènes, la réactivation d'un chromosome X, ou des modifications des histones[346]. De plus, les lignées fusionnées présentent fréquemment des aberrations chromosomiques comme des gains ou pertes d'ADN[326]. Ainsi, ces profonds modifications pourraient être associées à une altération du critère de résistance des cellules humaines aux Prions humains.

3.5.1 Mise au point du protocole de fusion cellulaire

Méthodologiquement, le protocole de fusion cellulaire a été mis au point en utilisant deux lignées cellulaires, marquées par deux fluorochromes différents : la lignée A est marquée par un fluorochrome vert, et la lignée B par un molécule fluorescent dans le rouge. Après incubation en présence d'un agent fusogène (le PEG), les cellules sont analysées en cytométrie de flux : les cellules qui sont à la fois fluorescentes dans le vert et dans le rouge pourrait être des cellules fusionnées, car présentant les deux fluorochromes (voir figure D.II.10).

La sélection des cellules fusionnées a été réalisée par une double sélection antibiotique. La lignée A, rendue résistante à la généticine par transfection plasmidique, est fusionnée avec la lignée B, résistante à l'hygromycine B. Les cellules fusionnées expriment les deux résistances, sont donc doublement résistantes à la généticine et à l'hygromycine B.

Cette méthode de sélection a été validée par deux méthodes complémentaires. Tout d'abord, le nombre de chromosome était nettement supérieur dans les fusions, en comparaison avec les cellules d'origine (voir article 2). De plus, l'origine des chromosomes (humaine vs murine) a été établie par FISH (Fluorescence *In Situ* Hybridization). Cette méthode permet le marquage de certains chromosomes, ici nous avons marqué les chromosomes humains dans nos fusions, après cinq ou six passages. Les résultats présentés en figure D.II.11 correspondent à la fusion entre la lignée KB et la lignée murine MovS6.

3.5.2 Transfert d'un caractère de susceptibilité par fusion

Afin de transférer le caractère de permissivité aux Prions des cellules murines aux cellules humaines, nous avons envisagé de développer des modèles hybrides. Nous avons donc réalisé

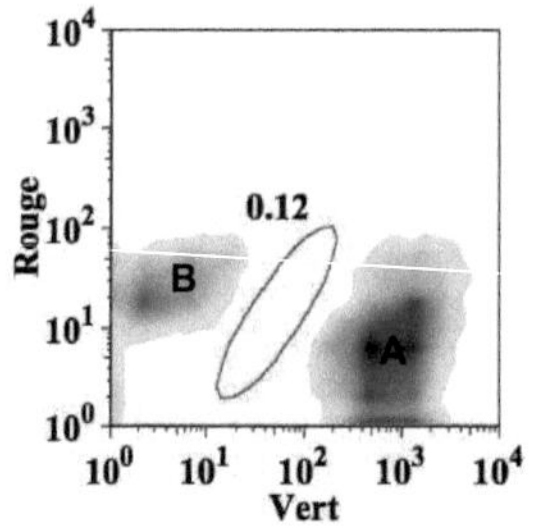

(a) Cellules avant fusion

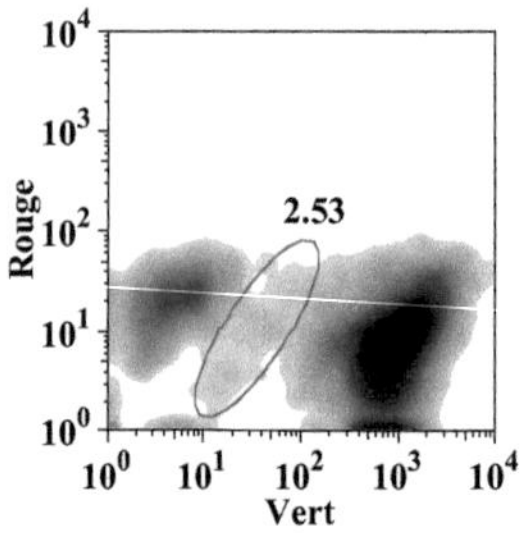

(b) Cellules après fusion

Fig. D.II.10: *Analyse par cytométrie en flux de la fusion de deux lignées. Les cellules A sont au préalable marquées par un traceur vert, les cellules B par un traceur rouge ; les cellules fusionnées pourraient donc être marquées en vert et en rouge, ce qui pourrait expliquer la population intermédiaire entourée.*

de nombreuses fusions, entre des lignées humaines (SK-N-AS, KB, SH-SY5Y) et des lignées murines (SN56, MovS6).

Les fusions entre cellules murines et cellules humaines ont été inoculées par des Prions murins et humains, mais ne répliquent que les Prions murins (ceux qui infectent les lignées murines d'origine). Cette étude démontre donc que la fusion entre cellules humaines et cellules murines n'est pas défavorable à l'infection par les Prions murins.

Aucune cellule hybride n'a répliqué de Prions humains. Le caractère de susceptibilité pourrait ainsi ne pas être le même dans le cadre des infections par des Prions humains que dans celui des infections par des Prions humains, il serait ainsi spécifique d'une espèce donnée.

Il se pourrait également que le chromosome humain portant le gène *PRNP* (ou une portion de ce chromosome) soit perdu au cours des passages, en faveur du chromosome portant le gène de la PrP murine, car il est décrit que les chromosomes humains sont moins stables que les chromosomes murins dans les fusions hybrides[347]. De plus, un marquage de la PrP surfacique par l'anticorps Saf83 (ne reconnaissant que la PrP murine) réalisé sur certaines fusions (KB*SN56) montre que ces fusions présentent un niveau d'expression de la PrP murine comparable avec la lignée SN56. Cependant, des données préliminaires obtenues à l'Hôpital Necker semblent indiquer que le bras court du chromosome 20 humain est toujours présent dans les fusions, démontrant que le gène de la PrP humaine pourrait toujours être présent.

Ainsi, il semblerait que les cellules présentent une forte résistance à l'infection par les Prions humains, alors même qu'elles montrent une susceptibilité forte aux Prions murins. Les Prions humains pourraient donc présenter une spécificité particulière, inhibitrice en culture cellulaire.

3.5.3 Induction de remaniements chromosomiques

Afin d'une part de s'assurer de la présence de la PrP humaine dans les cellules hybrides, et d'autre part d'induire une série de remaniements chromosomiques dans les lignées afin d'isoler un clone répliquant les Prions humains, nous avons fusionné des cellules humaines entre elles.

Ainsi, des clones issus de fusions entre KB, SH-SY5Y, et SK-N-AS ont été isolés, mais,

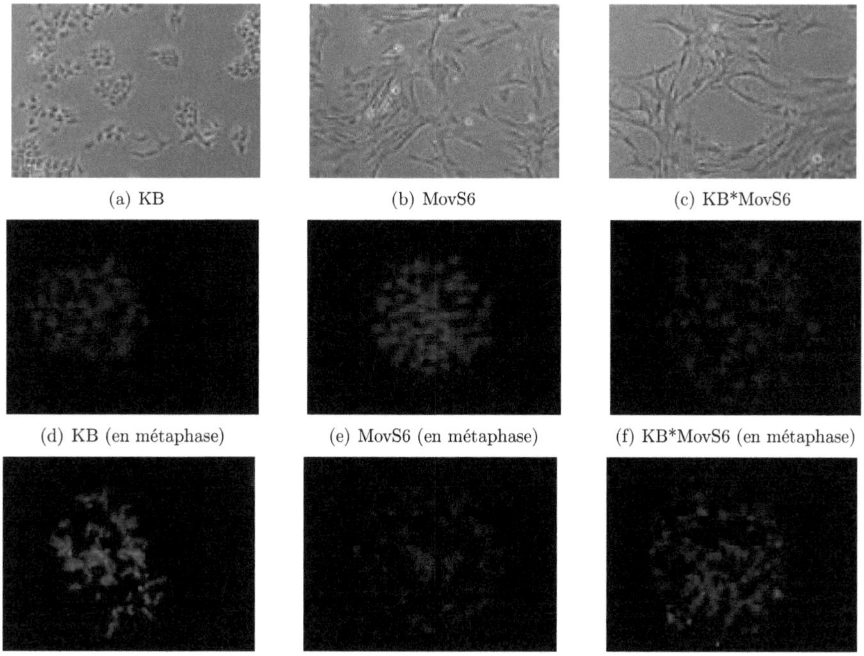

(a) KB (b) MovS6 (c) KB*MovS6

(d) KB (en métaphase) (e) MovS6 (en métaphase) (f) KB*MovS6 (en métaphase)

(g) KB (en métaphase, FISH) (h) MovS6 (en métaphase, FISH) (i) KB*MovS6 (en métaphase, FISH)

Fig. D.II.11: *Analyse par microscopie des cellules fusionnées. En (a)-(c), les cellules sont photographiées en culture. En (d)-(f), les cellules sont bloquées en métaphase, déposées sur une lame, et l'ADN est coloré au DAPI. Enfin, en (g)-(i), les chromosomes humains sont peints avec une sonde fluorescente rouge, les chromosomes murins apparaissent en bleu.*

après inoculation, aucun n'a répliqué les Prions humains de façon détectable. Les remaniements chromosomiques n'ont peut-être pas été suffisants pour permettre aux cellules d'exprimer les gènes responsables de la susceptibilité.

3.6 Modification du transcriptome

Comme certaines lignées murines sont susceptibles alors que d'autres ne le sont pas, il peut être supposé que la permissivité aux Prions est dépendante de différences transcriptomiques entre ces cellules. Ainsi, modifier l'expression de certains gènes pourrait changer la susceptibilité cellulaire.

Afin de modifier le transcriptome des cellules, et potentiellement leur susceptibilité à l'infection par divers Prions, nous avons souhaité modifier profondément et stablement les cellules.

Une altération qui semble définitive pourrait reposer sur l'introduction stable d'un Facteur de Transcription (FT), doté d'un domaine activateur ou inhibiteur, qui pourrait ainsi modifier stablement et durablement l'expression d'un certain nombre de gènes. Nous avons donc choisi d'évaluer la pertinence des librairies de FT aléatoires.

3.6.1 Facteur de transcription à doigts de Zinc

Un facteur de transcription est une protéine se fixant spécifiquement sur une séquence nucléotidique, et permettant seul ou en partenariat avec d'autres protéines le contrôle de l'expression des gènes.

Il en existe diverses classes, selon leur domaine de fixation à l'ADN :

- Hélice-tour-hélice (ou homéodomaine)
- Hélice-boucle-hélice
- Glissière à leucine
- Domaine ETS
- Doigts de Zinc

Cette dernière classe est constituée des facteurs de transcription stabilisés par le Zinc. Un doigt de Zinc consiste en environ 30 acides aminés, repliés en structure $\beta\beta\alpha$, stabilisés par des interactions hydrophobes et la chélation d'un ion Zinc (voir figure D.II.12.(a)). Il reconnaît typiquement trois nucléotides dans l'ADN, et la liaison d'un doigt de Zinc avec un autre permet la reconnaissance d'une séquence continue de six nucléotides. Ainsi, la liaison entre trois doigts de Zinc reconnaît un site nucléotidique de 9 paires de bases (voir figure D.II.12.(b)).

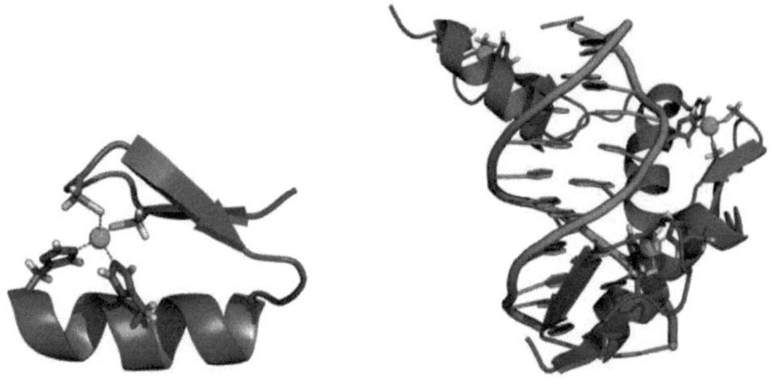

(a) Motif protéique correspond à doigt de Zinc

(b) Fixation d'un FT à trois doigts de Zinc sur une séquence d'ADN

Fig. D.II.12: *Facteurs de transcription à doigt de Zinc. Les atomes de Zinc sont symbolisés en vert, l'ADN est présenté en orange.*

3.6.2 Utilisation des facteurs de transcription à doigts de Zinc

Ces facteurs peuvent être couplés à des domaines activateurs (VP64) ou inhibiteurs (KRAB), permettant, si le FT est fixé sur un site de régulation génique, d'activer ou inhiber potentiellement l'expression du gène considéré. Il est également possible de générér aléatoirement des facteurs de transcription à doigts de Zinc, par recombinaison génique (voir figure D.II.13.(a)).

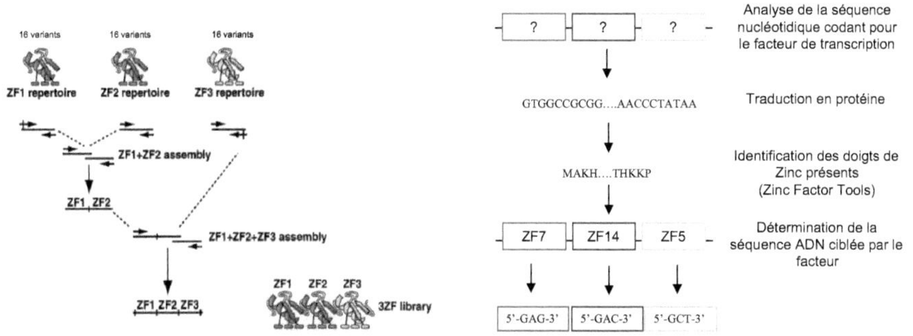

(a) Génération aléatoire d'une librairie de FT (4.096 variants)

(b) Analyse de la séquence nucléotidique ciblée par un FT à trois doigts de Zinc

Fig. D.II.13: *Génération et analyse d'une librairie de facteurs de transcription à trois doigts de Zinc*[348]*. La librairie est générée à partir de 16 variants différents de FT à doigts de Zinc, elle présente donc une diversité de* 16^3*=4.096 variants.*

Ces facteurs peuvent être exprimés en culture cellulaire, et les modification de susceptibilité des divers clones peut alors être évalué : nous nous proposons donc de modifier, de façon aléatoire, le transcriptome de nos cellules humaines, par l'expression de FT à doigts de Zinc.

Cela présente plusieurs avantages. Tout d'abord, (i) avec de telles manipulations, nous pourrions disposer de modèles répliquant les Prions humains. Par ailleurs, (ii), des études transcriptomiques (de type puce à ADN) pourront être réalisées, afin de déterminer les gènes différentiellement exprimés en présence des divers facteurs de transcription. Cela permettrait d'approcher plus finement les réseaux de régulation de la réplication des Prions en culture cellulaire, et de mieux comprendre le phénomène de susceptibilité à l'infection par les Prions humains. Enfin, (iii) l'un des intérêts d'utiliser de telles constructions de FT est que leurs séquences en acides aminés permettent de déterminer leurs séquences d'ADN génomique ciblée, par bioinformatique (Zinc Finger Tools[349], et voir figure D.II.13.(b)). La comparaison avec les résultats des puces à ADN pourrait permettre d'étudier les premiers gènes touchés par les facteurs de transcription, et ainsi les cascades géniques impliquées.

3.6.3 Expression cellulaire des facteurs de transcription

Une librairie de FT à doigts de Zinc a été développée par le Scripps Research Institute en 2003[348]. Elle repose sur l'utilisation de FT à trois doigts de Zinc, générés aléatoirement par combinaisons, et greffés en leur extrémité N- ou C-terminale d'un peptide KRAB (domaine inhibiteur) ou VP64 (activateur). Ils reconnaissent une séquence promotrice de neuf nucléotides de la forme générique $(GNN)_3$.

Transduction rétrovirale des FT : Les gènes codants pour les FT sont présents sous la forme de plasmide d'expression rétrovirale (voir figure D.II.14), et ces rétrovirus sont produits

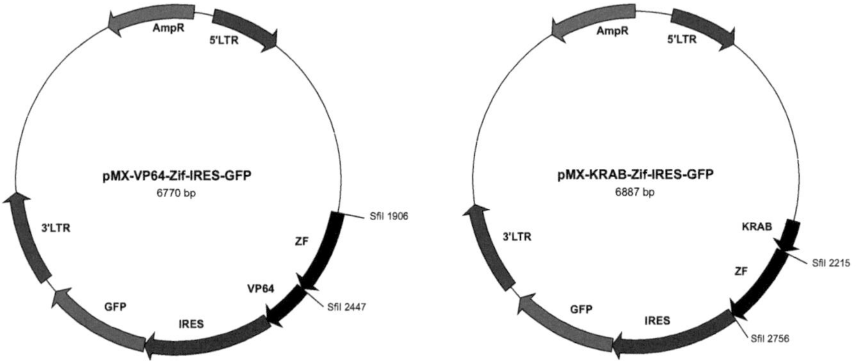

(a) Plasmides codant pour des FT activateurs (b) Plasmides codant pour des FT activateurs

Fig. D.II.14: *Schéma des deux types de librairies de facteurs de transcription (FT). La zone ZF correspond à la présence d'un gène codant pour trois doigts de Zinc, zone aléatoirement générée par recombinaison génique et en fusion traductionnelle avec le peptide VP64 ou KRAB.*

par des lignées cellulaires transfectées. Nous disposons de deux de ces lignées, dites « encapsidantes », Plat-E et AmphoPhoenix : il s'agit de 293T (ou HEK, Human Embryonic Kidney), transfectées pour exprimer les gènes *gag*, *pol*, et *env* d'un rétrovirus murin. Plus spécifiquement, Plat-E est écotrope (les rétrovirus produits ne peuvent infecter qu'un spectre minimal de cellules, celles de rongeurs principalement), alors qu'AmphoPhoenix est amphotrope (sa production rétrovirale est infectieuse pour d'autres espèces, notamment l'homme). De plus, afin d'augmenter l'efficacité de transduction des rétrovirus, ainsi que d'élargir leur spectre d'action, il est possible de transfecter ces lignées avec le gène codant pour une autre protéine d'enveloppe, la VSV-G (Protéine G du Virus de la Stomatite Vésiculaire), on parle alors de pseudo-typage du rétrovirus.

Mise au point méthodologique : Nous avons comparé les efficacités de transduction des rétrovirus produits par Plat-E ou AmphoPhoenix, en présence ou non de VSV-G, sur la lignée SN56. Les rétrovirus permettant une expression de la GFP (Green Fluorescent Protein, voir figure D.II.14), le taux de transduction est déterminé par la fréquence des cellules GFP positives, en cytométrie de flux (voir tableau D.II.1.(a)). Au vue des résultats, la lignée Plat-E, co-transfectée par le gène codant pour la VSV-G a donc été sélectionnée pour les productions rétrovirales. Nous avons donc transduit deux lignées cellulaires (la lignée RK13 exprimant la PrP humaine, HuRK13 et SH-SY5Y) par les deux librairies, puis, juste après transduction, trié les populations transduites (GFP+) en dilution limite. Après trois semaines, nous avons isolé un certain nombre de clones (voir tableau D.II.1.(b)).

3.6.4 Susceptibilité des clones cellulaires testés

Les clones transduits des lignées SH-SY5Y et HuRK13 ont été inoculés en 96 puits, avec un homogénat de cerveau infecté par le vCMJ. Après quatre passages, les cellules ont été passées

Lignée encaps.	-VSV-G	+VSV-G
AmphoPhoenix	0,094%	0,037%
Plat-E	0,044%	**3,71%**

(a) Efficacité de transduction des SN56 par des rétrovirus produits par deux lignées

Lignée	VP64	KRAB
SH-SY5Y	5	3
HuRK13	85	70

(b) Nombre de clones inoculés après transduction

Tab. D.II.1: *Transduction et clonage de deux lignées cellulaires.*

en plaque 6 puits, et réinoculées deux fois. Cependant, et cela a été retrouvé par Western Blot ou dot-blot après chaque inoculation, aucune des cellules testées ne semble répliquer le vMCJ.

Il se pourrait que, dans le cadre des cellules humaines, les séquences promotrices des gènes responsables de la susceptibilité ou de la résistance aux Prions ne présentent pas de site de la forme $(GNN)_3$, sites ciblés par les facteurs de transcription.

Nous avons donc concentré nos efforts sur l'étude du modèle SN56 (voir chapitre III).

4 Article 2 (Projet de manuscrit)

Cet article présente les divers scénarios que nous avons envisagés pour répliquer les Prions, dans une trentaine de lignées cellulaires. De nombreuses expériences ont été réalisées, basées par exemple sur la sélection des cellules qui ont adsorbé la plus grande quantité d'inoculum, ou sur des infections *in vivo* de lignées cellulaires. Aucun de ces test n'a cependant permis d'identifier une lignée cellulaire répliquant les Prions humains, même d'une façon non chronique. De plus, des fusions cellulaires ont été réalisées, entre cellules humaines et cellules murines, afin d'induire de nombreux réarrangements chromosomiques. Cependant, aucun clone répliquant les Prions humains n'a été isolé, mais, curieusement, tous les clones testés répliquaient les Prions murins, indiquant la robustesse de l'infection par ces Prions dans des cellules susceptibles.

La résistance apparente à l'infection par des Prions humains suggère qu'il existe une différence intrinsèque, certes inconnue, entre Prions humains et Prions murins. Plus généralement, ces résultats proposent de nouveaux éléments pour développer des modèles cellulaires infectés par des Prions ou d'autres pathogènes.

Les résultats concernant les manipulations sur les facteurs de transcription ne sont pas présentés dans cet article.

INTRODUCTION

Prion diseases are a group of closely related diseases, affecting both human and animal. They comprise Bovine Spongiform Encephalopathy (BSE), Scrapie, and in human Kuru, Creutzfeldt-Jakob diseases (CJD), and their diverse forms, notably variant (vCJD). They are characterized by the accumulation of a host protein, PrP^{c}, under a proteinase K resistant form called PrP^{res}, that might form the infectious agent [1]. These diseases still constitute a large public health issue, since cases of transmission by blood transfusion have been reported at this time. There is currently no efficient curative or preventive treatment, although recent studies have recently yielded promising results [2; 3], but only in rodent models. More generally, the lack of robust human cellular model has hampered the study of these infectious agents, and we intended to develop cellular models infected by human Prions.

MATERIELS AND METHODS

Cell cultures and reagants
Cell lines were grown in culture medium composed of DMEM or OptiMem (Invitrogen), supplemented with 10% fetal calf serum (FCS). For concerned experiments, cells were treated with cAMP (1 mM), retinoic acid (30-300 nM), 5-azacytidine (1-20 ! M), and zebularine (10-200 ! M) purchased at Sigma. Cellular growth was slowed using Neurobasal medium, supplemented with B27 or N2, or by reducing FCS concentration.

***Prnp* gene expression and surface PrP quantification**
RNA was extracted using RNeasy kits (Qiagen). Expression levels of *prnp* genes were evaluated by quantitative PCR (qPCR). For surface PrP analysis, cells were labelled with Bar233 antibody, flow cytometry was conducted on a FACScan (BD Biosciences).

Inoculation of cells with Prion infection, and cell sorting
Brain homogenates were diluted in glucose solution, sonicated, and centrifuged. Supernatants were added to previously seeded cells. For surface-bond infection experiments, brain homogenates were dessicated in plates overnight, and cells were added the following day. For nanoparticles-based infections, magnetic beads (50 nm, 100 nm or 200 nm) were incubated with 1% brain homogenates, washed and recovered by magnetic sorting, and added to previously seeded cells. After 4 to 5 days, cells were dissociated, magnetically sorted, and seeded.
Flow cytometry cell sorting was conducted on an Influx (BD Biosciences).

***In vivo* infection of human and murine cell lines**
C57BL/6 mice were intracerebrally inoculated with brain homogenates from 6PB1-infected mice. When terminally-illed, mice received by stereotaxic hippocampal injections of 20,000 cells (KB and SN56), previously labelled with Cell Tracker Green CMFDA (Invitrogen). After two days, mice were euthanazied, brains were removed, mechanically dissociated and seeded without any further purification, or placed in 4% paraformaldehyde, processed for embedding in paraffin, before being sectionned and mounted with DAPI.

Western Blot determination of PrP^{res} replication in cell cultures
After inoculation and a few passages, cells were lysed for 10 min at 4°C, in lysis buffer (0.5% sodium deoxycholate, 0.5% Triton X-100, 50 mM Tris-HCl pH 7.4). Samples were PK-treated and centrifuged. The pellets were resuspended in denaturing buffer, subjected to gel electrophoresis and electroblotted to nitrocellulose membranes. The membrane was processed with 3F4, Saf60, or Bar233 anti-PrP antibodies.

Cellular fusion, and cytogenetic studies of hybrid cells
KB, SN56 and MOVS6 cells were transfected with plasmids coding for resistance to neomycin, hygromycin B, and blasticidin (Invitrogen). After being selected, they were merged by Polyethyleneglycol (PEG 1500, Roche), and treated with two different antibiotics for several days. Fluorescence *In Situ* Hybridization (FISH) experiments were performed as described elsewhere [4].

RESULTS AND DISCUSSION

Susceptibility of several cell lines to human Prions
Few cellular models replicate mouse-adapted human Prions [5; 6]. Nevertheless, although attempts of infection of human PrP expressing cells have been described [5], results were either negative or have never been reproduced afterwards.
In this study, we first tested more than thirty cell lines, with numerous brain homogenates from different species (tables 1 and 2). These brains included human brains of different PrP^{res} types [7]. Human cells were tested, as well as virus-replicating cells (HUH-7, A549, MDCK, MDBK), or murine Prion susceptible cell lines (GT1-7, MOVS6, SN56 [8]). Classical protocols for the preparation of brain homogenates were used [9], and PrP^{res} replication was assessed after some passages, in order to avoid detection of the residual inoculum. However, none of the cell line replicated any of the tested Prion strain. We cannot exclude the fact that these cells might

propagate other human Prion strains, but we have included in this study more than 10 sources of infection, which were isolated either from brains of human patients or infected cow, or from primary or secondary passages of human infecting Prions to primates [10].
In addition, since high levels of PrP correlates with high replicating abilities [9], surface PrP levels and *prnp* gene expression were evaluated (fig.1-a/b), no particular pattern is seen for human cell lines when compared to susceptible murine cells (GT1-7 and SN56). Besides, no correlation between gene expression and protein levels is observed, as proposed elsewhere [11], indicating that PrP metabolism does not follow gene expression.
Nevertheless, inducing higher levels of PrP^{c} was tested, by transfecting cell lines with a plasmid coding for the human PrP protein. Unfortunately, it did not allow PrP^{res} replication after inoculation with human Prions. Absolute criterions for susceptibility towards Prion infection remain therefore to be identified, and we confirm that quantification of PrP levels is not an explicative variable for susceptibility [12]. Other host factors must be therefore essential for Prion replication.
In human, a susceptibility parameter is known, PrP polymorphism at codon 129 (Methionine/Valine) for vCJD [13]. Thus, *prnp* genes were genotyped for each human cell line, and further experiments were by a majority done on homozygotous MM cell lines.
At this point, three hypothesis to try and answer this question were formulated :

1. If cells are susceptible and infected, they should replicate PrP^{res}. But since PrP^{res} is not detectable by current techniques, cellular replication of PrP^{res} or its detection, should be increased.
2. If cells are susceptible, but the tested protocols do not allow cellular infection, new protocols have to be tested in order to infect them.
3. If cells are not permissive to human Prions, cells must be deeply modified to render them susceptible to human Prions.

1. Hypothesis #1 : the cells are susceptible to human Prions and infected

Under hypothesis #1, some of the tested cells were producing PrP^{res}, it appeared that cells could replicate at undetectable levels. Such information might be determined using bioassays. Nevertheless, none of the published infected model showed an absence of PrP^{res} replication and an infectiosity in bioassays.

Strain adaptation in human cells
Nonetheless, infectiosity without PrP^{res} is described, and concerns the first passage of a species barrier crossing [14]. Besides, if few intercellular diffusion of infectiosity occurs [8], one might assume that scattering infectiosity for few passages might help increasing PrP^{res} replication. We considered these two eventualities in our cell systems by trying and infecting human cells with an homogenate of the same cells which had been previously inoculated, mimicking an eventual strain adaptation [13]. We did not detect PrP^{res} replication after a few passages.

Isolation and sorting of human Prion replicating subpopulations
Low PrP^{res} replication can also be explained by the fact that only few cells can be infected in a total population [9]. Since there is no known criteria for the sorting of this subpopulation, we tested whether it was possible to sort cells who had fixed the maximum amount of brain homogenates. Flow cytometry analyses (fig.2-a) showed that, just after inoculation with vCJD Prions, PrP labelling at the cell surface presented a large range of immunolabelling (standard deviation 280 vs 114), suggesting a disparate fixation of exogenous PrP. Therefore, "+" and "-" populations were sorted (fig.2-b), seeded, but after a few passages no PrP^{res} replication was observed in these cells (fig.2-c). We hypothetized that this sorting might be not stringent enough, we inoculated SH-SY5Y cells with vCJD Prions, and tested them by limiting dilutions. We were unfortunate to reproduce results previously described [15].
Since none of the isolated populations was shown as replicating, efforts were made to try and increase PrP^{res} production human cells. As dissemination of Prions may occur preferently by transmission to daughter cells [16], we hypothetized that enhancing individual replication might be more efficient than increasing horizontal transmission between cells.

Efforts to enhance individual replication
Production of PrP^{res} by infected cells lines can be increased by different means, such as neuronal differentiation [17]. Experiments using cAMP [18] and retinoic acid [19] were done on SH-SY5Y cells, but results were unconclusive in terms of PrP^{res} replication, and that could be explained by the fact that effect of neuronal differentiation are cell line-dependant [20].
Moreover, it was shown in ScN2a that the highest levels of PrP^{res} were found in slow growing cells [17]. Few experiments were done on SH-SY5Y and SK-N-AS to slow cellular, and although cell growths were significantly reduced, Western Blot analyses showed no PrP^{res} accumulation, as partly described elsewhere [21].
Consequently, efforts to increase PrP^{res} in cell culture inoculated with human Prions did not allow the identification of any replicating cell line. With regards to all these attempts, it seemed that cells were either susceptible but not replicating, or not permissive to human Prions.

2. Hypothesis #2 : the cells are susceptible to human Prions but not infected

Here, we still suppose that human cells are susceptible, but that when inoculated with human Prions by the protocols used in 1., they are unable to replicate them.

Tests of various *in vitro* inoculations procedures

First of all, differents protocols for PrP^{res} preparations for cell inoculation were used, such as preincubating human brain homogenates with diverse transfection agents (Fugene6, Lipofectamine, Exgen, PEI), since some of them can enhance viral infection [22]. Besides, Scrapie Associated Fibrils [14] and PrP^{res} aggregates of diverses sizes [23], obtained by different steps of centrifugation were prepared. Nevertheless, we were unable to detect PrP^{res} replication by cells inoculated with infected samples. However, the lack of replication might be due to the low concentration of PrP^{res} molecules near the seeded cells. To increase this local concentration and avoid toxic effect of the homogenate, two experimental systems were investigated.

Firstly, brain homogenates were dessicated overnight, and A549, T98G, CCF-STTG1, and KB cells were seeded directly on the dry-heated homogenate. Cell adhesion on the infected surface did not seem impaired, and no particular toxicity was seen in cell cultures.

Secondly, for a better internalization of PrP^{res} (as described for virus [24]), and since infectivity bound to surfaces persists longer than brain homogenates [25], magnetic nanoparticles were coated with human Prions, dropped on seeded SK-N-AS and SH-SY5Y cells, and after a few days cells associated with a high number of infected nanoparticles were magnetically sorted and seeded. Unfortunately, these two surface-bond infection experiments did not allow PrP^{res} replication by the used cell lines.

***In vivo* inoculation of cells**

At this level, it was hypothesized that the most potent way of infection for the establishment of infected models might be in the brain itself, notably because Prion transmissions are more efficient when live infected materials are used [26]. Besides, several cell line, derivated from cells of infected brains, were described as replicating PrP^{res} [8], indicating that the cerebral context favours cell infection. Consequently, we assumed that infecting immortalized cells by intracerebral injection in the brain might trigger their infection. Since hippocampus is described as an active zone for Prion disease pathogenesis [27], SN56 and KB cells were injected directly in the hippocampus of terminally-illed mice (fig.3-a) (SN56 were chosen for their resistance to BSE infection). Flow cytometry analyses showed that injected cells were still present (at the approximate frequency of 1/20,000, fig.3-b) after two days. As SN56 and KB are immortalized cell lines, they were selected by their higher rate of expansion than brain cells. PrP^{res} replication was tested for each cell line, but none of the cells replicated detectable levels of PrP^{res} (fig.3-c). Nevertheless, KB cells infection by 6PB1 would have required a crossing of a species barrier, it would therefore be desirable to test similar experiments on humanized knock-in mice infected by human Prions.

All these investigations were made under the assumptions that human cell line were susceptible to Prion infection. However, none of the experiments tested allowed the identification of cells replicating human Prion strains.

3. Hypothesis #3 : the cells are not susceptible to human Prions

As no production of PrP^{res} was detected in all our attempts, we concluded that the different cell lines we were using were not susceptible to the human Prion strains we tested, and that alterations of the cells should be done to allow them to replicate these strains.

Epigenetic alterations of the cell lines

Thus, we decided to experiment another approach. Since some murine cell lines are susceptible to murine Prions and others are not, it can be assumed that permissivity is dependant on transcriptomic differences between cells. Therefore, modifying the cellular transcriptome, by DNA demethylation and therefore activation of gene promoter region [28], might be the key to cellular susceptibility. Thus, we chose to change deeply DNA methylation by two methylation inhibitors (5-azacytidine and zebularine [28]), at published concentrations. However, it did not allow neither for an increase of PrP^{res} quantities in murine infected cell lines, nor for the detection of PrP^{res} in human cells after their inoculation.

Chromosomal alterations of the cell lines

At this point, we suggested that deeper modifications might help in the establishment of human models for Prion diseases. Cellular fusion generates a high diversity, since it allows the reprogramming of the cells [29], modifies gene expression, reactivates X-chromosome [30], or induces chromosomal aberrations [31]. Therefore, fusing different cell lines together might allow the isolation of cells with more potentiality to replicate human Prions, and several human-human fusions were tested, and selected by dual antibiotic resistance. After inoculation, it appeared that none of them replicated human Prions.

Besides, since the nature of the factor(s) responsible for cellular susceptibility is unknown, we intended to transfer this phenotype from murine susceptible cell lines to human cells, by inducing fusion between them. SK-N-AS, SH-SY5Y, KB, were then fused with SN56 and MOVS6 cells. Fusion cells generally presented higher number of chromosomes than original cell lines (fig.4-a), consistent with the notion that nucleus from the two original cells actually fused. Moreover, since it is described that hybrid human-murine fusions may loose human chromosomes in favor of murine chromosomes [32], we tested this on our cellular fusions, stabilized after several passages. For this, technique of hybrid fusion was assessed, using FISH on KB fused with SN56 and MOVS6 cells, and the painting of chromosomes of human origin in the hybrids cells (fig.4-b). These results indicated that cells presented partial but still existing human genotype. Hundreds of fused cells were inoculated with diverse Prion strains, they conserved their susceptibility to murine Prions but none of them replicated human Prion strains (fig.4-c). That could be due either to the fact that human PrP is less convertible in cell cultures, or that the susceptibility factor is species-dependant.

CONCLUSION

Humans, as some other mammals such as rodents, are susceptible to Prion diseases : therefore, we hypothetized that human cell lines might be susceptible to human Prion, as some rodent cell lines replicate rodent Prions. Nevertheless, although many attempts have been done, no cell line able of propagating human Prions was discovered during this study. We cannot formally exclude the possibility that they replicate very low levels of Prion infectivity, but due to the number of tested protocols and modifications, we assume that our cells are not susceptible to the strains we tested. It suggests a specificity of human Prion strains specifically propagated in human PrP expressing host, in comparison with human Prion strains infecting rodent PrP expressing hosts. This may constitute a close relation between the host and the pathogen, which is independant of surface PrP levels, *prnp* gene expression or polymorphism in codon 129.
Combining the proposed approaches should be a way to circle this resistance, and it could be done on murine cells susceptible to human Prions [6], in order to better understand human Prion infection in cellular models.

ACKNOWLEDGMENTS

We thank F. Boussin, M.-L. Caillet-Boudin, J. Comte, S. Douc-Rasy, V. Durant, M. Eterpi, M. Fontaine, F. Freymuth, J. Grassi, H. Laude, S. Lehmann, V. Leluc-Malan, H. Rezaei, S. Romana, and B. Wainer for their help, their cell lines and antibodies. We would like to warmly thank the Fondation Alliance BioSecure, for its providing of technical and scientific assistance, and we would specially like to express our gratitude to Pierre Lebon whose expertise, understanding, and suggestions added notably to this study.

REFERENCES

[1] C.A. Ross, and M.A. Poirier, Protein aggregation and neurodegenerative disease. Nat Med 10 Suppl (2004) S10-7.
[2] F. Goni, F. Prelli, F. Schreiber, H. Scholtzova, E. Chung, R. Kascsak, D.R. Brown, E.M. Sigurdsson, J.A. Chabalgoity, and T. Wisniewski, High titers of mucosal and systemic anti-PrP antibodies abrogate oral prion infection in mucosal-vaccinated mice. Neuroscience 153 (2008) 679-86.
[3] M. Charveriat, M. Reboul, Q. Wang, C. Picoli, N. Lenuzza, A. Montagnac, N. Nhiri, E. Jacquet, F. Gueritte, J.Y. Lallemand, J.P. Deslys, and F. Mouthon, New inhibitors of Prion replication that target amyloid precursor. J Gen Virol (2009).
[4] C. Desmaze, and A. Aurias, In situ hybridization of fluorescent probes on chromosomes, nuclei or stretched DNA: applications in physical mapping and characterization of genomic rearrangements. Cell Mol Biol (Noisy-le-grand) 41 (1995) 925-31.
[5] V.A. Lawson, L.J. Vella, J.D. Stewart, R.A. Sharples, H. Klemm, D.M. Machalek, C.L. Masters, R. Cappai, S.J. Collins, and A.F. Hill, Mouse-adapted sporadic human Creutzfeldt-Jakob disease prions propagate in cell culture. Int J Biochem Cell Biol 40 (2008) 2793-801.
[6] S. Akimov, O. Yakovleva, I. Vasilyeva, C. McKenzie, and L. Cervenakova, Persistent propagation of vCJD agent in murine spleen stromal cell culture with features of mesenchymal stem cells. J Virol (2008).
[7] J.D. Wadsworth, A.F. Hill, J.A. Beck, and J. Collinge, Molecular and clinical classification of human prion disease. Br Med Bull 66 (2003) 241-54.
[8] D. Vilette, Cell models of prion infection. Vet Res 39 (2008) 10.
[9] N. Nishida, D.A. Harris, D. Vilette, H. Laude, Y. Frobert, J. Grassi, D. Casanova, O. Milhavet, and S. Lehmann, Successful transmission of three mouse-adapted scrapie strains to murine neuroblastoma cell lines overexpressing wild-type mouse prion protein. J Virol 74 (2000) 320-5.
[10] C.I. Lasmezas, E. Comoy, S. Hawkins, C. Herzog, F. Mouthon, T. Konold, F. Auvre, E. Correia, N. Lescoutra-Etchegaray, N. Sales, G. Wells, P. Brown, and J.P. Deslys, Risk of oral infection with bovine spongiform encephalopathy agent in primates. Lancet 365 (2005) 781-3.
[11] L.E. Pascal, L.D. True, D.S. Campbell, E.W. Deutsch, M. Risk, I.M. Coleman, L.J. Eichner, P.S. Nelson, and A.Y. Liu, Correlation of mRNA and protein levels: cell type-specific gene expression of cluster designation antigens in the prostate. BMC Genomics 9 (2008) 246.
[12] S. Chasseigneaux, M. Pastore, J. Britton-Davidian, E. Manie, M.H. Stern, J. Callebert, J. Catalan, D. Casanova, M. Belondrade, M. Provansal, Y. Zhang, A. Burkle, J.L. Laplanche, N. Sevenet, and S. Lehmann, Genetic heterogeneity versus molecular analysis of prion susceptibility in neuroblasma N2a sublines. Arch Virol 153 (2008) 1693-702.
[13] A. Aguzzi, and M. Glatzel, Prion infections, blood and transfusions. Nat Clin Pract Neurol 2 (2006) 321-9.
[14] C.I. Lasmezas, J.P. Deslys, O. Robain, A. Jaegly, V. Beringue, J.M. Peyrin, J.G. Fournier, J.J. Hauw, J. Rossier, and D. Dormont, Transmission of the BSE agent to mice in the absence of detectable abnormal prion protein. Science 275 (1997) 402-5.
[15] A. Ladogana, Q. Liu, Y.G. Xi, and M. Pocchiari, Proteinase-resistant protein in human neuroblastoma cells infected with brain material from Creutzfeldt-Jakob patient. Lancet 345 (1995) 594-5.

[16] S. Ghaemmaghami, P.W. Phuan, B. Perkins, J. Ullman, B.C. May, F.E. Cohen, and S.B. Prusiner, Cell division modulates prion accumulation in cultured cells. Proc Natl Acad Sci U S A 104 (2007) 17971-6.
[17] C. Bate, J. Langeveld, and A. Williams, Manipulation of PrPres production in scrapie-infected neuroblastoma cells. J Neurosci Methods 138 (2004) 217-23.
[18] S. Sanchez, C. Jimenez, A.C. Carrera, J. Diaz-Nido, J. Avila, and F. Wandosell, A cAMP-activated pathway, including PKA and PI3K, regulates neuronal differentiation. Neurochem Int 44 (2004) 231-42.
[19] G. Nicolini, M. Miloso, C. Zoia, A. Di Silvestro, G. Cavaletti, and G. Tredici, Retinoic acid differentiated SH-SY5Y human neuroblastoma cells: an in vitro model to assess drug neurotoxicity. Anticancer Res 18 (1998) 2477-81.
[20] G.S. Baron, A.C. Magalhaes, M.A. Prado, and B. Caughey, Mouse-adapted scrapie infection of SN56 cells: greater efficiency with microsome-associated versus purified PrP-res. J Virol 80 (2006) 2106-17.
[21] R. Rubenstein, C.L. Scalici, M.C. Papini, S.M. Callahan, and R.I. Carp, Further characterization of scrapie replication in PC12 cells. J Gen Virol 71 (Pt 4) (1990) 825-31.
[22] P.Y. Hsu, and Y.W. Yang, Effect of polyethylenimine on recombinant adeno-associated virus mediated insulin gene therapy. J Gene Med 7 (2005) 1311-21.
[23] V.A. Berardi, F. Cardone, A. Valanzano, M. Lu, and M. Pocchiari, Preparation of soluble infectious samples from scrapie-infected brain: a new tool to study the clearance of transmissible spongiform encephalopathy agents during plasma fractionation. Transfusion 46 (2006) 652-8.
[24] S. Kadota, T. Kanayama, N. Miyajima, K. Takeuchi, and K. Nagata, Enhancing of measles virus infection by magnetofection. J Virol Methods 128 (2005) 61-6.
[25] E. Flechsig, I. Hegyi, M. Enari, P. Schwarz, J. Collinge, and C. Weissmann, Transmission of scrapie by steel-surface-bound prions. Mol Med 7 (2001) 679-84.
[26] W.M. Dlakic, E. Grigg, and R.A. Bessen, Prion infection of muscle cells in vitro. J Virol 81 (2007) 4615-24.
[27] A.R. Brown, S. Rebus, C.S. McKimmie, K. Robertson, A. Williams, and J.K. Fazakerley, Gene expression profiling of the preclinical scrapie-infected hippocampus. Biochem Biophys Res Commun 334 (2005) 86-95.
[28] J.C. Cheng, C.B. Matsen, F.A. Gonzales, W. Ye, S. Greer, V.E. Marquez, P.A. Jones, and E.U. Selker, Inhibition of DNA methylation and reactivation of silenced genes by zebularine. J Natl Cancer Inst 95 (2003) 399-409.
[29] B.M. Ogle, M. Cascalho, and J.L. Platt, Biological implications of cell fusion. Nat Rev Mol Cell Biol 6 (2005) 567-75.
[30] D.J. Ambrosi, and T.P. Rasmussen, Reprogramming mediated by stem cell fusion. J Cell Mol Med 9 (2005) 320-30.
[31] J.H. Do, I.S. Kim, T.K. Park, and D.K. Choi, Genome-wide examination of chromosomal aberrations in neuroblastoma SH-SY5Y cells by array-based comparative genomic hybridization. Mol Cells 24 (2007) 105-12.
[32] S. Gordon, Cell fusion and some subcellular properties of heterokaryons and hybrids. J Cell Biol 67 (1975) 257-80.

FIGURE LEGENDS

Figure 1 : (a) Quantification of surface PrP levels for several cell lines, and of **(b)** *prnp* gene expression. "H", "Mk", and "MuS" respectively refers to Human, Monkey and Murine susceptible cell lines. MM, MV, and VV indicate the *prnp* genotype at codon. Results are normalized on SN56 data. "*" indicate cell lines derived from brain cells or of neuronal origin.

Figure 2 : (a) PrP levels after inoculation with vCJD brain homogenate (NI : non-inoculated), including standard deviation **(b)** Cells sorting gates, allowing for the isolation of two populations ("+" and "-"). **(c)** Evaluation by Western Blot of PrP^{res} content (Tot. : non-sorted population ; T4 : vCJD positive control).

Figure 3 : *In vivo* inoculation of fluorescently labeled KB and SN56 cells, **(a)** injected in the hippocampus of 6PB1-infected mice. **(b)** After brain dissociation, cells are analyzed by flow cytometry, and **(c)** PrP^{res} content is assessed.

Figure 4 : Analysis of cellular fusion (named "*") between murine and human cells. **(a)** Estimation of the number of chromosomes. **(b)** FISH on KB and MOVS6 cells, and on their fusion. **(c)** PrP^{res} detection for four passages, for KB, SN56, and KB*SN cells infected by vCJD and Chandler

Figure 1

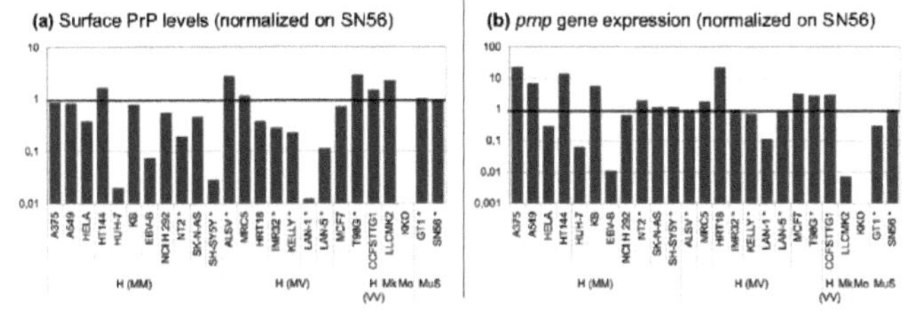

Figure 2

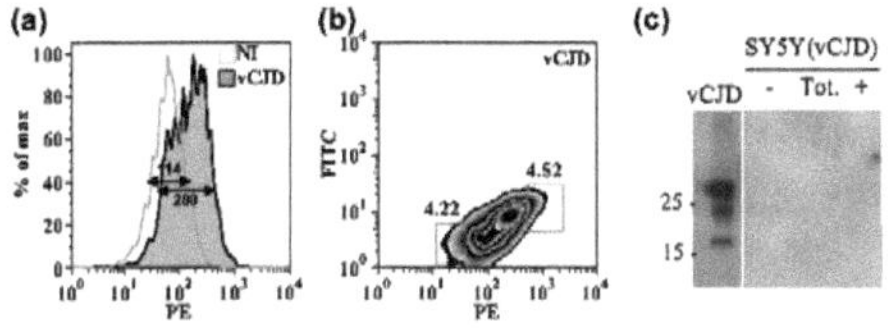

Figure 3

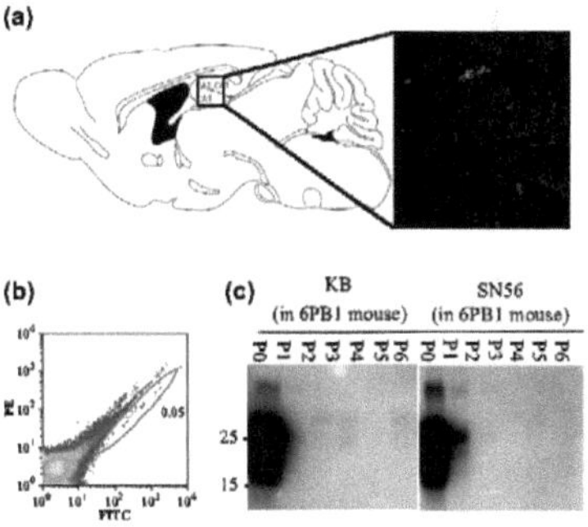

Figure 4

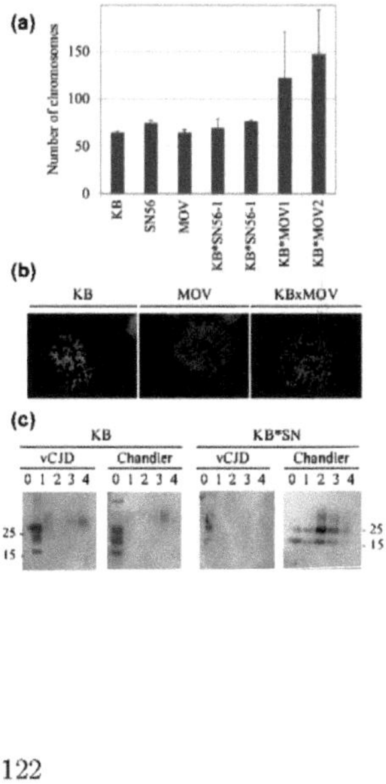

TABLE 1

Presentation of the cell lines used in this study.

Name	Origin	PrP protein	Type
MDBK	Cow	Cow	Kidney, epithelial-like cells
MDCK	Dog	Dog	Kidney, epithelial-like cells
CHO-PrP	Hamster	Murine (3F4 tagged)	Ovary carcinoma
A375	Human	Human (VV)	Melanoma
A549	Human	Human (MM)	Lung carcinoma
ALSV	Human	Human (MV)	Cell line from fetal brain
CCF-STTG1	Human	Human (VV)	Astrocytoma
EBV-B	Human	Human (MV)	EBV immortalized B-cells
HELA	Human	Human (MM)	Cervical cancer
HRT18	Human	Human (MV)	Adenocarcinoma
HT144	Human	Human (MM)	Melanoma
HUH-7	Human	Human (MM)	Liver carcinoma
IMR32	Human	Human (MV)	Neuroblastoma
KB	Human	Human (MM)	Mouth carcinoma
Kelly	Human	Human (MV)	Neuroblastoma
LAN-1	Human	Human (MV)	Neuroblastoma
LAN-5	Human	Human (MV)	Neuroblastoma
MCF7	Human	Human (MV)	Adenocarcinoma
MRC5	Human	Human (MV)	Fibroblasts
NCI-H-292	Human	Human (MM)	Lung carcinoma
NT2	Human	Human (MM)	Teratocarcinoma
PL1	Human	Human (MV)	Lymph nodes cell lines
SH-SY5Y	Human	Human (MM)	Neuroblastoma
SK-N-AS	Human	Human (MM)	Neuroblastoma
T98G	Human	Human (MV)	Glioblastoma
U937	Human	Human (MV)	Monocytes
MV1Lu	Mink	Mink	Lung carcinoma
LLC-MK2	Monkey	Monkey (MM)	Kidney, epithelial-like cells
GT1-7	Mouse	Mouse	Hypothalamus cell line
KKO	Mouse	-	Fibroblast-like cell line
N2a	Mouse	Mouse	Neuroblastoma
SN56	Mouse	Mouse	Neuronal cell line
Tsve1	Mouse	TgVal	Tumor cell line
Tsve2	Mouse	TgVal	Tumor cell line
OvAgT	Mouse (F1 Tg338/AgT)	Sheep	Fibroblast-like cell line
HPL PrP	Mouse (Nagaski KO)	Mouse	Immortalized neurons
MOVS6	Mouse (Tg301)	Sheep	Dorsal root ganglions
C6BV	Rat	Rat	BDV-infected astrocytomas

TABLE 2

List of brain and spleen homogenates used as source of infectivity, and species they were isolated from.

Name	Origin	PrP protein	Prion strain
H-T1	Human brain	Human (MM)	Type I CJD
H-T2	Human brain	Human (MV)	Type II CJD
H-T3	Human brain	Human (VV)	Type III CJD
H-T4	Human brain	Human (MM)	Type IV CJD (vCJD)
M-K	Monkey brain	Monkey (MM)	Monkey-adapted Kuru
M-T4	Monkey brain	Monkey (MM)	Monkey-adapted vCJD
M-BSE	Monkey brain	Monkey (MM)	Monkey-adapted BSE
B-BSE	Bovine brain	Bovine	BSE
M-CH	Mouse brain	Mouse	Chandler
M-22L	Mouse brain	Mouse	22L
M-C506	Mouse brain	Mouse	C506M3
M-BSE	Mouse brain	Mouse	6PB1
M-FU/B	Mouse brain	Mouse	Fukuoka
M-FU/S	Mouse spleen	Mouse	Fukuoka
M-DW	Mouse brain	Mouse (Tg338)	Dawson

5 Conclusion

Diverses stratégies ont ainsi été développées afin d'étudier la susceptibilité et la résistance des cellules humaines à l'infection par les Prions humains.

En dépit d'un grand nombre d'essais, aucune condition ni méthode n'ont permis la détection de réplication *de novo* de Prions humains dans une lignée humaine.

Cette étude a permis néanmoins de confirmer qu'un certain nombre de phénotypes ou génotypes cellulaires ne sont pas des critères suffisants pour expliquer la résistance à l'infection par les Prions humains :

- Vitesse de croissance/temps de division (les cellules testées présentaient une forte hétérogénéité en terme de croissance cellulaire),
- Niveau d'expression du gène *PRNP* et production de PrP à la membrane,
- Génotype au codon 129,
- Type cellulaire ou tissulaire.

En raison du nombre de tests effectués, il semble que le critère de résistance à l'infection par les Prions humains soit relativement stable, ce qui semble compatible avec l'idée que la susceptibilité est un critère instable. Cette résistance semble dépendre des modèles cellulaires et des souches de Prions, cela indiquent que pour développer des modèles infectés par des Prions humains, il serait souhaitable d'induire de profondes modifications cellulaires, afin de générer une très grande diversité.

Chapitre III

Etude de la permissivité aux Prions de la lignée SN56

1 Introduction

Nous n'avons pas détecté de réplication de Prions humains, après inoculation de cellules humaines, lors de nos tentatives. Nous avons donc poursuivi l'étude sous un autre angle, reposant sur l'utilisation du modèle cellulaire SN56. Cela présente plusieurs avantages. Tout d'abord, (i) ces cellules sont déjà décrites comme susceptibles pour diverses souches de Prions. Par ailleurs, (ii) leur infectiosité est robuste, stable au cours des passages, la susceptibilité de ce modèle semble donc constante. Enfin, (iii) le modèle SN56 est un modèle murin, et des Prions pathogènes pour l'homme (vMCJ, ESB, GSS, MCJs) ont déjà été propagés dans des modèles murins, après une adaptation de la souche (voir tableau A.II.6, page 36).

Nous avons donc souhaité approcher plus en détails le spectre d'infection de la lignée SN56, par deux études complémentaires, (i) en modifiant de façon aléatoire le transcriptome de ces cellules afin d'étudier les modifications et la robustesse de leur permissivité aux Prions murins, et (ii) en étudiant la permissivité de la lignée SN56 pour une souche de Prions a priori non décrite comme répliquée dans ce modèle, le vMCJ adapté au rongeur.

2 Modifications transcriptomiques aléatoires

Dans l'optique d'étudier la susceptibilité, nous nous sommes à l'origine tournés vers la recherche de modèles cellulaires infectés par des Prions humains. Cependant, aucune des lignées testée ne s'est révélée susceptible aux Prions humains. Afin de contourner cet obstacle, nous avons choisi de travailler sur le modèle SN56, pour les raisons indiquées dans l'introduction de ce chapitre, et de modifier ces cellules par une expression de facteurs de transcription aléatoires.

2.1 Etude de la susceptibilité des clones

Nous avons isolé plus de 600 clones de SN56 transduits par les deux librairies de facteurs de transcription. Nous avons testé la réplication de deux souches de Prions (22L et Chandler) pour toutes ces cellules, et parmi ces clones, nous avons isolé une dizaine de clones qui ne répliquaient pas les Prions (voir pour exemple la figure D.III.15.(a)).

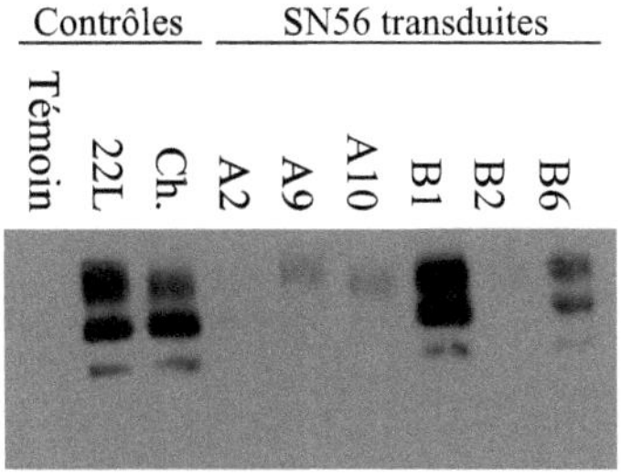

(a) Analyse par Western Blot de la réplication de sept clones de SN56 par la souche Chandler (Ch.)

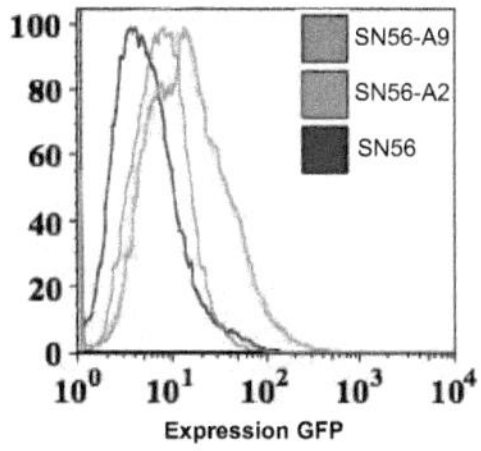

(b) Etude de l'expression de la GFP dans deux clones

Fig. D.III.15: *Analyse des clones transduits par divers facteurs de transcription.*

Cinq de ces clones ont été étudiés plus en détails, ainsi que quelques clones répliquant des Prions à des taux habituels ou supérieurs aux niveaux habituels. La séquence nucléotidique des FT a été déterminée, ainsi que leur niveau d'expression de PrP^c surfacique. Les résultats sont présentés dans le tableau D.III.2).

FT	ADN ciblé	Expr.GFP	Expr. PrP^c	Réplic. PrP^{res}
A2	GCC GCC GCA	12	50%	Non
A9	GCC GCC GCA	7,0	125%	Faible
A10	GAG GCC GGC	39	27%	Faible
B2	GCC GGC GAT	13	66%	Non
B4	GTG GTC GAC	27	109%	Forte
B6	GCG GTC GGA	27	72%	Normale
D4	GGC GTG GTT	5,6	61%	Non
F4	GGT GGA GCA	7,2	78%	Forte

Tab. D.III.2: *Analyse de l'ADN ciblé par quelques facteurs de transcription isolés sur des clones de SN56, ainsi que des quantités de PrP^c surfacique et PrP^{res} produites (par rapport à la lignée SN56 infectée). De plus est indiquée la moyenne de fluorescence dans le canal Vert, indiquant le taux d'expression du FT.*

Les facteurs A2 et A9 sont identiques (et donc reconnaissent la même séquence), mais ne permettent pas la réplication de PrP^{res} à des taux identiques. Or les SN56-A2 expriment plus de GFP que les SN56-A9 (voir figure D.III.15.(b)), donc expriment plus de ce facteur (A2/A9) que les SN56-A9. Cela suggèrerait donc que le facteur A2/A9 module la susceptibilité aux Prions, d'une façon dose-dépendante. De plus, le facteur A2/A9 a un léger effet d'augmentation de la PrP^c surfacique. Plus généralement, lorsque l'on compare le niveau de production de PrP^{res}

avec celui de PrP^c surfacique pour tous les clones SN56, il semble que la quantité de PrP^{res} ne soit pas directement influencée par les variations de PrP^c que nous observons (voir tableau D.III.2), ce qui suggére que le mécanisme de résistance aux Prions est indépendant du niveau de PrP^c à la surface.

Cependant, la clonalité des cellules isolées représente tout de même une limite à l'interprétation des résultats : nous ne pouvons pas affirmer en toute certitude que les divers facteurs identifiés (comme A2/A9 par exemple) modulent la réplication des Prions en culture cellulaire.

2.2 Confirmation des résultats

A ce niveau nous ne pouvons néanmoins pas exclure que la résistance observée soit uniquement explicable par un caractère clonal de la cellule SN56, comme cela a été présenté pour la lignée N2a[324]. Nous avons donc, à partir des clones présentés dans le tableau D.III.2, réalisé un nouveau plasmide codant pour les FT identifiés, puis transduits des cellules SN56 saines. A la différence de ce qui fut fait précédemment, à ce stade nous n'avons pas réalisé de dilution limite, mais nous avons sélectionné plus de 10.000 cellules positives pour l'expression de la GFP, afin de nous affranchir de l'aspect clonal.

Après inoculation de ces populations, par divers Prions (22L, Chandler), nous avons constaté qu'aucune culture ne répliquait les Prions à un niveau différent de la population contrôle. Les résultats précédemment obtenus ne sont donc pas reproduits à l'échelle de la population, et il semble qu'ils soient uniquement dus à une clonalité cellulaire.

Ainsi, comme concernant les cellules humaines, les sites promoteurs des gènes impliqués dans la susceptibilité des cellules SN56 pourraient ne pas présenter de sites $(GNN)_3$. Par ailleurs, il pourrait être également supposé que le critère de susceptibilité ou de résistance, visiblement relativement assez stables vis-à-vis des modifications transcriptomiques, soit régulé par un nombre très restreint de gènes, ou régulés d'une façon post-transcriptionnelle.

Nous avons donc modifié notre axe de recherche, et avons cherché à évaluer la susceptibilité des cellules SN56 aux Prions humains adaptés à la souris.

3 Article 3 (Projet de manuscrit, soumission prévue à J Neurovirol)

Dans cet article, nous avons développé quelques méthodes pour modifier la permissivité des SN56 à l'infection par les Prions. Les conditions de culture et d'inoculations ont été modifiées, permettant la mise en évidence, pour la première fois, d'une réplication sub-chronique des Prions de vCMJ, adaptés à la souris, dans le modèle SN56, pendant trois à cinq passages. Après quelques passages, la propagation du vMCJ est perdue, indiquant que les Prions humains ne sont pas stablement répliqués chez les SN56, du moins avec notre protocole.

Nous avons ainsi identifié une phase transitoire de réplication des Prions humains, cela pourrait constituer un modèle pour étudier les différentes étapes de l'infection, et notamment comment l'infection précoce s'installe puis est perdue après quelques temps.

Sub-chronic replication of variant Creutzfeldt-Jakob disease Prions by SN56 cells

[1]M. Charvériat, [1]C. Picoli, [2]G. Fichet, [3]M. Reboul, [3]F. Aubry, [1]V. Nouvel, [1,4]N. Lenuzza, [1,*]J.-P. Deslys and [1]F. Mouthon

[1]*Institute of Emerging Diseases and Innovative Therapies, CEA, Fontenay-aux-Roses, France*
[2]*Steris R&D Laboratory, CEA, Fontenay-aux-Roses, France*
[3]*Fondation Alliance BioSecure, Fontenay-aux-Roses, France*
[4]*Ecole Centrale Paris, MAS, Châtenay-Malabry, France*

*** Corresponding author :**
Dr Jean-Philippe Deslys
CEA/DSV/IMETI/SEPIA, 18, route du Panorama, F-92265 Fontenay-aux-Roses, France
Tel: + 33 (0) 1 46 54 82 79
Fax: + 33 (0) 1 46 54 93 19
Mail: jean-philippe.deslys@cea.fr

ABSTRACT

The transmission of variant Creutzfeldt-Jakob disease (vCJD) through blood transfusion increases the need to develop rapid cell testing to detect infectivity at very low concentration in biological samples. However, only few cell lines are permissive to human Prion strains. In this study, original approaches have been developed to change SN56 permissivity. Culture conditions and inoculation method were determined, and allowed, for the first time, sub-chronic replication of mouse-adapted vCJD Prions by these cells, for around three to five passages. After these passages, propagation of vCJD Prions was lost, indicating that human Prion replication is not stable in SN56 cells, at least using this protocol.
These first results encouraged the investigation of Prion replication at cellular level, (i) to better understand the different steps of infection by Prions, (ii) to study susceptibility and permissivity between agent and host, and (iii) to develop model chronically infected by human Prions.

INTRODUCTION

Transmissible spongiform encephalopathies (TSE), otherwise known as Prion diseases, are fatal degenerative brain diseases involving conversion from the normal alpha helical PrP protein to the beta-pleated sheet PrP^{res} isoform. Current epidemiological and research evidence suggest that the risk of TSE transmission from infected patients to other humans may be very low; nevertheless, TSE agents constitute a serious bio-medical hazard and the current concern of blood borne infection is increasing the perceived risk, notably concerning the transmission of variant of Creutzfeldt-Jakob disease (vCJD) (Akimov *et al*, 2008). Thus, it remains crucial to establish large-scale blood donation screening tests in order to detect the infectivity present at very low concentrations in early preclinical stages of disease. Indeed, there is an urgent need to develop robust cells models infectable with the vCJD agent.

The golden standard reference method to assess the infectivity of a biological sample is the live model assay but is laborious, long, costly and with ethical implications. Complementary, cell culture models sensitive to Prion agents are established, but selected mouse cell lines are permissive to rodent-adapted strains. N2a, GT-1 and SN-56 are the commonly used permissive cells described in the literature (Vilette, 2008). Mouse cholinergic septal neuronal SN-56 cells are susceptible to infection with three mouse-adapted scrapie strains (22L, Chandler and ME7) (Baron *et al*, 2006), but it has never been reported that this specific cell line was sensitive to mouse -adapted human Prions, contrary to N2a and GT-1, sensitive to Fukuoka-1 Prions, a mouse-adapted human Prion strain (Arima *et al*, 2005; Butler *et al*, 1988). Recently, two models with non-neuronal (epithelial) rabbit cells infected with rodent-adapted BSE agent (Vilette, 2008) and spleen-derived murine stromal cells which propagated two mouse-adapted isolates of human TSE agents, mouse-adapted vCJD (mo-vCJD) and Fukuoka-1 (Akimov *et al*, 2008), have also been described.

Little is known about why propagation of Prions is achieved in a very limited number of permissive cell cultures and why it is mainly suitable to rodent-adapted Prion strains. For instance, it has been reported that N2a susceptibility to rodent Prion varied in time course (Weissmann, oral communication) and also according to the selected cell clone (Uryu *et al*, 2007), but no clearly identified susceptibility factor has been described yet.

We focused our study on the cellular permissivity of SN56 cells to mo-vCJD Prions infection. On the one hand, we tried to modify the PrP^{res} aggregation process with chemical compounds. On the other hand, we investigated new protocols of cell infection. Thus, we proposed original approaches to study the sub-chronic replication of mo-vCJD in murine models.

MATERIALS AND METHODS

Cell culture and standard infections
SN56 cell line (Magalhaes *et al*, 2005) was grown in culture medium composed of OptiMem (Invitrogen), supplemented with 10% fetal calf serum. Cells were inoculated by clarified homogenates from brains of mice infected by 22L or mouse-adapted vCJD (mo-vCJD) Prion strains, as previously reported (Vilette *et al*, 2001).

Western Blot determination of PrP^{res} replication in cell cultures
Cells were lysed for 10 min at 4°C, in lysis buffer (0.5% sodium deoxycholate, 0.5% Triton X-100, 50 mM Tris-HCl pH 7.4). Briefly, samples were PK-treated and centrifuged. The pellets were resuspended in denaturing buffer, subjected to gel electrophoresis and electroblotted on nitrocellulose membranes. The membrane was processed with mouse antibody against PrP (SAF83). Further details for the Western Blot technique was previously described (Fichet *et al*, 2007).

Modification of PrP^{res} aggregation process by anti-Prion drugs
SN56 cells were seeded in 6-well plates and inoculated with clarified homogenates, together with anti-Prion compounds (Quinacrine, Congo Red (CR), Pentosan Polysulfate (PPS) and Thioflavin S) at concentrations ranging from 10^{-5} nM to 1 nM (except for PPS: 10^{-4}-10 ng/ml). Cells are regularly passed at 1:10 in a new plate with fresh culture medium and drugs.

Preparation of Prion-contaminated magnetic beads and inoculation of cells
Homogenates diluted in Phosphate Buffer Solution (PBS) from brains of terminally ill 22L- or vCJD-infected mice were incubated with 5 ! l of sonicated nanobeads (200 nm, Ademtech) during 15 min at room temperature. Beads contamination was optimized and confirmed by Western Blotting detection of PrP^{res}.
200.000 SN56 cells were inoculated with the Prion contaminated magnetic beads. When the cells were at confluence stage, they were harvested by accutase buffer and sorted by a magnetic field with Dynal magnetic system to purify the cells containing most beads. After sorting, purified cells were maintained during 4 passages with biochemical detection of PrP^{res} at each passage.

New inoculating method of SN56 with two Prion strains
SN56 cells were seeded in 6-well plates, and inoculated with clarified homogenates. After 4 to 5 days, culture medium was collected, cells were harvested using cell-scrapers, and expanded in 25 cm^2 flasks, in the previous culture medium supplemented with fresh culture medium. Two others rounds of amplification were done (from 25 cm^2 to 75 cm^2 flasks, and then from 75 cm^2 to 150 cm^2) and cells were, at this point, regularly passed at 1:4. Western Blot analyses of PrP^{res} content were then carried out.

RESULTS

Modifying the aggregation process by anti-Prion compounds.
To test the influence of PrP^{res} aggregation state in cell susceptibility to infection, SN56 cells were treated with sub-pharmacological doses of PPS, CR, quinacrine and thioflavin S, four products known to interact with PrP^{res} aggregation or to inhibit Prion replication (Trevitt and Collinge, 2006). At the tested doses, anti-Prion compounds did not alter cell susceptibility to 22L scrapie strain: PrP^{res} signals were detected at similar level to classical infection, except for PPS at 10 ng/ml which reduces the level of PrP^{res} (Figure 1). No PrP^{res} signal was detected three passages after infection by mo-vCJD Prion strain, whatever the compounds and the dose.

Magnetic cell sorting of Prion inoculated SN56
First, we have calibrated an original approach of selection of the most exposed cells to 22L inoculum. As shown in fig. 2, PrP^{res} was detectable indicating that nanobeads contaminated with 22L were efficient to persistently infect SN56 cells. Moreover, combination of inoculation by nanobeads and magnetic cell sorting allowed to gain at least 1 log of sensitivity with selective cell fraction in contact with most of beads and consequently with most of inoculum.
Then, we tried to apply this approach to mo-vCJD strain. The amount of magnetic sorted cells after exposure was the same than with 22L strain, indicating that cellular incorporation of contaminated beads was independent of Prion strain. However, no PrP^{res} was detectable in SN56 inoculated with mo-vCJD strain adsorbed on nanobeads neither just after magnetic cell sorting nor four passages after inoculation. Thus, this enrichment approach did not allow to initiate vCJD replication in SN56.

Inoculating mo-vCJD or 22L Prions to SN56
A new method of cellular Prion infection was tested, consisting on the preservation of all the inoculated cells and of the initial culture medium with the brain homogenate for three passages. As shown in fig. 3, 22L Prions, when inoculated using this technique, were propagated in SN56 cells, at similar levels as the standard infections. Furthermore, PrP^{res} signal was present for SN56 inoculated with vCJD Prions, albeit at a lower level than 22L Prions. This infection lasted at least for three to five passages, before the PrP^{res} signal dropped to undetectable levels. These results were reproducible for 50% of the experiments (2 out of 4).

DISCUSSION

Host-Prion agent relationship is really complex and Prion replication remains an enigma in terms of strain properties, notably about the concepts of cellular susceptibility independently of the expression of PrP. Traditionally, cellular susceptibility to a Prion strain is equated with the ability of a cell to maintain persistent infection. However, this restriction is relative. Indeed, it was reported that cellular infection could involve early acute phase of Prion replication (Greil *et al*, 2008).

Furthermore, aggregation state of PrP^{res} is known to play a critical role in Prion replication. Notably, Prion infectivity seems to be restricted to specific particle size ranges (Silveira *et al*, 2005) and the conformational stability of Prions is directly proportional to the length of the incubation time in mice (Legname *et al*, 2005). Thus, the apparent resistance of SN56 cells to mouse-adapted vCJD Prions could be due to an aggregation process in favour of large and stable PrP^{res} polymers, which could not replicate anymore. To assess this hypothesis, we tried to destabilize de novo PrP^{res} aggregates by several treatments, but we did not observe any alteration in SN56 susceptibility to 22L nor to murine vCJD strains.

This might be due to inappropriate doses. Indeed, PPS is known to increase cell-free formation of PrP^{res} (Wong *et al*, 2001), but at higher doses than ours; however, our maximal PPS concentration (10 ng/ml) leads to anti-Prion effects in 22L-infected SN56. Otherwise, CR has notably been shown to reduce PrP^{res} level at high doses and to accelerate PrP^{res} formation at small doses in scrapie infected cell culture (Rudyk *et al*, 2000), with similar range of doses. This effect is assumed to result of an increased fragmentation rate of PrP^{res} polymers, which provides a larger number of replicating particles (Masel and Jansen, 2000). Therefore fragmentation needs to be carefully adapted to compel scrapie aggregates to fall in the infectious size range (Calvez *et al*, 2009).

Fast Prion strains such as scrapie strains seem to be associated with small infectious particles, whereas for slower ones such as mouse-adapted BSE, infectivity may be carried by intermediate aggregates (Beringue, oral communication). This could explain why fragmentation does not detectably affect PrP^{res} accumulation in 22L-inoculated cells. In a similar way, if small aggregates of mo-vCJD Prions are not infectious (or are cleared more easily) (Weber *et al*, 2008), high fragmentation might prevent PrP^{res} accumulation. Therefore, the achievement of strain-specific Prion infectivity size aggregates distribution ((Silveira *et al*, 2005), Beringue) could help to increase susceptibility and sensitivity of cell models by adapting fragmentation protocols, at least in case where susceptibility is linked to PrP^{res} aggregation process.

However, insufficient number of replicative cells could also explain our absence of detectable mo-vCJD PrP^{res} replicated by SN56 cells. Several studies have recently shown that how infected materiel is prepared or exposed to susceptible cells deeply modifies the efficiency of Prion transmission (Baron *et al*, 2006; Dlakic *et al*, 2007; Edgeworth *et al*, 2009). Even if cell-to-cell spreading of Prions have been recently reported (Fevrier *et al*, 2004; Gousset *et al*, 2009), initial conditions of cellular infection by Prions are essential in persistence of infection in susceptible cellular models. In this context, no detection of de novo mo-vCJD Prion replication in SN56 could be due to the relatively low amount of PrP^{res} produced by a limited number of cells. Thus, improving the initial steps of inoculation could allow to reach the biochemical detection threshold.

In order to increase the sensitivity of the SN56 model for the detection of low-replicating strain, we have used a threefold approach: first, we have concentrated Prion infectivity on nanobeads using its known property of strong adsorption to metal surfaces (Fichet *et al*, 2004; Weissmann *et al*, 2002). Second, in order to increase much more local concentration of infectivity, we have used the ability of nanobeads to adsorb themselves to the cell surface and eventually to undergo endocytosis (Lynch *et al*, 2006). Finally, we have taken advantage of magnetic property of nanobeads to purify the most exposed cells. This original combination was able to considerably improve the sensitivity of SN56 cell model. This promising approach could also help the understanding of subcellular sites of initiation of Prion replication.
However, after several attempts, these approaches have failed to trigger detectable infection by mo-vCJD strain. This implies different failure scenario:

- Either the SN56 cells are definitely not permissive to mo-vCJD.
- Either our approach combining exposure and sorting is not suitable in the case of mo-vCJD strain, if the population of infected cells is very low and primary infection of these rare cells is unfavorable in term of growth or mortality.
- Finally, if the mo-vCDJ infectivity adsorbed onto the nanobeads does not have the same behaviour than 22L strain: thus, even if no quantitative differences (in term of amount of PrP^{res} adsorbed and number of purified exposed cells) were found between 22L and mo-vCJD strain inoculations, it cannot be excluded that some qualitative variations (in term of aggregation state or co-factor associated to infectivity for example) modify bioavailability of nanoadsorbed inoculum. These variations linked to the properties of Prion strains could consequently influence the initial step of interaction between infectivity and cells.

Thus, in this case, one might assume that increasing the bioavailability of infectivity source might allow for the increase of the number or of the level of replication of infected cells. For 22L-inoculated cells, PrP^{res} signals are comparable to standard infections, suggesting that standard infections are well adapted for 22L challenge of SN56 cells. Furthermore, since already more than 80% of cells are described as positive for PrP^{res} presence in 22L-infected SN56 cultures (Baron *et al*, 2006), improvement of previous technique by our method may be uneasy to assess.
After prolonged mo-vCJD Prions inoculation, PrP^{res} was detected during three to five passages after removal of inoculum. Furthermore, cells are grown in conditioned medium, indicating the possibility that cellular metabolites released in the medium are central for mo-vCJD replication. It can be assumed that no contamination of mo-vCJD-inoculated cultures by 22L-infected ones occured: in 22L-infected SN56 cells, contrary to what is observed for mo-vCJD-inoculated cells, PrP^{res} production reaches a plateau and does not decrease for numerous passages (data not shown, or precised elsewhere (Baron *et al*, 2006)). Besides, two experiments, that were run separately, led to the same results. Furthermore, since no decrease of PrP^{res} was seen for at least the three first passages, and owing to the dilution of cells at each passage, the PrP^{res} signal cannot be attributed to the persistence of PrP^{res} from the brain homogenate. Therefore, we report here that SN56 are permissive to mouse-adapted vCJD Prions, in a sub-chronic manner.
In comparison to 22L-infected SN56, lower levels of PrP^{res} and lost of mo-vCJD replication are observed, and could be due to the fact that a small proportion of cells is infected, as described for ScN2a (Vilette, 2008), or that murine vCJD Prion replication is not stable in these infected cells (Aguib *et al*, 2008). Furthermore, since 50% of the experiments allowed replication of mo-vCJD, it can be assumed that initial or culture conditions are essential for this propagation, and efforts should be made to standardize these inoculations. It can be hypothetized that either subcloning or overexpressing PrP (Vilette, 2008) might allow the establishment of a murine

cellular model of chronic infection of vCJD Prions. Finally, animal inoculations with these cells will confirm the infectious nature of this replication, and results will be compared with murine vCJD strains.

Our results supplement the data of Greil et al. and suggest that cellular infection is finally at least a three step process involving (i) acute formation of PrP^{res}, (ii) that may or may not be followed by a second phase of a sub-chronic state of infection, and then eventually (iii) lead to persistent infection when Prion replication holds pace with cell population growth. Moreover, the transition between the acute and the sub-chronic phase depends on the cellular environment and duration of exposure of the inoculum. This prolonged exposure of the inoculum allowing to sub-chronic infection suggests the maintenance of favorable factors with SN56-adapted infectious material possibly associated with early clearance of inhibitor factors in vCJD inoculum. Furthermore, this observation of relative resistance of SN56 to mo-vCJD strain raises some issues that are the prospects for this work:
What are the metabolic changes of cells in the presence of conditioned medium and what are the pro-Prion factors produced during this conditioning?
How do these metabolic changes influence cellular susceptibility and hence is the apparent phenomenon of resistance active (linked to cellular metabolism) or passive (linked to the inoculum)?

Acknowledgements:

We thank Bruce Wainer for the kind gift of SN56 cells, Jacques Grassi for providing anti-PrP antibodies.

LEGENDS

Figure 1 : Effects of PPS and Congo Red on PrP^{res} accumulation in SN56 cells.
Cells are cultured with CR (from 10^{-5} to 1 nM) or PPS (from 10^{-4} to 10 ng/mL), inoculated with 22L or mo-vCJD Prions and passaged for several passages in presence of the compounds.Western Blot analyses are performed at passage 3 post-inoculation. Each lane corresponds to 300 ! g total proteins.

Figure 2 : Inoculation of SN56 with infected beads.

(A) Comparison of sensitivity between direct inoculation and inoculation with beads coated with 22L Prions. Brain homogenate is serially diluted, then incubated with nanobeads or directly inoculated to SN56 cells. Unexposed (lane *ø*) cells are used as negative control.

(B) Inoculation of SN56 cells with beads coated with 22L or mo-vCJD Prions.

Western Blot analyses of PrP^{res} content were carried out after one (P1), two (P2) or three (P3) passages post-inoculation. Each lane corresponds to 300 ! g total proteins.

Figure 3 : Inoculation of mo-vCJD and 22L Prions to SN56 cells.
The method was based on the conservation during 3 passages of the inoculum, the totality of the cells and the initial culture medium. P4 corresponds to the first passage after the removal of the inoculum. Western Blot analyses of PrP^{res} content were carried out after several passages. Each lane corresponds to 300 ! g total proteins, except at passage 7 as indicated. A negative control (unexposed SN56 cells, lane *ø*) was loaded at passage 6.

REFERENCES

Aguib Y, Gilch S, Krammer C, Ertmer A, Groschup MH, Schatzl HM (2008). Neuroendocrine cultured cells counteract persistent prion infection by down-regulation of PrPc. *Mol Cell Neurosci* **38:** 98-109.

Akimov S, Yakovleva O, Vasilyeva I, McKenzie C, Cervenakova L (2008). Persistent propagation of vCJD agent in murine spleen stromal cell culture with features of mesenchymal stem cells. *J Virol.*

Arima K, Nishida N, Sakaguchi S, Shigematsu K, Atarashi R, Yamaguchi N, Yoshikawa D, Yoon J, Watanabe K, Kobayashi N, Mouillet-Richard S, Lehmann S, Katamine S (2005). Biological and biochemical characteristics of prion strains conserved in persistently infected cell cultures. *J Virol* **79:** 7104-12.

Baron GS, Magalhaes AC, Prado MA, Caughey B (2006). Mouse-adapted scrapie infection of SN56 cells: greater efficiency with microsome-associated versus purified PrP-res. *J Virol* **80:** 2106-17.

Butler DA, Scott MR, Bockman JM, Borchelt DR, Taraboulos A, Hsiao KK, Kingsbury DT, Prusiner SB (1988). Scrapie-infected murine neuroblastoma cells produce protease-resistant prion proteins. *J Virol* **62:** 1558-64.

Calvez V, Lenuzza N, Oelz D, Deslys JP, Laurent P, Mouthon F, Perthame B (2009). Size distribution dependence of prion aggregates infectivity. *Math Biosci* **217:** 88-99.

Dlakic WM, Grigg E, Bessen RA (2007). Prion infection of muscle cells in vitro. *J Virol* **81:** 4615-24.

Edgeworth JA, Jackson GS, Clarke AR, Weissmann C, Collinge J (2009). Highly sensitive, quantitative cell-based assay for prions adsorbed to solid surfaces. *Proc Natl Acad Sci U S A.*

Fevrier B, Vilette D, Archer F, Loew D, Faigle W, Vidal M, Laude H, Raposo G (2004). Cells release prions in association with exosomes. *Proc Natl Acad Sci U S A* **101:** 9683-8.

Fichet G, Antloga K, Comoy E, Deslys JP, McDonnell G (2007). Prion inactivation using a new gaseous hydrogen peroxide sterilisation process. *J Hosp Infect* **67:** 278-86.

Fichet G, Comoy E, Duval C, Antloga K, Dehen C, Charbonnier A, McDonnell G, Brown P, Lasmezas CI, Deslys JP (2004). Novel methods for disinfection of prion-contaminated medical devices. *Lancet* **364:** 521-6.
Gousset K, Schiff E, Langevin C, Marijanovic Z, Caputo A, Browman DT, Chenouard N, de Chaumont F, Martino A, Enninga J, Olivo-Marin JC, Mannel D, Zurzolo C (2009). Prions hijack tunnelling nanotubes for intercellular spread. *Nat Cell Biol.*
Greil CS, Vorberg IM, Ward AE, Meade-White KD, Harris DA, Priola SA (2008). Acute cellular uptake of abnormal prion protein is cell type and scrapie-strain independent. *Virology* **379:** 284-93.
Legname G, Nguyen HO, Baskakov IV, Cohen FE, Dearmond SJ, Prusiner SB (2005). Strain-specified characteristics of mouse synthetic prions. *Proc Natl Acad Sci U S A* **102:** 2168-73.
Lynch I, Dawson KA, Linse S (2006). Detecting cryptic epitopes created by nanoparticles. *Sci STKE* **2006:** pe14.
Magalhaes AC, Baron GS, Lee KS, Steele-Mortimer O, Dorward D, Prado MA, Caughey B (2005). Uptake and neuritic transport of scrapie prion protein coincident with infection of neuronal cells. *J Neurosci* **25:** 5207-16.
Masel J, Jansen VA (2000). Designing drugs to stop the formation of prion aggregates and other amyloids. *Biophys Chem* **88:** 47-59.
Rudyk H, Vasiljevic S, Hennion RM, Birkett CR, Hope J, Gilbert IH (2000). Screening Congo Red and its analogues for their ability to prevent the formation of PrP-res in scrapie-infected cells. *J Gen Virol* **81:** 1155-64.
Silveira JR, Raymond GJ, Hughson AG, Race RE, Sim VL, Hayes SF, Caughey B (2005). The most infectious prion protein particles. *Nature* **437:** 257-61.
Trevitt CR, Collinge J (2006). A systematic review of prion therapeutics in experimental models. *Brain* **129:** 2241-65.
Uryu M, Karino A, Kamihara Y, Horiuchi M (2007). Characterization of prion susceptibility in Neuro2a mouse neuroblastoma cell subclones. *Microbiol Immunol* **51:** 661-9.
Vilette D (2008). Cell models of prion infection. *Vet Res* **39:** 10.
Vilette D, Andreoletti O, Archer F, Madelaine MF, Vilotte JL, Lehmann S, Laude H (2001). Ex vivo propagation of infectious sheep scrapie agent in heterologous epithelial cells expressing ovine prion protein. *Proc Natl Acad Sci U S A* **98:** 4055-9.
Weber P, Reznicek L, Mitteregger G, Kretzschmar H, Giese A (2008). Differential effects of prion particle size on infectivity in vivo and in vitro. *Biochem Biophys Res Commun* **369:** 924-8.
Weissmann C, Enari M, Klohn PC, Rossi D, Flechsig E (2002). Transmission of prions. *Proc Natl Acad Sci U S A* **99 Suppl 4:** 16378-83.
Wong C, Xiong LW, Horiuchi M, Raymond L, Wehrly K, Chesebro B, Caughey B (2001). Sulfated glycans and elevated temperature stimulate PrP(Sc)-dependent cell-free formation of protease-resistant prion protein. *EMBO J* **20:** 377-86.

Figure 1

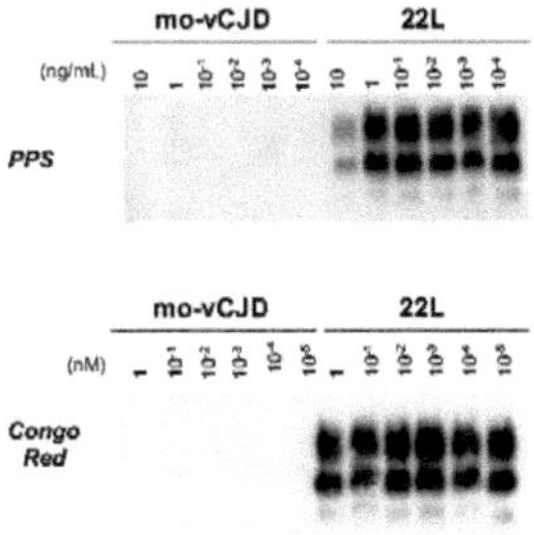

Figure 2

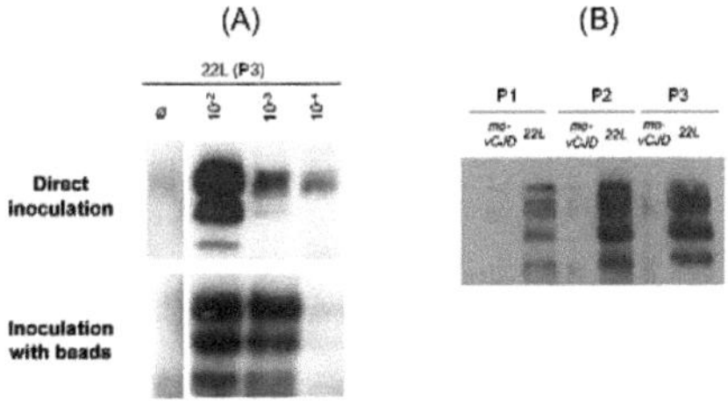

Figure 3

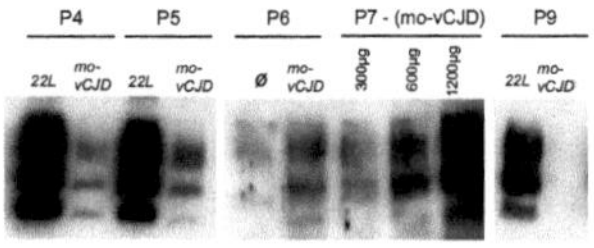
P4
P5
P6
P7 - (mo-vCJD)
P9
22L
mo-vCJD
22L
mo-vCJD
Ø
mo-vCJD
300µg
600µg
1200µg
22L
mo-vCJD

4 Conclusion

La modification aléatoire du transcriptome des cellules murines SN56 n'a pas permis d'isoler un facteur de transcription modulant la susceptibilité de cette lignée. Cela pourrait certes être expliqué par le nombre insuffisant de clones testés (600 clones pour une librairie forte de 4.000 facteurs différents). Le caractère de susceptibilité pourrait ainsi être particulièrement robuste aux altérations géniques aléatoires, car reposant sur l'expression d'une très faible quantité de gènes. Néanmoins, l'étude d'un plus grand nombre de clones aurait nécessité la mise au point d'outils de détection de la susceptibilité, cela était incompatible avec les délais de ce travail.

Par ailleurs, nous étendons ici la permissivité du modèle SN56 à une souche de Prions humains, le vMCJ (adapté à la souris), par une inoculation prolongée avec cette souche pendant trois à cinq passages.

Plusieurs éléments méthodologiques semblent importants à cette réplication (sans que nous ayons pour l'instant déterminé la part de chacun séparément) :

- Exposition prolongée à l'homogénat, ce qui pourrait augmenter le nombre de cellules infectées, ainsi que le niveau moyen d'infectiosité par cellule,
- Culture en milieu conditionné, ce qui est décrit comme augmentant la réplication de la population cellulaire infectée pour les modèles infectés par des souches de tremblante,
- Expansion des cellules à chaque passage dans une surface de culture supérieure, permettant de conserver l'intégralité des cellules pendant les trois premiers passages, et donc probablement les cellules infectées et répliquant les Prions.

Cette technique pourrait être adaptée aux cellules humaines, afin de mettre au point un modèle cellulaire humain, infecté par des Prions humains. Cependant, si les cellules humaines présentent le même comportement que les SN56 en présence de vMCJ, leur réplication sera sub-chronique et donc non chronique : cela rend certes difficile l'évaluation de molécules à visée thérapeutique à grande échelle, mais est tout de même intéressant d'un point de vue fondamental.

Cinquième partie

Discussion générale et perspectives

Les maladies à Prions présentent un double enjeu de santé publique, que ce soit au niveau de la sécurisation de l'alimentation animale et humaine, ou au niveau des risques de transmission iatrogène des Prions, notamment par transfusion sanguine ou lors de l'utilisation de produits biologiques d'origine humaine. Cinq cas de patients ayant reçu des produits sanguins contaminés et ayant développé un variant de la maladie de Creutzfeldt-Jakob auraient ainsi été décrits.

Cependant, à ce jour, aucune thérapeutique, qu'elle soit préventive ou curative, ne s'est révélée efficace chez l'homme, en dépit de nombreux essais cliniques. Même si certaines stratégies semblent prometteuses chez l'animal, une application à l'homme ne serait pas envisageable dans un avenir proche. De plus, la recherche de nouvelles thérapeutiques se confronte actuellement au manque de modèles d'études pertinents des Prions humains, mais également à un manque de connaissance des mécanismes cellulaires mis en oeuvre lors de l'infection par les Prions.

Il semble donc essentiel d'une part de développer de nouvelles stratégies de traitement des maladies à Prions, mais également, et d'un point de vue plus fondamental, de mieux comprendre la réplication des Prions humains. Ce travail de thèse a porté sur une double thématique, la recherche de nouvelles molécules présentant une activité anti-Prion, et l'étude de la susceptibilité cellulaire aux Prions humains.

Concernant l'aspect méthodologique de l'approche thérapeutique, nous avons adapté au laboratoire un test publié de l'activité anti-Prion de molécules, reposant sur l'utilisation d'un modèle cellulaire infecté par des Prions murins : il allie une analyse de la viabilité cellulaire et une immunodétection spécifique de la PrP^{res} par dot-blot et Western Blot. Il semble robotisable relativement facilement, car toutes les manipulations de culture cellulaire, de traitement par les composés et de biochimie se font dans un format de plaque 96 puits. De plus, à terme, l'adaptation d'un test ELISA (en remplacement du dot blot) serait également une avancée profitable, car permettant de s'affranchir de la lourdeur expérimentale du dot-blot et de robotiser l'intégralité du test.

Nous avons également développé, en collaboration avec l'ICSN, une méthode permettant l'évaluation de la stabilisation ou déstabilisation de la PrP par un ligand ou une molécule, et il serait intéressant de la tester avec d'autres molécules. Par ailleurs, une telle technique pourrait également être utile dans l'étude des phénomènes d'agrégation au cours du temps, à l'instar des méthodes à base de Thioflavine S ou T. Enfin, elle serait compatible avec un format de plaques 384 puits, présentant le double intérêt d'utiliser de très faibles quantités de protéine et de ligand par essai et de tester et d'analyser un grand nombre d'échantillons par test.

Nous avons criblé la chimiothèque de l'Institut de Chimie des Substances Naturelles (CNRS), riche de 2.960 molécules naturelles ou synthétiques. Nous avons identifié 14 molécules inhibant la réplication des Prions dans un modèle cellulaire infecté, et parmi celles-là, huit inhibent également les Prions dans un second modèle cellulaire. Ces molécules appartiennent à deux classes chimiques différentes : sept sont des 3-aminostéroïdes, et une est un dérivé de l'érythromycine (composé **#8**).

Les stéroïdes avaient déjà été proposés comme agent traitant, mais pas les 3-aminostéroïdes. Des études sur les relations entre structure et fonction des 3-aminostéroïdes ont été menées au laboratoire, mais n'ont à ce jour pas abouti : il serait intéressant de déterminer les groupes fonctionnels impliqués dans l'inhibition de la réplication des Prions. Ces 3-aminostéroïdes, ainsi probablement que certains autres stéroïdes, semblent agir au niveau d'une cible commune, non identifiée à ce jour mais possiblement impliquée dans le métabolisme de la PrP. Il semble en première analyse que cette cible soit indépendante des radeaux lipidiques. De plus, elle semble présente dans divers modèles cellulaires, dont un modèle humain. Il serait ainsi intéressant d'étudier plus en détail la nature de cette cible, ainsi que sa modulation par les stéroïdes, notamment dans le cadre de ce modèle humain. Cette cible étant impliquée dans la réplication des Prions, sa découverte pourrait permettre une meilleure compréhension de la réplication des Prions dans la cellule, et permettre de disposer d'agents thérapeutiques spécifiquement dessinés pour interagir avec cette cible.

Par ailleurs, nous avons identifié un composé dérivé de l'érythromycine A, la molécule **#8**, qui déstabilise le précurseur du Prion, la Protéine du Prion. Cette molécule, présentant un mode d'action original et novateur, pourrait se montrer d'un intérêt certain dans les tests diagnostiques des Prions : en effet, en supposant que cette déstabilisation concerne principalement la forme cellulaire et modifie sa résistance à la PK, son utilisation permettrait d'ajuster la PK à une dose plus faible et donc d'augmenter la sensibilité des tests actuels et de réduire le nombre de faux-positifs. Cependant, cela repose bien sûr sur la notion que ce dérivé ne modifie pas, ou moins, la stabilité de la forme résistante, ce qu'il nous reste à déterminer.

Cette molécule, proche de l'érythromycine A, présente certains autres intérêts : (i) sa structure est originale, et n'a jamais été proposée dans le traitement des amyloïdoses, quelles qu'elles soient, (ii) elle semble présenter un très bon ratio efficacité/toxicité, faisant d'elle un bon candidat pour d'éventuels essais cliniques, (iii) sa synthèse est relativement facile, (iv) son activité anti-Prion repose sur un concept novateur. Par ailleurs, (v) contrairement aux stéroïdes, pouvant influencer divers métabolismes cellulaires (régulation de la transcription, induction de modifications post-traductionnelles ou -transcriptionnelles, altération des propriétés membranaires[350]), la molécule **#8**, proche de l'érythromycine, pourrait présenter un spectre d'action moins large. L'intérêt majeur de ce composé reste ainsi son application dans le traitement curatif des maladies à Prions chez l'homme. En outre, compte tenu de sa capacité à modifier la stabilité du précurseur du Prion, elle pourrait présenter une utilité dans la prophylaxie des formes génétiques de maladies à Prions.

Cependant, deux limites liées à l'utilisation du composé **#8** se précisent à ce jour. D'une part, les expériences présentées ici ont été réalisées sur des souches murines (Chandler et 22L), mais aucune donnée n'indique que la molécule sera efficace sur des souches humaines. Il serait pour cela intéressant de disposer d'un modèle répliquant les Prions humains. D'autre part, ces données *in vitro* doivent être confirmées par des expériences chez l'animal. Il nous manque ainsi des essais pré-cliniques (chez la souris dans un premier temps) avant de pouvoir conclure quant à sa réelle activité et son éventuelle toxicité *in vivo*.

En outre, il existe un certain nombre de parallèles entre les maladies à Prions et la maladie d'Alzheimer. Parmi ceux-ci, le plus intéressant semble le fait que la PrP joue le rôle de récepteurs des oligomères solubles et toxiques d'Aβ, ce qui induit une inhibition de la potentialisation à long terme dans l'hippocampe. Modifier la stabilité de la PrP pourrait empêcher la fixation des oligomères et ainsi moduler le chemin de la toxicité induite lors de la maladie d'Alzheimer. Nous envisageons d'évaluer l'activité du composé **#8**, par des tests dans une lignée de souris transgénique développant une forme génétique de la maladie d'Alzheimer.

Ce projet de recherche de nouvelles thérapeutiques est complété par des travaux sur l'étude de la susceptibilité cellulaire aux Prions humains. Nous avons cherché à évaluer la réplication des Prions dans des lignées cellulaires humaines, afin de développer un modèle d'étude pertinent de ces maladies.

Une trentaine de modèles cellulaires de diverses origines tissulaires ont été testée, mais aucune réplication de Prions n'a été détectée après quelques passages. D'autres stratégies, visant à adapter les protocoles d'inoculation, à augmenter le niveau de réplication des cellules, ont alors été développées. Elles ont été complétées par diverses stratégies de modification de l'état cellulaire. Ces expériences n'ont cependant pas modifié la susceptibilité des cellules humaines aux Prions humains. Nous ne pouvons pas exclure la possibilité que les cellules répliquent les Prions humains à des taux très faibles, mais diverses données présentées par d'autres laboratoires présentaient les résultats d'injection de broyats de cellules humaines inoculées par des Prions humains, sans succès, même chez le singe, ou la souris exprimant la PrP M_{129}. Cependant, ces résultats concernent des inoculations classiques, pour les autres approches que nous avons réalisées nous n'avons pas de confirmation *in vivo* de la non-réplication de nos lignées.

Parmi les diverses voies envisagées pour modifier l'état cellulaire, une nous semble prometteuse, que ce soit dans le cadre de notre étude (susceptibilité aux Prions humains), ou dans un cadre plus large (étude de la susceptibilité à d'autres pathogènes) : il s'agit de l'expression, dans une lignée cellulaire donnée, d'une librairie de facteurs de transcription générés aléatoirement. Cela permet théoriquement de modifier, de façon stable, le transcriptome d'un clone transduit pour l'expression d'un facteur : dans l'hypothèse hautement probable où le transcriptome joue un rôle dans les phénomènes de susceptibilité aux Prions ou à d'autres pathogènes, cette approche pourrait ainsi permettre de moduler de façon stable la susceptibilité d'une cellule à divers agents. Ainsi, cette approche, couplée à une méthode d'évaluation de la susceptibilité cellulaire à un pathogène donné (méthode à haut débit, compatible avec la taille de la librairie de facteurs de transcription testée), pourrait permettre d'identifier rapidement des cellules répliquant ce pathogène. De plus, elle offrirait un bon outil d'étude de la susceptibilité cellulaire, au travers de la modulation du niveau d'expression du facteur de transcription.

Les critères de résistance à l'infection par les Prions humains restent donc pour le moment relativement inconnus. Ils semblent déjà différents selon le type cellulaire, mais également l'espèce considérée, et paraissent relativement instables dans le temps, du moins en culture cellulaire. Dans le cadre de notre étude, il semble qu'il existe une relation très spécifique entre l'hôte (la cellule humaine, exprimant la PrP humaine) et le pathogène (les Prions humains), à la base de ce phénomène de résistance. Cette relation semblerait moins spécifique dans le cas des Prions humains adaptés à la souris, ou des Prions murins, car de nombreuses lignées cellulaires répliquent ces Prions. Comme la PrP humaine est convertible au même titre que son homologue murin (la PMCA est par exemple efficace pour l'amplification des souches humaines), cette relation hôte-pathogène pourrait être dépendante de la séquence de la PrP humaine, et ce dans un certain contexte, le contexte cellulaire. Par ailleurs, les souches humaines semblent être en général des souches plus lentes que les souches de tremblante, il se pourrait que cela constitue un facteur limitant la réplication des Prions en culture cellulaire : en effet, si l'infection se réplique trop lentement par rapport au temps de division cellulaire, et si elle ne se propage pas de cellule à cellule, elle est perdue au cours des passages cellulaires. Il serait ainsi intéressant de tenir compte de cette spécificité des Prions humains, notamment en développant des méthodes de sélection des cellules répliquant ces Prions.

Comme les inoculations de cellules humaines n'ont pas été concluantes, ces études ont été complétées par l'analyse de la réplication de Prions humains adaptés à la souris dans un modèle cellulaire murin susceptible à diverses souches de tremblante, le modèle SN56.

Ces cellules ne sont en effet pas décrites comme répliquant d'autres souches de Prions, nous avons donc testé diverses méthodes pour élargir le spectre des souches propagées. Une semble adaptée à la réplication des Prions humains dans le modèle SN56, elle repose notamment sur une culture des cellules en présence de milieu conditionnée et d'une source d'infectiosité pendant quelques passages, et permet une réplication sub-chronique d'une souche de Prion humain.

Il semble intéressant de se focaliser sur la compréhension de ce phénomène transitoire, afin de comprendre plus finement les mécanismes d'infection cellulaire par les Prions. Les mécanismes de perte de l'infectiosité pourraient être notamment médiés par une baisse d'expression du précurseur du Prion, ou par un temps de division cellulaire incompatible avec une accumulation stable des Prions humains. Les événements moléculaires impliqués dans cette réplication précoce mais transitoire demeurent pour le moment inconnus.

Ce système d'infection constitue ainsi un bon outil pour mieux caractériser les diverses étapes d'infection par des Prions, pour comprendre ce qui gouverne la susceptibilité cellulaire, et pour étudier les relations entre l'agent et l'hôte dans le cadre des maladies à Prions. Il pourrait également servir de base de développement de modèles infectés chroniquement par des Prions humains.

Plus généralement, comprendre ces mécanismes de résistance ou de susceptibilité et les étapes qui permettent l'installation d'une infection persistante offrirait une double opportunité : d'une part, activer les cibles de la résistance pourrait présenter un fort intérêt en terme de thérapeutique prophylactique ou curative, et d'autre part activer celles responsables de la susceptibilité pourrait permettre de développer des modèles intéressants pour l'évaluation de procédés de décontamination et la confirmation de diagnostics. Enfin, cela permettrait de mieux comprendre les mécanismes de réplication à l'échelle des tissus infectables par les Prions, et de mieux évaluer les risques d'infection de ces divers tissus.

Sixième partie

Communications

Posters

Congrès NeuroPrion (2005, Düsseldorf)

- *New insight in prion pathogenesis : from theoretical model of neuropathogenesis to experimental evaluations,* N. Lenuzza, **M. Charvériat**, J.-G. Buon, C. Picoli, P.-H. Lampe, P. Santamaria, E. Correia, S. Freire, S. Benhamida, F. Iris, J.-P. Deslys, F. Mouthon.

Journée des doctorants (2006, Fontenay-aux-Roses)

- *Etude de la dissémination des Prions à l'échelle cellulaire,* N. Lenuzza, F. Aubry, C. Picoli, V. Nouvel, **M. Charvériat**, S. Benhamida, F. Mouthon, P. Laurent, J.-P. Deslys.

Congrès NeuroPrion (2006, Turin)

- *A new assay in E. Coli to quantify the aggregation state of prion protein mutants,* **M. Charvériat**, C. Picoli, V. Nouvel, N. Lenuzza, F. Aubry, E. Correia, M. Reboul, J.-P. Deslys, F. Mouthon.
- *Prnp Gene regulation during Prion infection and cell differentiation,* V. Nouvel, C. Picoli, N. Lenuzza, F. Aubry, **M. Charvériat**, E. Correia, M. Reboul, N. Guégan, Y. Bailly, J.-P. Deslys, F. Mouthon.
- *Prion intercellular propagation : at the frontier of mathematical and biological approaches,* N. Lenuzza, F. Aubry, C. Picoli, V. Nouvel, **M. Charvériat**, E. Correia, M. Reboul, S. Fouliard, S. Benhamida, P. Laurent, C. Saguez, J.-P. Deslys, F. Mouthon.

Journée des doctorants (2007, Fontenay-aux-Roses)

- *Recherche de nouvelles molécules anti-Prion et établissement de modèles cellulaires répliquant les Prions humains,* **M. Charvériat**, M. Reboul, N. Lenuzza, C. Picoli, V. Nouvel, F. Aubry, E. Correia, M. Eterpi, J.-P. Deslys, F. Mouthon.
- *Etude des mécanismes de propagation des Prions à l'échelle de populations cellulaires,* N. Lenuzza, M. Eterpi, F. Aubry, C. Picoli, V. Nouvel, **M. Charvériat**, E. Correia, M. Reboul, P. Laurent, J.-P. Deslys, B. Perthame, D. Oelz, V. Calvez, F. Mouthon.

Congrès NeuroPrion (2007, Edinbourg)

- *A theoretical size-structured model of Prion replication,* N. Lenuzza, M. Eterpi, **M. Charvériat**, V. Calvez, D. Oelz,F. B. Perthame, P. Laurent, J.-P. Deslys, F. Mouthon.
- *Attempts to develop cellular models infected by human Prions strains,* **M. Charvériat**, M. Reboul, N. Lenuzza, C. Picoli, V. Nouvel, F. Aubry, E. Correia, M. Eterpi, J.-P. Deslys, F. Mouthon.
- *Investigating the relationship between cell and Prion,* V. Nouvel, C. Picoli, M. Bourai, F. Aubry, N. Lenuzza , **M. Charvériat**, E. Correia, M. Reboul, J.-P. Deslys, F. Mouthon.

Congrès NeuroPrion (2008, Madrid)

- *A theoretical size-structured model of Prion nucleated polymerization,* N. Lenuzza, V. Calvez, D. Oelz, **M. Charvériat**, P. Gabriel, J.-P. Deslys, P. Laurent, B. Perthame, F. Mouthon.
- *New strategy of prion infection to study sensitivity and permissivity of cell lines,* G. Fichet, **M. Charvériat**, M. Reboul, C. Picoli, F. Aubry, E. Correia, E. Comoy, F. Mouthon, J.-P. Deslys, G. McDonnell.
- *Prion infected cells sorting to develop robust cell models infectable by various prion strains,* F. Mouthon, F. Aubry, C. Picoli, E. Correia, J. Chapuis, M. Vassey, M. Reboul, V. Nouvel,

N. Lenuzza, **M. Charvériat**, H. Laude, R. Hesp, J.-P. Deslys.

Congrès NeuroPrion (2008, Madrid) / Journée des doctorants (2008, Fontenay-aux-Roses)

- *Evaluation of new anti-Prion chemical compounds*, **M. Charvériat**, M. Reboul, A. Montagnac, Q. Wang, C. Picoli, V. Nouvel, F. Aubry, N. Lenuzza, Z. Xu, E. Correia, F. Mouthon, F. Guéritte, J.-Y. Lallemand, J.-P. Deslys.

Brevets déposés

Brevet 1

Utilisation d'agents pour moduler l'effet thérapeutique de molécules psychotropes, brevet CEA/BMS n°0856090 déposé le 10 septembre 2008, inventeurs CEA (par ordre alphabétique) : **M. Charvériat**, J.-P. Deslys, F. Mouthon.

Brevet 2

Novel derivative of Erythromycin for the treatment and diagnosis of Prion disease, brevet CEA/CNRS n°09305068 déposé 26 janvier 2009, inventeurs CEA (par ordre alphabétique) : **M. Charvériat**, J.-P. Deslys, F. Mouthon, M. Reboul.

Articles

Article 1

New inhibitors of Prion replication that target amyloid precursor, **M. Charvériat**, M. Reboul, Q. Wang, C. Picoli, N. Lenuzza, A.Montagnac, N. Nhiri, E. Jacquet, F. Guéritte, J.-Y. Lallemand, J.-P. Deslys, F. Mouthon, J Gen Virol (accepté le 2/02/09).

Article 2

Studies on the susceptibility of human cells to Prion diseases, **M. Charvériat**, M. Reboul, C. Picoli, F. Aubry, N. Lenuzza, V. Nouvel, E. Correia, D. Revaud, C.Desmaze, G. Fichet, J.-P. Deslys, F. Mouthon, soumission prévue à BBRC

Article 3

Sub-chronic replication of variant Creutzfeldt-Jakob disease Prions by SN56 cells, **M. Charvériat**, C. Picoli, G. Fichet, M. Reboul, F. Aubry, V. Nouvel, N. Lenuzza, J.-P. Deslys, F. Mouthon, soumission prévue à J Neurovirol

Bibliographie

1. Schneider, K., Fangerau, H., Michaelsen, B., and Raab, W. H.-M. The early history of the transmissible spongiform encephalopathies exemplified by scrapie. *Brain Res Bull* **77**(6), 343–355, Dec (2008).
2. Capobianco, R., Casalone, C., Suardi, S., Mangieri, M., Miccolo, C., Limido, L., Catania, M., Rossi, G., Fede, G. D., Giaccone, G., Bruzzone, M. G., Minati, L., Corona, C., Acutis, P., Gelmetti, D., Lombardi, G., Groschup, M. H., Buschmann, A., Zanusso, G., Monaco, S., Caramelli, M., and Tagliavini, F. Conversion of the BASE prion strain into the BSE strain : the origin of BSE? *PLoS Pathog* **3**(3), e31, Mar (2007).
3. Benestad, S. L., Arsac, J.-N., Goldmann, W., and Nöremark, M. Atypical/Nor98 scrapie : properties of the agent, genetics, and epidemiology. *Vet Res* **39**(4), 19 (2008).
4. Gambetti, P., Dong, Z., Yuan, J., Xiao, X., Zheng, M., Alshekhlee, A., Castellani, R., Cohen, M., Barria, M. A., Gonzalez-Romero, D., Belay, E. D., Schonberger, L. B., Marder, K., Harris, C., Burke, J. R., Montine, T., Wisniewski, T., Dickson, D. W., Soto, C., Hulette, C. M., Mastrianni, J. A., Kong, Q., and Zou, W.-Q. A novel human disease with abnormal prion protein sensitive to protease. *Ann Neurol* **63**(6), 697–708, Jun (2008).
5. Donnelly, C. A., Ferguson, N. M., Ghani, A. C., Woolhouse, M. E., Watt, C. J., and Anderson, R. M. The epidemiology of BSE in cattle herds in Great Britain. I. Epidemiological processes, demography of cattle and approaches to control by culling. *Philos Trans R Soc Lond B Biol Sci* **352**(1355), 781–801, Jul (1997).
6. Bruce, M. E., Will, R. G., Ironside, J. W., McConnell, I., Drummond, D., Suttie, A., McCardle, L., Chree, A., Hope, J., Birkett, C., Cousens, S., Fraser, H., and Bostock, C. J. Transmissions to mice indicate that 'new variant' CJD is caused by the BSE agent. *Nature* **389**(6650), 498–501, Oct (1997).
7. Hill, A. F., Desbruslais, M., Joiner, S., Sidle, K. C., Gowland, I., Collinge, J., Doey, L. J., and Lantos, P. The same prion strain causes vCJD and BSE. *Nature* **389**(6650), 448–50, 526, Oct (1997).
8. Hilton, D. A., Ghani, A. C., Conyers, L., Edwards, P., McCardle, L., Ritchie, D., Penney, M., Hegazy, D., and Ironside, J. W. Prevalence of lymphoreticular prion protein accumulation in UK tissue samples. *J Pathol* **203**(3), 733–739, Jul (2004).
9. Boëlle, P.-Y., Thomas, G., Valleron, A.-J., Cesbron, J.-Y., and Will, R. Modelling the epidemic of variant Creutzfeldt-Jakob disease in the UK based on age characteristics : updated, detailed analysis. *Stat Methods Med Res* **12**(3), 221–233, Jun (2003).
10. Aguzzi, A. and Glatzel, M. Prion infections, blood and transfusions. *Nat Clin Pract Neurol* **2**(6), 321–329, Jun (2006).
11. Liras, A. The variant Creutzfeldt-Jakob Disease : Risk, uncertainty or safety in the use of blood and blood derivatives? *Int Arch Med* **1**(1), 9 (2008).
12. Collinge, J., Whitfield, J., McKintosh, E., Frosh, A., Mead, S., Hill, A. F., Brandner, S., Thomas, D., and Alpers, M. P. A clinical study of kuru patients with long incubation periods at the end of the epidemic in Papua New Guinea. *Philos Trans R Soc Lond B Biol Sci* **363**(1510), 3725–3739, Nov (2008).
13. Houston, F., McCutcheon, S., Goldmann, W., Chong, A., Foster, J., Sisó, S., González, L., Jeffrey, M., and Hunter, N. Prion diseases are efficiently transmitted by blood transfusion in sheep. *Blood* **112**(12), 4739–4745, Dec (2008).
14. Brown, P., Brandel, J.-P., Preece, M., Preese, M., and Sato, T. Iatrogenic Creutzfeldt-Jakob disease : the waning of an era. *Neurology* **67**(3), 389–393, Aug (2006).
15. Prusiner, S. B. Prions. *Sci Am* **251**(4), 50–59, Oct (1984).
16. Aguzzi, A., Sigurdson, C., and Heikenwaelder, M. Molecular mechanisms of prion pathogenesis. *Annu Rev Pathol* **3**, 11–40 (2008).

17. Stahl, N., Baldwin, M. A., Teplow, D. B., Hood, L., Gibson, B. W., Burlingame, A. L., and Prusiner, S. B. Structural studies of the scrapie prion protein using mass spectrometry and amino acid sequencing. *Biochemistry* **32**(8), 1991–2002, Mar (1993).
18. Zobeley, E., Flechsig, E., Cozzio, A., Enari, M., and Weissmann, C. Infectivity of scrapie prions bound to a stainless steel surface. *Mol Med* **5**(4), 240–243, Apr (1999).
19. Hewitt, P. E., Llewelyn, C. A., Mackenzie, J., and Will, R. G. Creutzfeldt-Jakob disease and blood transfusion : results of the UK Transfusion Medicine Epidemiological Review study. *Vox Sang* **91**(3), 221–230, Oct (2006).
20. Dickinson, A. G. and Taylor, D. M. Resistance of scrapie agent to decontamination. *N Engl J Med* **299**(25), 1413–1414, Dec (1978).
21. Brown, P., Rau, E. H., Johnson, B. K., Bacote, A. E., Gibbs, C. J., and Gajdusek, D. C. New studies on the heat resistance of hamster-adapted scrapie agent : threshold survival after ashing at 600 degrees C suggests an inorganic template of replication. *Proc Natl Acad Sci U S A* **97**(7), 3418–3421, Mar (2000).
22. Taguchi, F., Tamai, Y., Uchida, K., Kitajima, R., Kojima, H., Kawaguchi, T., Ohtani, Y., and Miura, S. Proposal for a procedure for complete inactivation of the Creutzfeldt-Jakob disease agent. *Arch Virol* **119**(3-4), 297–301 (1991).
23. Bellinger-Kawahara, C., Cleaver, J. E., Diener, T. O., and Prusiner, S. B. Purified scrapie prions resist inactivation by UV irradiation. *J Virol* **61**(1), 159–166, Jan (1987).
24. Prusiner, S. B. Novel proteinaceous infectious particles cause scrapie. *Science* **216**(4542), 136–144, Apr (1982).
25. Spire, B., Dormont, D., Barré-Sinoussi, F., Montagnier, L., and Chermann, J. C. Inactivation of lymphadenopathy-associated virus by heat, gamma rays, and ultraviolet light. *Lancet* **1**(8422), 188–189, Jan (1985).
26. Taylor, D. M., Fraser, H., McConnell, I., Brown, D. A., Brown, K. L., Lamza, K. A., and Smith, G. R. Decontamination studies with the agents of bovine spongiform encephalopathy and scrapie. *Arch Virol* **139**(3-4), 313–326 (1994).
27. Kimberlin, R. H., Walker, C. A., Millson, G. C., Taylor, D. M., Robertson, P. A., Tomlinson, A. H., and Dickinson, A. G. Disinfection studies with two strains of mouse-passaged scrapie agent. Guidelines for Creutzfeldt-Jakob and related agents. *J Neurol Sci* **59**(3), 355–369, Jun (1983).
28. Fichet, G., Comoy, E., Duval, C., Antloga, K., Dehen, C., Charbonnier, A., McDonnell, G., Brown, P., Lasmézas, C. I., and Deslys, J.-P. Novel methods for disinfection of prion-contaminated medical devices. *Lancet* **364**(9433), 521–526 (2004).
29. Manuelidis, L. Decontamination of Creutzfeldt-Jakob disease and other transmissible agents. *J Neurovirol* **3**(1), 62–65, Feb (1997).
30. Brown, P., Liberski, P. P., Wolff, A., and Gajdusek, D. C. Resistance of scrapie infectivity to steam autoclaving after formaldehyde fixation and limited survival after ashing at 360 degrees C : practical and theoretical implications. *J Infect Dis* **161**(3), 467–472, Mar (1990).
31. Brown, P., Rohwer, R. G., and Gajdusek, D. C. Newer data on the inactivation of scrapie virus or Creutzfeldt-Jakob disease virus in brain tissue. *J Infect Dis* **153**(6), 1145–1148, Jun (1986).
32. Carlson, G. A. Prion strains. *Curr Top Microbiol Immunol* **207**, 35–47 (1996).
33. Safar, J., Wille, H., Itri, V., Groth, D., Serban, H., Torchia, M., Cohen, F. E., and Prusiner, S. B. Eight prion strains have PrP(Sc) molecules with different conformations. *Nat Med* **4**(10), 1157–1165, Oct (1998).
34. Aguzzi, A. Unraveling prion strains with cell biology and organic chemistry. *Proc Natl Acad Sci U S A* **105**(1), 11–12, Jan (2008).
35. Manuelidis, L., Yu, Z.-X., Barquero, N., Banquero, N., and Mullins, B. Cells infected with scrapie and Creutzfeldt-Jakob disease agents produce intracellular 25-nm virus-like particles. *Proc Natl Acad Sci U S A* **104**(6), 1965–1970, Feb (2007).
36. Bolton, D. C., McKinley, M. P., and Prusiner, S. B. Identification of a protein that purifies with the scrapie prion. *Science* **218**(4579), 1309–1311, Dec (1982).
37. Büeler, H., Aguzzi, A., Sailer, A., Greiner, R. A., Autenried, P., Aguet, M., and Weissmann, C. Mice devoid of PrP are resistant to scrapie. *Cell* **73**(7), 1339–1347, Jul (1993).
38. Telling, G. C. Transgenic mouse models of prion diseases. *Methods Mol Biol* **459**, 249–263 (2008).
39. Legname, G., Baskakov, I. V., Nguyen, H.-O. B., Riesner, D., Cohen, F. E., DeArmond, S. J., and Prusiner, S. B. Synthetic mammalian prions. *Science* **305**(5684), 673–676, Jul (2004).

40. Silveira, J. R., Raymond, G. J., Hughson, A. G., Race, R. E., Sim, V. L., Hayes, S. F., and Caughey, B. The most infectious prion protein particles. *Nature* **437**(7056), 257–261, Sep (2005).
41. Walsh, D. M. and Selkoe, D. J. A beta oligomers - a decade of discovery. *J Neurochem* **101**(5), 1172–1184, Jun (2007).
42. Deleault, N. R., Harris, B. T., Rees, J. R., and Supattapone, S. Formation of native prions from minimal components in vitro. *Proc Natl Acad Sci U S A* **104**(23), 9741–9746, Jun (2007).
43. Telling, G. C., Parchi, P., DeArmond, S. J., Cortelli, P., Montagna, P., Gabizon, R., Mastrianni, J., Lugaresi, E., Gambetti, P., and Prusiner, S. B. Evidence for the conformation of the pathologic isoform of the prion protein enciphering and propagating prion diversity. *Science* **274**(5295), 2079–2082, Dec (1996).
44. Skovronsky, D. M., Lee, V. M.-Y., and Trojanowski, J. Q. Neurodegenerative diseases : new concepts of pathogenesis and their therapeutic implications. *Annu Rev Pathol* **1**, 151–170 (2006).
45. Donne, D. G., Viles, J. H., Groth, D., Mehlhorn, I., James, T. L., Cohen, F. E., Prusiner, S. B., Wright, P. E., and Dyson, H. J. Structure of the recombinant full-length hamster prion protein PrP(29-231) : the N terminus is highly flexible. *Proc Natl Acad Sci U S A* **94**(25), 13452–13457, Dec (1997).
46. Jarrett, J. T. and Lansbury, P. T. Seeding "one-dimensional crystallization" of amyloid : a pathogenic mechanism in Alzheimer's disease and scrapie? *Cell* **73**(6), 1055–1058, Jun (1993).
47. Saborio, G. P., Permanne, B., and Soto, C. Sensitive detection of pathological prion protein by cyclic amplification of protein misfolding. *Nature* **411**(6839), 810–813, Jun (2001).
48. Noinville, S., Chich, J.-F., and Rezaei, H. Misfolding of the prion protein : linking biophysical and biological approaches. *Vet Res* **39**(4), 48 (2008).
49. Fischer, M., Rülicke, T., Raeber, A., Sailer, A., Moser, M., Oesch, B., Brandner, S., Aguzzi, A., and Weissmann, C. Prion protein (PrP) with amino-proximal deletions restoring susceptibility of PrP knockout mice to scrapie. *EMBO J* **15**(6), 1255–1264, Mar (1996).
50. Aguzzi, A., Montrasio, F., and Kaeser, P. S. Prions : health scare and biological challenge. *Nat Rev Mol Cell Biol* **2**(2), 118–126, Feb (2001).
51. Merz, P. A., Somerville, R. A., Wisniewski, H. M., and Iqbal, K. Abnormal fibrils from scrapie-infected brain. *Acta Neuropathol* **54**(1), 63–74 (1981).
52. Prusiner, S. B., McKinley, M. P., Bowman, K. A., Bolton, D. C., Bendheim, P. E., Groth, D. F., and Glenner, G. G. Scrapie prions aggregate to form amyloid-like birefringent rods. *Cell* **35**(2 Pt 1), 349–358, Dec (1983).
53. Sakudo, A., Nakamura, I., Ikuta, K., and Onodera, T. Recent developments in prion disease research : diagnostic tools and in vitro cell culture models. *J Vet Med Sci* **69**(4), 329–337, Apr (2007).
54. Hill, A. F., Zeidler, M., Ironside, J., and Collinge, J. Diagnosis of new variant Creutzfeldt-Jakob disease by tonsil biopsy. *Lancet* **349**(9045), 99–100, Jan (1997).
55. Hilton, D. A., Sutak, J., Smith, M. E. F., Penney, M., Conyers, L., Edwards, P., McCardle, L., Ritchie, D., Head, M. W., Wiley, C. A., and Ironside, J. W. Specificity of lymphoreticular accumulation of prion protein for variant Creutzfeldt-Jakob disease. *J Clin Pathol* **57**(3), 300–302, Mar (2004).
56. Gonzalez-Romero, D., Barria, M. A., Leon, P., Morales, R., and Soto, C. Detection of infectious prions in urine. *FEBS Lett* **582**(21-22), 3161–3166, Sep (2008).
57. Llewelyn, C. A., Hewitt, P. E., Knight, R. S. G., Amar, K., Cousens, S., Mackenzie, J., and Will, R. G. Possible transmission of variant Creutzfeldt-Jakob disease by blood transfusion. *Lancet* **363**(9407), 417–421, Feb (2004).
58. Parveen, I., Moorby, J., Allison, G., and Jackman, R. The use of non-prion biomarkers for the diagnosis of Transmissible Spongiform Encephalopathies in the live animal. *Vet Res* **36**(5-6), 665–683 (2005).
59. Kong, A., Kleinig, T., der Vliet, A. V., Bergin, P., Coscia, C., Ring, S., and Brooder, R. MRI of sporadic Creutzfeldt-Jakob disease. *J Med Imaging Radiat Oncol* **52**(4), 318–324, Aug (2008).
60. Kocisko, D. A., Come, J. H., Priola, S. A., Chesebro, B., Raymond, G. J., Lansbury, P. T., and Caughey, B. Cell-free formation of protease-resistant prion protein. *Nature* **370**(6489), 471–474, Aug (1994).
61. Atarashi, R., Moore, R. A., Sim, V. L., Hughson, A. G., Dorward, D. W., Onwubiko, H. A., Priola, S. A., and Caughey, B. Ultrasensitive detection of scrapie prion protein using seeded conversion of recombinant prion protein. *Nat Methods* **4**(8), 645–650, Aug (2007).

62. Lawson, V. A. Understanding the nature of prion diseases using cell-free assays. *Methods Mol Biol* **459**, 97–103 (2008).
63. Weber, P., Giese, A., Piening, N., Mitteregger, G., Thomzig, A., Beekes, M., and Kretzschmar, H. A. Cell-free formation of misfolded prion protein with authentic prion infectivity. *Proc Natl Acad Sci U S A* **103**(43), 15818–15823, Oct (2006).
64. Castilla, J., Morales, R., Saá, P., Barria, M., Gambetti, P., and Soto, C. Cell-free propagation of prion strains. *EMBO J* **27**(19), 2557–2566, Oct (2008).
65. Saá, P., Castilla, J., and Soto, C. Presymptomatic detection of prions in blood. *Science* **313**(5783), 92–94, Jul (2006).
66. Castilla, J., Saá, P., Morales, R., Abid, K., Maundrell, K., and Soto, C. Protein misfolding cyclic amplification for diagnosis and prion propagation studies. *Methods Enzymol* **412**, 3–21 (2006).
67. Atarashi, R., Wilham, J. M., Christensen, L., Hughson, A. G., Moore, R. A., Johnson, L. M., Onwubiko, H. A., Priola, S. A., and Caughey, B. Simplified ultrasensitive prion detection by recombinant PrP conversion with shaking. *Nat Methods* **5**(3), 211–212, Mar (2008).
68. Caughey, B., Baron, G. S., Chesebro, B., and Jeffrey, M. Getting a Grip on Prions : Oligomers, Amyloids, and Pathological Membrane Interactions. *Annu Rev Biochem* **-**, –, Feb (2009).
69. Cronier, S., Laude, H., and Peyrin, J.-M. Prions can infect primary cultured neurons and astrocytes and promote neuronal cell death. *Proc Natl Acad Sci U S A* **101**(33), 12271–12276, Aug (2004).
70. Giri, R. K., Young, R., Pitstick, R., DeArmond, S. J., Prusiner, S. B., and Carlson, G. A. Prion infection of mouse neurospheres. *Proc Natl Acad Sci U S A* **103**(10), 3875–3880, Mar (2006).
71. Milhavet, O., Casanova, D., Chevallier, N., McKay, R. D. G., and Lehmann, S. Neural stem cell model for prion propagation. *Stem Cells* **24**(10), 2284–2291, Oct (2006).
72. Lawson, V. A., Vella, L. J., Stewart, J. D., Sharples, R. A., Klemm, H., Machalek, D. M., Masters, C. L., Cappai, R., Collins, S. J., and Hill, A. F. Mouse-adapted sporadic human Creutzfeldt-Jakob disease prions propagate in cell culture. *Int J Biochem Cell Biol* **40**(12), 2793–2801 (2008).
73. Courageot, M.-P., Daude, N., Nonno, R., Paquet, S., Bari, M. A. D., Dur, A. L., Chapuis, J., Hill, A. F., Agrimi, U., Laude, H., and Vilette, D. A cell line infectible by prion strains from different species. *J Gen Virol* **89**(Pt 1), 341–347, Jan (2008).
74. Akimov, S., Yakovleva, O., Vasilyeva, I., McKenzie, C., and Cervenakova, L. Persistent propagation of variant Creutzfeldt-Jakob disease agent in murine spleen stromal cell culture with features of mesenchymal stem cells. *J Virol* **82**(21), 10959–10962, Nov (2008).
75. Klöhn, P.-C., Stoltze, L., Flechsig, E., Enari, M., and Weissmann, C. A quantitative, highly sensitive cell-based infectivity assay for mouse scrapie prions. *Proc Natl Acad Sci U S A* **100**(20), 11666–11671, Sep (2003).
76. Solassol, J., Crozet, C., and Lehmann, S. Prion propagation in cultured cells. *Br Med Bull* **66**, 87–97 (2003).
77. Mahal, S. P., Baker, C. A., Demczyk, C. A., Smith, E. W., Julius, C., and Weissmann, C. Prion strain discrimination in cell culture : the cell panel assay. *Proc Natl Acad Sci U S A* **104**(52), 20908–20913, Dec (2007).
78. Vilette, D. Cell models of prion infection. *Vet Res* **39**(4), 10 (2008).
79. Lasmézas, C. I., Deslys, J. P., Robain, O., Jaegly, A., Beringue, V., Peyrin, J. M., Fournier, J. G., Hauw, J. J., Rossier, J., and Dormont, D. Transmission of the BSE agent to mice in the absence of detectable abnormal prion protein. *Science* **275**(5298), 402–405, Jan (1997).
80. Chandler, R. L. Encephalopathy in mice produced by inoculation with scrapie brain material. *Lancet* **1**(7191), 1378–1379, Jun (1961).
81. Chandler, R. L. and Fisher, J. Experimental transmission of scrapie to rats. *Lancet* **2**(7318), 1165, Nov (1963).
82. Chandler, R. L. Experimental transmission of scrapie to voles and Chinese hamsters. *Lancet* **1**(7692), 232–233, Jan (1971).
83. Weissmann, C. and Flechsig, E. PrP knock-out and PrP transgenic mice in prion research. *Br Med Bull* **66**, 43–60 (2003).
84. Groschup, M. H. and Buschmann, A. Rodent models for prion diseases. *Vet Res* **39**(4), 32 (2008).
85. Nonno, R., Bari, M. A. D., Cardone, F., Vaccari, G., Fazzi, P., Dell'Omo, G., Cartoni, C., Ingrosso, L., Boyle, A., Galeno, R., Sbriccoli, M., Lipp, H.-P., Bruce, M., Pocchiari, M., and Agrimi, U. Efficient transmission and characterization of Creutzfeldt-Jakob disease strains in bank voles. *PLoS Pathog* **2**(2), e12, Feb (2006).

86. Richt, J. A., Kasinathan, P., Hamir, A. N., Castilla, J., Sathiyaseelan, T., Vargas, F., Sathiyaseelan, J., Wu, H., Matsushita, H., Koster, J., Kato, S., Ishida, I., Soto, C., Robl, J. M., and Kuroiwa, Y. Production of cattle lacking prion protein. *Nat Biotechnol* **25**(1), 132–138, Jan (2007).

87. Weissmann, C., Raeber, A. J., Montrasio, F., Hegyi, I., Frigg, R., Klein, M. A., and Aguzzi, A. Prions and the lymphoreticular system. *Philos Trans R Soc Lond B Biol Sci* **356**(1406), 177–184, Feb (2001).

88. Mallucci, G., Dickinson, A., Linehan, J., Klöhn, P.-C., Brandner, S., and Collinge, J. Depleting neuronal PrP in prion infection prevents disease and reverses spongiosis. *Science* **302**(5646), 871–874, Oct (2003).

89. Heikenwalder, M., Zeller, N., Seeger, H., Prinz, M., Klöhn, P.-C., Schwarz, P., Ruddle, N. H., Weissmann, C., and Aguzzi, A. Chronic lymphocytic inflammation specifies the organ tropism of prions. *Science* **307**(5712), 1107–1110, Feb (2005).

90. Gajdusek, D. C., Gibbs, C. J., and Alpers, M. Experimental transmission of a Kuru-like syndrome to chimpanzees. *Nature* **209**(5025), 794–796, Feb (1966).

91. Gibbs, C. J., Amyx, H. L., Bacote, A., Masters, C. L., and Gajdusek, D. C. Oral transmission of kuru, Creutzfeldt-Jakob disease, and scrapie to nonhuman primates. *J Infect Dis* **142**(2), 205–208, Aug (1980).

92. Ridley, R. M. and Baker, H. F. Oral transmission of BSE to primates. *Lancet* **348**(9035), 1174, Oct (1996).

93. Comoy, E. E., Casalone, C., Lescoutra-Etchegaray, N., Zanusso, G., Freire, S., Marcé, D., Auvré, F., Ruchoux, M.-M., Ferrari, S., Monaco, S., Salès, N., Caramelli, M., Leboulch, P., Brown, P., Lasmézas, C. I., and Deslys, J.-P. Atypical BSE (BASE) transmitted from asymptomatic aging cattle to a primate. *PLoS ONE* **3**(8), e3017 (2008).

94. Herzog, C., Salès, N., Etchegaray, N., Charbonnier, A., Freire, S., Dormont, D., Deslys, J.-P., and Lasmézas, C. I. Tissue distribution of bovine spongiform encephalopathy agent in primates after intravenous or oral infection. *Lancet* **363**(9407), 422–428, Feb (2004).

95. Lasmézas, C. I., Comoy, E., Hawkins, S., Herzog, C., Mouthon, F., Konold, T., Auvré, F., Correia, E., Lescoutra-Etchegaray, N., Salès, N., Wells, G., Brown, P., and Deslys, J.-P. Risk of oral infection with bovine spongiform encephalopathy agent in primates. *Lancet* **365**(9461), 781–783 (2005).

96. Lasmézas, C. I., Fournier, J. G., Nouvel, V., Boe, H., Marcé, D., Lamoury, F., Kopp, N., Hauw, J. J., Ironside, J., Bruce, M., Dormont, D., and Deslys, J. P. Adaptation of the bovine spongiform encephalopathy agent to primates and comparison with Creutzfeldt– Jakob disease : implications for human health. *Proc Natl Acad Sci U S A* **98**(7), 4142–4147, Mar (2001).

97. Chien, P., Weissman, J. S., and DePace, A. H. Emerging principles of conformation-based prion inheritance. *Annu Rev Biochem* **73**, 617–656 (2004).

98. Uptain, S. M. and Lindquist, S. Prions as protein-based genetic elements. *Annu Rev Microbiol* **56**, 703–741 (2002).

99. Maddelein, M.-L. Infectious fold and amyloid propagation in Podospora anserina. *Prion* **1**(1), 44–47, Jan (2007).

100. Bach, S., Talarek, N., Andrieu, T., Vierfond, J.-M., Mettey, Y., Galons, H., Dormont, D., Meijer, L., Cullin, C., and Blondel, M. Isolation of drugs active against mammalian prions using a yeast-based screening assay. *Nat Biotechnol* **21**(9), 1075–1081, Sep (2003).

101. Krammer, C., Kryndushkin, D., Suhre, M. H., Kremmer, E., Hofmann, A., Pfeifer, A., Scheibel, T., Wickner, R. B., Schätzl, H. M., and Vorberg, I. The yeast Sup35NM domain propagates as a prion in mammalian cells. *Proc Natl Acad Sci U S A* **106**(2), 462–467, Jan (2009).

102. Mays, C. E., Kang, H.-E., Kim, Y., Shim, S. H., Bang, J.-E., Woo, H.-J., Cho, Y.-H., Kim, J.-B., and Ryou, C. CRBL cells : establishment, characterization and susceptibility to prion infection. *Brain Res* **1208**, 170–180, May (2008).

103. Takakura, Y., Yamaguchi, N., Nakagaki, T., Satoh, K., ichi Kira, J., and Nishida, N. Bone marrow stroma cells are susceptible to prion infection. *Biochem Biophys Res Commun* **377**(3), 957–961, Dec (2008).

104. Mouillet-Richard, S., Laurendeau, I., Vidaud, M., Kellermann, O., and Laplanche, J. L. Prion protein and neuronal differentiation : quantitative analysis of prnp gene expression in a murine inducible neuroectodermal progenitor. *Microbes Infect* **1**(12), 969–976, Oct (1999).

105. Acutis, P. L., Peletto, S., Grego, E., Colussi, S., Riina, M. V., Rosati, S., Mignone, W., and Caramelli, M. Comparative analysis of the prion protein (PrP) gene in cetacean species. *Gene* **392**(1-2), 230–238, May (2007).

106. Prusiner, S. B. and Scott, M. R. Genetics of prions. *Annu Rev Genet* **31**, 139–175 (1997).

107. Wopfner, F., Weidenhöfer, G., Schneider, R., von Brunn, A., Gilch, S., Schwarz, T. F., Werner, T., and Schätzl, H. M. Analysis of 27 mammalian and 9 avian PrPs reveals high conservation of flexible regions of the prion protein. *J Mol Biol* **289**(5), 1163–1178, Jun (1999).

108. Cabral, A. L. B., Lee, K. S., and Martins, V. R. Regulation of the cellular prion protein gene expression depends on chromatin conformation. *J Biol Chem* **277**(7), 5675–5682, Feb (2002).

109. Zawlik, I., Witusik, M., Hulas-Bigoszewska, K., Piaskowski, S., Szybka, M., Golanska, E., Liberski, P. P., and Rieske, P. Regulation of PrPC expression : nerve growth factor (NGF) activates the prion gene promoter through the MEK1 pathway in PC12 cells. *Neurosci Lett* **400**(1-2), 58–62, May (2006).

110. Saeki, K., Matsumoto, Y., Matsumoto, Y., and Onodera, T. Identification of a promoter region in the rat prion protein gene. *Biochem Biophys Res Commun* **219**(1), 47–52, Feb (1996).

111. Chiarini, L. B., Freitas, A. R. O., Zanata, S. M., Brentani, R. R., Martins, V. R., and Linden, R. Cellular prion protein transduces neuroprotective signals. *EMBO J* **21**(13), 3317–3326, Jul (2002).

112. Varela-Nallar, L., Toledo, E. M., Chacón, M. A., and Inestrosa, N. C. The functional links between prion protein and copper. *Biol Res* **39**(1), 39–44 (2006).

113. Haigh, C. L., Wright, J. A., and Brown, D. R. Regulation of prion protein expression by noncoding regions of the Prnp gene. *J Mol Biol* **368**(4), 915–927, May (2007).

114. Hu, W., Kieseier, B., Frohman, E., Eagar, T. N., Rosenberg, R. N., Hartung, H.-P., and Stüve, O. Prion proteins : physiological functions and role in neurological disorders. *J Neurol Sci* **264**(1-2), 1–8, Jan (2008).

115. Austbø, L., Espenes, A., Olsaker, I., Press, C. M., and Skretting, G. Increased PrP mRNA expression in lymphoid follicles of the ileal Peyer's patch of sheep experimentally exposed to the scrapie agent. *J Gen Virol* **88**(Pt 7), 2083–2090, Jul (2007).

116. Aguib, Y., Gilch, S., Krammer, C., Ertmer, A., Groschup, M. H., and Schätzl, H. M. Neuroendocrine cultured cells counteract persistent prion infection by down-regulation of PrPc. *Mol Cell Neurosci* **38**(1), 98–109, May (2008).

117. Miele, G., Blanco, A. R. A., Baybutt, H., Horvat, S., Manson, J., and Clinton, M. Embryonic activation and developmental expression of the murine prion protein gene. *Gene Expr* **11**(1), 1–12 (2003).

118. Goldmann, W., O'Neill, G., Cheung, F., Charleson, F., Ford, P., and Hunter, N. PrP (prion) gene expression in sheep may be modulated by alternative polyadenylation of its messenger RNA. *J Gen Virol* **80 (Pt 8)**, 2275–2283, Aug (1999).

119. Tanji, K., Saeki, K., Matsumoto, Y., Takeda, M., Hirasawa, K., Doi, K., Matsumoto, Y., and Onodera, T. Analysis of PrPc mRNA by in situ hybridization in brain, placenta, uterus and testis of rats. *Intervirology* **38**(6), 309–315 (1995).

120. Lemaire-Vieille, C., Schulze, T., Podevin-Dimster, V., Follet, J., Bailly, Y., Blanquet-Grossard, F., Decavel, J. P., Heinen, E., and Cesbron, J. Y. Epithelial and endothelial expression of the green fluorescent protein reporter gene under the control of bovine prion protein (PrP) gene regulatory sequences in transgenic mice. *Proc Natl Acad Sci U S A* **97**(10), 5422–5427, May (2000).

121. Moya, K. L., Salès, N., Hässig, R., Créminon, C., Grassi, J., and Giamberardino, L. D. Immunolocalization of the cellular prion protein in normal brain. *Microsc Res Tech* **50**(1), 58–65, Jul (2000).

122. Herms, J., Tings, T., Gall, S., Madlung, A., Giese, A., Siebert, H., Schürmann, P., Windl, O., Brose, N., and Kretzschmar, H. Evidence of presynaptic location and function of the prion protein. *J Neurosci* **19**(20), 8866–8875, Oct (1999).

123. Mangé, A. and Lehmann, S. Nouveaux aspects de la biologie de la protéine prion. *M/S* **18**, 1267–75 (2002).

124. Lehmann, S., Milhavet, O., and Mangé, A. Trafficking of the cellular isoform of the prion protein. *Biomed Pharmacother* **53**(1), 39–46 (1999).

125. Daude, N., Lehmann, S., and Harris, D. A. Identification of intermediate steps in the conversion of a mutant prion protein to a scrapie-like form in cultured cells. *J Biol Chem* **272**(17), 11604–11612, Apr (1997).

126. Gu, Y., Singh, A., Bose, S., and Singh, N. Pathogenic mutations in the glycosylphosphatidylinositol signal peptide of PrP modulate its topology in neuroblastoma cells. *Mol Cell Neurosci* **37**(4), 647–656, Apr (2008).

127. Chesebro, B., Trifilo, M., Race, R., Meade-White, K., Teng, C., LaCasse, R., Raymond, L., Favara, C., Baron, G., Priola, S., Caughey, B., Masliah,

E., and Oldstone, M. Anchorless prion protein results in infectious amyloid disease without clinical scrapie. *Science* **308**(5727), 1435–1439, Jun (2005).

128. Shyng, S. L., Huber, M. T., and Harris, D. A. A prion protein cycles between the cell surface and an endocytic compartment in cultured neuroblastoma cells. *J Biol Chem* **268**(21), 15922–15928, Jul (1993).

129. Shyng, S. L., Moulder, K. L., Lesko, A., and Harris, D. A. The N-terminal domain of a glycolipid-anchored prion protein is essential for its endocytosis via clathrin-coated pits. *J Biol Chem* **270**(24), 14793–14800, Jun (1995).

130. Kristiansen, M., Deriziotis, P., Dimcheff, D. E., Jackson, G. S., Ovaa, H., Naumann, H., Clarke, A. R., van Leeuwen, F. W. B., Menéndez-Benito, V., Dantuma, N. P., Portis, J. L., Collinge, J., and Tabrizi, S. J. Disease-associated prion protein oligomers inhibit the 26S proteasome. *Mol Cell* **26**(2), 175–188, Apr (2007).

131. Lainé, J., Marc, M. E., Sy, M. S., and Axelrad, H. Cellular and subcellular morphological localization of normal prion protein in rodent cerebellum. *Eur J Neurosci* **14**(1), 47–56, Jul (2001).

132. Hegde, R. S., Mastrianni, J. A., Scott, M. R., DeFea, K. A., Tremblay, P., Torchia, M., DeArmond, S. J., Prusiner, S. B., and Lingappa, V. R. A transmembrane form of the prion protein in neurodegenerative disease. *Science* **279**(5352), 827–834, Feb (1998).

133. Barclay, G. R., Hope, J., Birkett, C. R., and Turner, M. L. Distribution of cell-associated prion protein in normal adult blood determined by flow cytometry. *Br J Haematol* **107**(4), 804–814, Dec (1999).

134. Hegde, R. S., Tremblay, P., Groth, D., DeArmond, S. J., Prusiner, S. B., and Lingappa, V. R. Transmissible and genetic prion diseases share a common pathway of neurodegeneration. *Nature* **402**(6763), 822–826, Dec (1999).

135. Gasset, M., Baldwin, M. A., Lloyd, D. H., Gabriel, J. M., Holtzman, D. M., Cohen, F., Fletterick, R., and Prusiner, S. B. Predicted alpha-helical regions of the prion protein when synthesized as peptides form amyloid. *Proc Natl Acad Sci U S A* **89**(22), 10940–10944, Nov (1992).

136. Riek, R., Hornemann, S., Wider, G., Glockshuber, R., and Wüthrich, K. NMR characterization of the full-length recombinant murine prion protein, mPrP(23-231). *FEBS Lett* **413**(2), 282–288, Aug (1997).

137. Jaegly, A., Mouthon, F., Peyrin, J. M., Camugli, B., Deslys, J. P., and Dormont, D. Search for a nuclear localization signal in the prion protein. *Mol Cell Neurosci* **11**(3), 127–133, Jun (1998).

138. Nunziante, M., Gilch, S., and Schätzl, H. M. Essential role of the prion protein N terminus in subcellular trafficking and half-life of cellular prion protein. *J Biol Chem* **278**(6), 3726–3734, Feb (2003).

139. Wadsworth, J. D., Hill, A. F., Joiner, S., Jackson, G. S., Clarke, A. R., and Collinge, J. Strain-specific prion-protein conformation determined by metal ions. *Nat Cell Biol* **1**(1), 55–59, May (1999).

140. Pauly, P. C. and Harris, D. A. Copper stimulates endocytosis of the prion protein. *J Biol Chem* **273**(50), 33107–33110, Dec (1998).

141. Flechsig, E., Shmerling, D., Hegyi, I., Raeber, A. J., Fischer, M., Cozzio, A., von Mering, C., Aguzzi, A., and Weissmann, C. Prion protein devoid of the octapeptide repeat region restores susceptibility to scrapie in PrP knockout mice. *Neuron* **27**(2), 399–408, Aug (2000).

142. Walmsley, A. R., Zeng, F., and Hooper, N. M. The N-terminal region of the prion protein ectodomain contains a lipid raft targeting determinant. *J Biol Chem* **278**(39), 37241–37248, Sep (2003).

143. Shmerling, D., Hegyi, I., Fischer, M., Blättler, T., Brandner, S., Götz, J., Rülicke, T., Flechsig, E., Cozzio, A., von Mering, C., Hangartner, C., Aguzzi, A., and Weissmann, C. Expression of amino-terminally truncated PrP in the mouse leading to ataxia and specific cerebellar lesions. *Cell* **93**(2), 203–214, Apr (1998).

144. Forloni, G., Angeretti, N., Chiesa, R., Monzani, E., Salmona, M., Bugiani, O., and Tagliavini, F. Neurotoxicity of a prion protein fragment. *Nature* **362**(6420), 543–546, Apr (1993).

145. Rudd, P. M., Endo, T., Colominas, C., Groth, D., Wheeler, S. F., Harvey, D. J., Wormald, M. R., Serban, H., Prusiner, S. B., Kobata, A., and Dwek, R. A. Glycosylation differences between the normal and pathogenic prion protein isoforms. *Proc Natl Acad Sci U S A* **96**(23), 13044–13049, Nov (1999).

146. Hornemann, S., Korth, C., Oesch, B., Riek, R., Wider, G., Wüthrich, K., and Glockshuber, R. Recombinant full-length murine prion protein, mPrP(23-231) : purification and spectroscopic characterization. *FEBS Lett* **413**(2), 277–281, Aug (1997).

147. Govaerts, C., Wille, H., Prusiner, S. B., and Cohen, F. E. Evidence for assembly of prions with left-handed beta-helices into trimers. *Proc Natl Acad Sci U S A* **101**(22), 8342–8347, Jun (2004).

148. Taraboulos, A., Serban, D., and Prusiner, S. B. Scrapie prion proteins accumulate in the cytoplasm of persistently infected cultured cells. *J Cell Biol* **110**(6), 2117–2132, Jun (1990).

149. Hayashi, H. K., Yokoyama, T., Takata, M., Iwamaru, Y., Imamura, M., Ushiki, Y. K., and Shinagawa, M. The N-terminal cleavage site of PrPSc from BSE differs from that of PrPSc from scrapie. *Biochem Biophys Res Commun* **328**(4), 1024–1027, Mar (2005).

150. Watts, J. C., Drisaldi, B., Ng, V., Yang, J., Strome, B., Horne, P., Sy, M.-S., Yoong, L., Young, R., Mastrangelo, P., Bergeron, C., Fraser, P. E., Carlson, G. A., Mount, H. T. J., Schmitt-Ulms, G., and Westaway, D. The CNS glycoprotein Shadoo has PrP(C)-like protective properties and displays reduced levels in prion infections. *EMBO J* **26**(17), 4038–4050, Sep (2007).

151. Watts, J. C. and Westaway, D. The prion protein family : diversity, rivalry, and dysfunction. *Biochim Biophys Acta* **1772**(6), 654–672, Jun (2007).

152. Makrinou, E., Collinge, J., and Antoniou, M. Genomic characterization of the human prion protein (PrP) gene locus. *Mamm Genome* **13**(12), 696–703, Dec (2002).

153. Qin, K., O'Donnell, M., and Zhao, R. Y. Doppel : more rival than double to prion. *Neuroscience* **141**(1), 1–8, Aug (2006).

154. Büeler, H., Fischer, M., Lang, Y., Bluethmann, H., Lipp, H. P., DeArmond, S. J., Prusiner, S. B., Aguet, M., and Weissmann, C. Normal development and behaviour of mice lacking the neuronal cell-surface PrP protein. *Nature* **356**(6370), 577–582, Apr (1992).

155. Satoh, J., Obayashi, S., Misawa, T., Sumiyoshi, K., Oosumi, K., and Tabunoki, H. Protein microarray analysis identifies human cellular prion protein interactors. *Neuropathol Appl Neurobiol* **35**(1), 16–35, Feb (2009).

156. Rutishauser, D., Mertz, K. D., Moos, R., Brunner, E., Rülicke, T., Calella, A. M., and Aguzzi, A. The comprehensive native interactome of a fully functional tagged prion protein. *PLoS ONE* **4**(2), e4446 (2009).

157. Vana, K., Zuber, C., Nikles, D., and Weiss, S. Novel aspects of prions, their receptor molecules, and innovative approaches for TSE therapy. *Cell Mol Neurobiol* **27**(1), 107–128, Feb (2007).

158. Lee, K. S., Linden, R., Prado, M. A. M., Brentani, R. R., and Martins, V. R. Towards cellular receptors for prions. *Rev Med Virol* **13**(6), 399–408 (2003).

159. Pichon, C. E. L., Valley, M. T., Polymenidou, M., Chesler, A. T., Sagdullaev, B. T., Aguzzi, A., and Firestein, S. Olfactory behavior and physiology are disrupted in prion protein knockout mice. *Nat Neurosci* **12**(1), 60–69, Jan (2009).

160. Roucou, X., Gains, M., and LeBlanc, A. C. Neuroprotective functions of prion protein. *J Neurosci Res* **75**(2), 153–161, Jan (2004).

161. Laurén, J., Gimbel, D. A., Nygaard, H. B., Gilbert, J. W., and Strittmatter, S. M. Cellular prion protein mediates impairment of synaptic plasticity by amyloid-beta oligomers. *Nature* **457**(7233), 1128–1132, Feb (2009).

162. Soto, C. Diagnosing prion diseases : needs, challenges and hopes. *Nat Rev Microbiol* **2**(10), 809–819, Oct (2004).

163. Uro-Coste, E., Cassard, H., Simon, S., Lugan, S., Bilheude, J.-M., Perret-Liaudet, A., Ironside, J. W., Haik, S., Basset-Leobon, C., Lacroux, C., Peoch', K., Streichenberger, N., Langeveld, J., Head, M. W., Grassi, J., Hauw, J.-J., Schelcher, F., Delisle, M. B., and Andréoletti, O. Beyond PrP9res) type 1/type 2 dichotomy in Creutzfeldt-Jakob disease. *PLoS Pathog* **4**(3), e1000029, Mar (2008).

164. Ramasamy, I., Law, M., Collins, S., and Brooke, F. Organ distribution of prion proteins in variant Creutzfeldt-Jakob disease. *Lancet Infect Dis* **3**(4), 214–222, Apr (2003).

165. Mabbott, N. A. and Bruce, M. E. The immunobiology of TSE diseases. *J Gen Virol* **82**(Pt 10), 2307–2318, Oct (2001).

166. Montrasio, F., Frigg, R., Glatzel, M., Klein, M. A., Mackay, F., Aguzzi, A., and Weissmann, C. Impaired prion replication in spleens of mice lacking functional follicular dendritic cells. *Science* **288**(5469), 1257–1259, May (2000).

167. Mabbott, N. A., Williams, A., Farquhar, C. F., Pasparakis, M., Kollias, G., and Bruce, M. E. Tumor necrosis factor alpha-deficient, but not interleukin-6-deficient, mice resist peripheral infection with scrapie. *J Virol* **74**(7), 3338–3344, Apr (2000).

168. Mabbott, N. A., McGovern, G., Jeffrey, M., and Bruce, M. E. Temporary blockade of the tumor necrosis factor receptor signaling pathway impedes the spread of scrapie to the brain. *J Virol* **76**(10), 5131–5139, May (2002).

169. Hoffmann, C., Ziegler, U., Buschmann, A., Weber, A., Kupfer, L., Oelschlegel, A., Hammerschmidt, B., and Groschup, M. H. Prions spread via the autonomic nervous system from the gut to the central nervous system in cattle incubating bovine spongiform encephalopathy. *J Gen Virol* **88**(Pt 3), 1048–1055, Mar (2007).

170. Seeger, H., Heikenwalder, M., Zeller, N., Kranich, J., Schwarz, P., Gaspert, A., Seifert, B., Miele, G., and Aguzzi, A. Coincident scrapie infection and nephritis lead to urinary prion excretion. *Science* **310**(5746), 324–326, Oct (2005).

171. Tateishi, J. Transmission of Creutzfeldt-Jakob disease from human blood and urine into mice. *Lancet* **2**(8463), 1074, Nov (1985).

172. Ligios, C., Sigurdson, C. J., Santucciu, C., Carcassola, G., Manco, G., Basagni, M., Maestrale, C., Cancedda, M. G., Madau, L., and Aguzzi, A. PrPSc in mammary glands of sheep affected by scrapie and mastitis. *Nat Med* **11**(11), 1137–1138, Nov (2005).

173. Lacroux, C., Simon, S., Benestad, S. L., Maillet, S., Mathey, J., Lugan, S., Corbière, F., Cassard, H., Costes, P., Bergonier, D., Weisbecker, J.-L., Moldal, T., Simmons, H., Lantier, F., Feraudet-Tarisse, C., Morel, N., Schelcher, F., Grassi, J., and Andréoletti, O. Prions in milk from ewes incubating natural scrapie. *PLoS Pathog* **4**(12), e1000238, Dec (2008).

174. Mathiason, C. K., Powers, J. G., Dahmes, S. J., Osborn, D. A., Miller, K. V., Warren, R. J., Mason, G. L., Hays, S. A., Hayes-Klug, J., Seelig, D. M., Wild, M. A., Wolfe, L. L., Spraker, T. R., Miller, M. W., Sigurdson, C. J., Telling, G. C., and Hoover, E. A. Infectious prions in the saliva and blood of deer with chronic wasting disease. *Science* **314**(5796), 133–136, Oct (2006).

175. Gregori, L., Kovacs, G. G., Alexeeva, I., Budka, H., and Rohwer, R. G. Excretion of transmissible spongiform encephalopathy infectivity in urine. *Emerg Infect Dis* **14**(9), 1406–1412, Sep (2008).

176. Béringue, V., Dur, A. L., Tixador, P., Reine, F., Lepourry, L., Perret-Liaudet, A., Haïk, S., Vilotte, J.-L., Fontés, M., and Laude, H. Prominent and persistent extraneural infection in human PrP transgenic mice infected with variant CJD. *PLoS ONE* **3**, e1419 (2008).

177. Paquet, S., Daude, N., Courageot, M.-P., Chapuis, J., Laude, H., and Vilette, D. PrPc does not mediate internalization of PrPSc but is required at an early stage for de novo prion infection of Rov cells. *J Virol* **81**(19), 10786–10791, Oct (2007).

178. Hijazi, N., Kariv-Inbal, Z., Gasset, M., and Gabizon, R. PrPSc incorporation to cells requires endogenous glycosaminoglycan expression. *J Biol Chem* **280**(17), 17057–17061, Apr (2005).

179. Magalhães, A. C., Baron, G. S., Lee, K. S., Steele-Mortimer, O., Dorward, D., Prado, M. A. M., and Caughey, B. Uptake and neuritic transport of scrapie prion protein coincident with infection of neuronal cells. *J Neurosci* **25**(21), 5207–5216, May (2005).

180. Enari, M., Flechsig, E., and Weissmann, C. Scrapie prion protein accumulation by scrapie-infected neuroblastoma cells abrogated by exposure to a prion protein antibody. *Proc Natl Acad Sci U S A* **98**(16), 9295–9299, Jul (2001).

181. Mabbott, N. A. and Bruce, M. E. Follicular dendritic cells as targets for intervention in transmissible spongiform encephalopathies. *Semin Immunol* **14**(4), 285–293, Aug (2002).

182. Vorberg, I., Raines, A., Story, B., and Priola, S. A. Susceptibility of common fibroblast cell lines to transmissible spongiform encephalopathy agents. *J Infect Dis* **189**(3), 431–439, Feb (2004).

183. Beekes, M., McBride, P. A., and Baldauf, E. Cerebral targeting indicates vagal spread of infection in hamsters fed with scrapie. *J Gen Virol* **79 (Pt 3)**, 601–607, Mar (1998).

184. Kanu, N., Imokawa, Y., Drechsel, D. N., Williamson, R. A., Birkett, C. R., Bostock, C. J., and Brockes, J. P. Transfer of scrapie prion infectivity by cell contact in culture. *Curr Biol* **12**(7), 523–530, Apr (2002).

185. Paquet, S., Langevin, C., Chapuis, J., Jackson, G. S., Laude, H., and Vilette, D. Efficient dissemination of prions through preferential transmission to nearby cells. *J Gen Virol* **88**(Pt 2), 706–713, Feb (2007).

186. Brandner, S., Isenmann, S., Raeber, A., Fischer, M., Sailer, A., Kobayashi, Y., Marino, S., Weissmann, C., and Aguzzi, A. Normal host prion protein necessary for scrapie-induced neurotoxicity. *Nature* **379**(6563), 339–343, Jan (1996).

187. Baron, G. S., Magalhães, A. C., Prado, M. A. M., and Caughey, B. Mouse-adapted scrapie infection of SN56 cells : greater efficiency with microsome-associated versus purified PrP-res. *J Virol* **80**(5), 2106–2117, Mar (2006).

188. Fevrier, B., Vilette, D., Archer, F., Loew, D., Faigle, W., Vidal, M., Laude, H., and Raposo, G. Cells release prions in association with exosomes. *Proc Natl Acad Sci U S A* **101**(26), 9683–9688, Jun (2004).

189. Schätzl, H. M., Laszlo, L., Holtzman, D. M., Tatzelt, J., DeArmond, S. J., Weiner, R. I., Mobley, W. C., and Prusiner, S. B. A hypothalamic neuronal cell line persistently infected with scrapie prions exhibits apoptosis. *J Virol* **71**(11), 8821–8831, Nov (1997).

190. Alais, S., Simoes, S., Baas, D., Lehmann, S., Raposo, G., Darlix, J. L., and Leblanc, P. Mouse neuroblastoma cells release prion infectivity associated with exosomal vesicles. *Biol Cell* **100**(10), 603–615, Oct (2008).

191. Gousset, K., Schiff, E., Langevin, C., Marijanovic, Z., Caputo, A., Browman, D. T., Chenouard, N., de Chaumont, F., Martino, A., Enninga, J., Olivo-Marin, J.-C., Männel, D., and Zurzolo, C. Prions hijack tunnelling nanotubes for intercellular spread. *Nat Cell Biol* **11**(3), 328–336, Mar (2009).

192. Glatzel, M. and Aguzzi, A. Peripheral pathogenesis of prion diseases. *Microbes Infect* **2**(6), 613–619, May (2000).

193. Aguzzi, A. and Sigurdson, C. J. Antiprion immunotherapy : to suppress or to stimulate? *Nat Rev Immunol* **4**(9), 725–736, Sep (2004).

194. Heppner, F. L., Christ, A. D., Klein, M. A., Prinz, M., Fried, M., Kraehenbuhl, J. P., and Aguzzi, A. Transepithelial prion transport by M cells. *Nat Med* **7**(9), 976–977, Sep (2001).

195. Cordier-Dirikoc, S. and Chabry, J. Temporary depletion of CD11c+ dendritic cells delays lymphoinvasion after intraperitonal scrapie infection. *J Virol* **82**(17), 8933–8936, Sep (2008).

196. Huang, F.-P., Farquhar, C. F., Mabbott, N. A., Bruce, M. E., and MacPherson, G. G. Migrating intestinal dendritic cells transport PrP(Sc) from the gut. *J Gen Virol* **83**(Pt 1), 267–271, Jan (2002).

197. Prinz, M., Heikenwalder, M., Junt, T., Schwarz, P., Glatzel, M., Heppner, F. L., Fu, Y.-X., Lipp, M., and Aguzzi, A. Positioning of follicular dendritic cells within the spleen controls prion neuroinvasion. *Nature* **425**(6961), 957–962, Oct (2003).

198. Borchelt, D. R., Koliatsos, V. E., Guarnieri, M., Pardo, C. A., Sisodia, S. S., and Price, D. L. Rapid anterograde axonal transport of the cellular prion glycoprotein in the peripheral and central nervous systems. *J Biol Chem* **269**(20), 14711–14714, May (1994).

199. Groschup, M. H., Beekes, M., McBride, P. A., Hardt, M., Hainfellner, J. A., and Budka, H. Deposition of disease-associated prion protein involves the peripheral nervous system in experimental scrapie. *Acta Neuropathol* **98**(5), 453–457, Nov (1999).

200. Aguzzi, A., Blättler, T., Klein, M. A., Räber, A. J., Hegyi, I., Frigg, R., Brandner, S., and Weissmann, C. Tracking prions : the neurografting approach. *Cell Mol Life Sci* **53**(6), 485–495, Jun (1997).

201. Na, Y.-J., Jin, J.-K., Kim, J.-I., Choi, E.-K., Carp, R. I., and Kim, Y.-S. JAK-STAT signaling pathway mediates astrogliosis in brains of scrapie-infected mice. *J Neurochem* **103**(2), 637–649, Oct (2007).

202. Hafiz, F. B. and Brown, D. R. A model for the mechanism of astrogliosis in prion disease. *Mol Cell Neurosci* **16**(3), 221–232, Sep (2000).

203. Sikorska, B., Liberski, P. P., Sobów, T., Budka, H., and Ironside, J. W. Ultrastructural study of florid plaques in variant Creutzfeldt-Jakob disease : a comparison with amyloid plaques in kuru, sporadic Creutzfeldt-Jakob disease and Gerstmann-Sträussler-Scheinker disease. *Neuropathol Appl Neurobiol* **x**, x, May (2008).

204. Novitskaya, V., Bocharova, O. V., Bronstein, I., and Baskakov, I. V. Amyloid fibrils of mammalian prion protein are highly toxic to cultured cells and primary neurons. *J Biol Chem* **281**(19), 13828–13836, May (2006).

205. Liberski, P. P., Streichenberger, N., Giraud, P., Soutrenon, M., Meyronnet, D., Sikorska, B., and Kopp, N. Ultrastructural pathology of prion diseases revisited : brain biopsy studies. *Neuropathol Appl Neurobiol* **31**(1), 88–96, Feb (2005).

206. Crozet, C., Beranger, F., and Lehmann, S. Cellular pathogenesis in prion diseases. *Vet Res* **39**(4), 44 (2008).

207. Brown, A. R., Rebus, S., McKimmie, C. S., Robertson, K., Williams, A., and Fazakerley, J. K. Gene expression profiling of the preclinical scrapie-infected hippocampus. *Biochem Biophys Res Commun* **334**(1), 86–95, Aug (2005).

208. Miele, G., Manson, J., and Clinton, M. A novel erythroid-specific marker of transmissible spongiform encephalopathies. *Nat Med* **7**(3), 361–364, Mar (2001).

209. Baker, C. A. and Manuelidis, L. Unique inflammatory RNA profiles of microglia in Creutzfeldt-Jakob disease. *Proc Natl Acad Sci U S A* **100**(2), 675–679, Jan (2003).

210. Greenwood, A. D., Horsch, M., Stengel, A., Vorberg, I., Lutzny, G., Maas, E., Schädler, S., Erfle,

V., Beckers, J., Schätzl, H., and Leib-Mösch, C. Cell line dependent RNA expression profiles of prion-infected mouse neuronal cells. *J Mol Biol* **349**(3), 487–500, Jun (2005).

211. Julius, C., Hutter, G., Wagner, U., Seeger, H., Kana, V., Kranich, J., Klöhn, P., Weissmann, C., Miele, G., and Aguzzi, A. Transcriptional stability of cultured cells upon prion infection. *J Mol Biol* **375**(5), 1222–1233, Feb (2008).

212. Cavallaro, S. and Calissano, P. A genomic approach to investigate neuronal apoptosis. *Curr Alzheimer Res* **3**(4), 285–296, Sep (2006).

213. Bouzamondo-Bernstein, E., Hopkins, S. D., Spilman, P., Uyehara-Lock, J., Deering, C., Safar, J., Prusiner, S. B., Ralston, H. J., and DeArmond, S. J. The neurodegeneration sequence in prion diseases : evidence from functional, morphological and ultrastructural studies of the GABAergic system. *J Neuropathol Exp Neurol* **63**(8), 882–899, Aug (2004).

214. Collinge, J., Whittington, M. A., Sidle, K. C., Smith, C. J., Palmer, M. S., Clarke, A. R., and Jefferys, J. G. Prion protein is necessary for normal synaptic function. *Nature* **370**(6487), 295–297, Jul (1994).

215. Cunningham, C., Deacon, R., Wells, H., Boche, D., Waters, S., Diniz, C. P., Scott, H., Rawlins, J. N. P., and Perry, V. H. Synaptic changes characterize early behavioural signs in the ME7 model of murine prion disease. *Eur J Neurosci* **17**(10), 2147–2155, May (2003).

216. Ishikura, N., Clever, J. L., Bouzamondo-Bernstein, E., Samayoa, E., Prusiner, S. B., Huang, E. J., and DeArmond, S. J. Notch-1 activation and dendritic atrophy in prion disease. *Proc Natl Acad Sci U S A* **102**(3), 886–891, Jan (2005).

217. Chen, S., Mangé, A., Dong, L., Lehmann, S., and Schachner, M. Prion protein as trans-interacting partner for neurons is involved in neurite outgrowth and neuronal survival. *Mol Cell Neurosci* **22**(2), 227–233, Feb (2003).

218. Ferrer, I. Synaptic pathology and cell death in the cerebellum in Creutzfeldt-Jakob disease. *Cerebellum* **1**(3), 213–222, Jul (2002).

219. Jamieson, E., Jeffrey, M., Ironside, J. W., and Fraser, J. R. Apoptosis and dendritic dysfunction precede prion protein accumulation in 87V scrapie. *Neuroreport* **12**(10), 2147–2153, Jul (2001).

220. Singh, N., Gu, Y., Bose, S., Kalepu, S., Mishra, R. S., and Verghese, S. Prion peptide 106-126 as a model for prion replication and neurotoxicity. *Front Biosci* **7**, a60–a71, Apr (2002).

221. Ferreiro, E., Costa, R., Marques, S., Cardoso, S. M., Oliveira, C. R., and Pereira, C. M. F. Involvement of mitochondria in endoplasmic reticulum stress-induced apoptotic cell death pathway triggered by the prion peptide PrP(106-126). *J Neurochem* **104**(3), 766–776, Feb (2008).

222. Mironov, A., Latawiec, D., Wille, H., Bouzamondo-Bernstein, E., Legname, G., Williamson, R. A., Burton, D., DeArmond, S. J., Prusiner, S. B., and Peters, P. J. Cytosolic prion protein in neurons. *J Neurosci* **23**(18), 7183–7193, Aug (2003).

223. Haïk, S., Peyrin, J. M., Lins, L., Rosseneu, M. Y., Brasseur, R., Langeveld, J. P., Tagliavini, F., Deslys, J. P., Lasmézas, C., and Dormont, D. Neurotoxicity of the putative transmembrane domain of the prion protein. *Neurobiol Dis* **7**(6 Pt B), 644–656, Dec (2000).

224. Milhavet, O. and Lehmann, S. Oxidative stress and the prion protein in transmissible spongiform encephalopathies. *Brain Res Brain Res Rev* **38**(3), 328–339, Feb (2002).

225. Mouillet-Richard, S., Nishida, N., Pradines, E., Laude, H., Schneider, B., Féraudet, C., Grassi, J., Launay, J.-M., Lehmann, S., and Kellermann, O. Prions impair bioaminergic functions through serotonin- or catecholamine-derived neurotoxins in neuronal cells. *J Biol Chem* **283**(35), 23782–23790, Aug (2008).

226. Rachidi, W., Mangé, A., Senator, A., Guiraud, P., Riondel, J., Benboubetra, M., Favier, A., and Lehmann, S. Prion infection impairs copper binding of cultured cells. *J Biol Chem* **278**(17), 14595–14598, Apr (2003).

227. Legname, G., Nguyen, H.-O. B., Baskakov, I. V., Cohen, F. E., Dearmond, S. J., and Prusiner, S. B. Strain-specified characteristics of mouse synthetic prions. *Proc Natl Acad Sci U S A* **102**(6), 2168–2173, Feb (2005).

228. Breydo, L., Bocharova, O. V., and Baskakov, I. V. Semiautomated cell-free conversion of prion protein : applications for high-throughput screening of potential antiprion drugs. *Anal Biochem* **339**(1), 165–173, Apr (2005).

229. Boshuizen, R. S., Langeveld, J. P. M., Salmona, M., Williams, A., Meloen, R. H., and Langedijk, J. P. M. An in vitro screening assay based on synthetic prion protein peptides for identification of fibril-interfering compounds. *Anal Biochem* **333**(2), 372–380, Oct (2004).

230. Caughey, W. S., Raymond, L. D., Horiuchi, M., and Caughey, B. Inhibition of protease-resistant prion protein formation by porphyrins and phthalocyanines. *Proc Natl Acad Sci U S A* **95**(21), 12117–12122, Oct (1998).

231. Iwamaru, Y., Shimizu, Y., Imamura, M., Murayama, Y., Endo, R., Tagawa, Y., Ushiki-Kaku, Y., Takenouchi, T., Kitani, H., Mohri, S., Yokoyama, T., and Okada, H. Lactoferrin induces cell surface retention of prion protein and inhibits prion accumulation. *J Neurochem* **107**(3), 636–646, Nov (2008).

232. Mangé, A., Nishida, N., Milhavet, O., McMahon, H. E., Casanova, D., and Lehmann, S. Amphotericin B inhibits the generation of the scrapie isoform of the prion protein in infected cultures. *J Virol* **74**(7), 3135–3140, Apr (2000).

233. McKenzie, D., Kaczkowski, J., Marsh, R., and Aiken, J. Amphotericin B delays both scrapie agent replication and PrP-res accumulation early in infection. *J Virol* **68**(11), 7534–7536, Nov (1994).

234. Kocisko, D. A., Baron, G. S., Rubenstein, R., Chen, J., Kuizon, S., and Caughey, B. New inhibitors of scrapie-associated prion protein formation in a library of 2000 drugs and natural products. *J Virol* **77**(19), 10288–10294, Oct (2003).

235. Bertsch, U., Winklhofer, K. F., Hirschberger, T., Bieschke, J., Weber, P., Hartl, F. U., Tavan, P., Tatzelt, J., Kretzschmar, H. A., and Giese, A. Systematic identification of antiprion drugs by high-throughput screening based on scanning for intensely fluorescent targets. *J Virol* **79**(12), 7785–7791, Jun (2005).

236. Touil, F., Pratt, S., Mutter, R., and Chen, B. Screening a library of potential prion therapeutics against cellular prion proteins and insights into their mode of biological activities by surface plasmon resonance. *J Pharm Biomed Anal* **40**(4), 822–832, Mar (2006).

237. Lorenzen, S., Dunkel, M., and Preissner, R. In silico screening of drug databases for TSE inhibitors. *Biosystems* **80**(2), 117–122, May (2005).

238. Reddy, T. R. K., Mutter, R., Heal, W., Guo, K., Gillet, V. J., Pratt, S., and Chen, B. Library design, synthesis, and screening : pyridine dicarbonitriles as potential prion disease therapeutics. *J Med Chem* **49**(2), 607–615, Jan (2006).

239. Kocisko, D. A. and Caughey, B. Mefloquine, an antimalaria drug with antiprion activity in vitro, lacks activity in vivo. *J Virol* **80**(2), 1044–1046, Jan (2006).

240. Sailer, A., Büeler, H., Fischer, M., Aguzzi, A., and Weissmann, C. No propagation of prions in mice devoid of PrP. *Cell* **77**(7), 967–968, Jul (1994).

241. White, M. D., Farmer, M., Mirabile, I., Brandner, S., Collinge, J., and Mallucci, G. R. Single treatment with RNAi against prion protein rescues early neuronal dysfunction and prolongs survival in mice with prion disease. *Proc Natl Acad Sci U S A* **105**(29), 10238–10243, Jul (2008).

242. Shyng, S. L., Lehmann, S., Moulder, K. L., and Harris, D. A. Sulfated glycans stimulate endocytosis of the cellular isoform of the prion protein, PrPC, in cultured cells. *J Biol Chem* **270**(50), 30221–30229, Dec (1995).

243. Gilch, S., Winklhofer, K. F., Groschup, M. H., Nunziante, M., Lucassen, R., Spielhaupter, C., Muranyi, W., Riesner, D., Tatzelt, J., and Schätzl, H. M. Intracellular re-routing of prion protein prevents propagation of PrP(Sc) and delays onset of prion disease. *EMBO J* **20**(15), 3957–3966, Aug (2001).

244. Leucht, C., Simoneau, S., Rey, C., Vana, K., Rieger, R., Lasmézas, C. I., and Weiss, S. The 37 kDa/67 kDa laminin receptor is required for PrP(Sc) propagation in scrapie-infected neuronal cells. *EMBO Rep* **4**(3), 290–295, Mar (2003).

245. Hijazi, N., Shaked, Y., Rosenmann, H., Ben-Hur, T., and Gabizon, R. Copper binding to PrPC may inhibit prion disease propagation. *Brain Res* **993**(1-2), 192–200, Dec (2003).

246. Nunziante, M., Kehler, C., Maas, E., Kassack, M. U., Groschup, M., and Schätzl, H. M. Charged bipolar suramin derivatives induce aggregation of the prion protein at the cell surface and inhibit PrPSc replication. *J Cell Sci* **118**(Pt 21), 4959–4973, Nov (2005).

247. Marella, M., Lehmann, S., Grassi, J., and Chabry, J. Filipin prevents pathological prion protein accumulation by reducing endocytosis and inducing cellular PrP release. *J Biol Chem* **277**(28), 25457–25464, Jul (2002).

248. Gorodinsky, A. and Harris, D. A. Glycolipid-anchored proteins in neuroblastoma cells form detergent-resistant complexes without caveolin. *J Cell Biol* **129**(3), 619–627, May (1995).

249. Vey, M., Pilkuhn, S., Wille, H., Nixon, R., DeArmond, S. J., Smart, E. J., Anderson, R. G., Taraboulos, A., and Prusiner, S. B. Subcellular colocalization of the cellular and scrapie prion proteins in caveolae-like membranous domains. *Proc Natl Acad Sci U S A* **93**(25), 14945–14949, Dec (1996).

250. Gilch, S., Kehler, C., and Schätzl, H. M. The prion protein requires cholesterol for cell surface localization. *Mol Cell Neurosci* **31**(2), 346–353, Feb (2006).

251. Bate, C., Salmona, M., Diomede, L., and Williams, A. Squalestatin cures prion-infected neurons and protects against prion neurotoxicity. *J Biol Chem* **279**(15), 14983–14990, Apr (2004).

252. Sarnataro, D., Paladino, S., Campana, V., Grassi, J., Nitsch, L., and Zurzolo, C. PrPC is sorted to the basolateral membrane of epithelial cells independently of its association with rafts. *Traffic* **3**(11), 810–821, Nov (2002).

253. Horiuchi, M. and Caughey, B. Specific binding of normal prion protein to the scrapie form via a localized domain initiates its conversion to the protease-resistant state. *EMBO J* **18**(12), 3193–3203, Jun (1999).

254. Peretz, D., Williamson, R. A., Kaneko, K., Vergara, J., Leclerc, E., Schmitt-Ulms, G., Mehlhorn, I. R., Legname, G., Wormald, M. R., Rudd, P. M., Dwek, R. A., Burton, D. R., and Prusiner, S. B. Antibodies inhibit prion propagation and clear cell cultures of prion infectivity. *Nature* **412**(6848), 739–743, Aug (2001).

255. Heppner, F. L., Musahl, C., Arrighi, I., Klein, M. A., Rülicke, T., Oesch, B., Zinkernagel, R. M., Kalinke, U., and Aguzzi, A. Prevention of scrapie pathogenesis by transgenic expression of anti-prion protein antibodies. *Science* **294**(5540), 178–182, Oct (2001).

256. Fernandez-Borges, N., Brun, A., Whitton, J. L., Parra, B., Segundo, F. D.-S., Salguero, F. J., Torres, J. M., and Rodriguez, F. DNA vaccination can break immunological tolerance to PrP in wild-type mice and attenuates prion disease after intracerebral challenge. *J Virol* **80**(20), 9970–9976, Oct (2006).

257. Sigurdsson, E. M., Brown, D. R., Daniels, M., Kascsak, R. J., Kascsak, R., Carp, R., Meeker, H. C., Frangione, B., and Wisniewski, T. Immunization delays the onset of prion disease in mice. *Am J Pathol* **161**(1), 13–17, Jul (2002).

258. Schwarz, A., Krätke, O., Burwinkel, M., Riemer, C., Schultz, J., Henklein, P., Bamme, T., and Baier, M. Immunisation with a synthetic prion protein-derived peptide prolongs survival times of mice orally exposed to the scrapie agent. *Neurosci Lett* **350**(3), 187–189, Oct (2003).

259. Goñi, F., Prelli, F., Schreiber, F., Scholtzova, H., Chung, E., Kascsak, R., Brown, D. R., Sigurdsson, E. M., Chabalgoity, J. A., and Wisniewski, T. High titers of mucosal and systemic anti-PrP antibodies abrogate oral prion infection in mucosal-vaccinated mice. *Neuroscience* **153**(3), 679–686, May (2008).

260. Féraudet, C., Morel, N., Simon, S., Volland, H., Frobert, Y., Créminon, C., Vilette, D., Lehmann, S., and Grassi, J. Screening of 145 anti-PrP monoclonal antibodies for their capacity to inhibit PrPSc replication in infected cells. *J Biol Chem* **280**(12), 11247–11258, Mar (2005).

261. Ott, D., Taraborrelli, C., and Aguzzi, A. Novel dominant-negative prion protein mutants identified from a randomized library. *Protein Eng Des Sel* **21**(10), 623–629, Oct (2008).

262. Kishida, H., Sakasegawa, Y., Watanabe, K., Yamakawa, Y., Nishijima, M., Kuroiwa, Y., Hachiya, N. S., and Kaneko, K. Non-glycosylphosphatidylinositol (GPI)-anchored recombinant prion protein with dominant-negative mutation inhibits PrPSc replication in vitro. *Amyloid* **11**(1), 14–20, Mar (2004).

263. Toupet, K., Compan, V., Crozet, C., Mourton-Gilles, C., Mestre-Francés, N., Ibos, F., Corbeau, P., Verdier, J.-M., and Perrier, V. Effective gene therapy in a mouse model of prion diseases. *PLoS ONE* **3**(7), e2773 (2008).

264. Priola, S. A., Caughey, B., Race, R. E., and Chesebro, B. Heterologous PrP molecules interfere with accumulation of protease-resistant PrP in scrapie-infected murine neuroblastoma cells. *J Virol* **68**(8), 4873–4878, Aug (1994).

265. Perrier, V., Wallace, A. C., Kaneko, K., Safar, J., Prusiner, S. B., and Cohen, F. E. Mimicking dominant negative inhibition of prion replication through structure-based drug design. *Proc Natl Acad Sci U S A* **97**(11), 6073–6078, May (2000).

266. Tatzelt, J., Prusiner, S. B., and Welch, W. J. Chemical chaperones interfere with the formation of scrapie prion protein. *EMBO J* **15**(23), 6363–6373, Dec (1996).

267. Wong, C., Xiong, L. W., Horiuchi, M., Raymond, L., Wehrly, K., Chesebro, B., and Caughey, B. Sulfated glycans and elevated temperature stimulate PrP(Sc)-dependent cell-free formation of protease-resistant prion protein. *EMBO J* **20**(3), 377–386, Feb (2001).

268. Proske, D., Gilch, S., Wopfner, F., Schätzl, H. M., Winnacker, E.-L., and Famulok, M. Prion-protein-specific aptamer reduces PrPSc formation. *Chembiochem* **3**(8), 717–725, Aug (2002).

269. Soto, C., Kascsak, R. J., Saborío, G. P., Aucouturier, P., Wisniewski, T., Prelli, F., Kascsak,

R., Mendez, E., Harris, D. A., Ironside, J., Tagliavini, F., Carp, R. I., and Frangione, B. Reversion of prion protein conformational changes by synthetic beta-sheet breaker peptides. *Lancet* **355**(9199), 192–197, Jan (2000).

270. Luigi, A. D., Colombo, L., Diomede, L., Capobianco, R., Mangieri, M., Miccolo, C., Limido, L., Forloni, G., Tagliavini, F., and Salmona, M. The efficacy of tetracyclines in peripheral and intracerebral prion infection. *PLoS ONE* **3**(3), e1888 (2008).

271. Tagliavini, F., Forloni, G., Colombo, L., Rossi, G., Girola, L., Canciani, B., Angeretti, N., Giampaolo, L., Peressini, E., Awan, T., Gioia, L. D., Ragg, E., Bugiani, O., and Salmona, M. Tetracycline affects abnormal properties of synthetic PrP peptides and PrP(Sc) in vitro. *J Mol Biol* **300**(5), 1309–1322, Jul (2000).

272. Caspi, S., Halimi, M., Yanai, A., Sasson, S. B., Taraboulos, A., and Gabizon, R. The anti-prion activity of Congo red. Putative mechanism. *J Biol Chem* **273**(6), 3484–3489, Feb (1998).

273. Trevitt, C. R. and Collinge, J. A systematic review of prion therapeutics in experimental models. *Brain* **129**(Pt 9), 2241–2265, Sep (2006).

274. Supattapone, S., Wille, H., Uyechi, L., Safar, J., Tremblay, P., Szoka, F. C., Cohen, F. E., Prusiner, S. B., and Scott, M. R. Branched polyamines cure prion-infected neuroblastoma cells. *J Virol* **75**(7), 3453–3461, Apr (2001).

275. Doh-Ura, K., Iwaki, T., and Caughey, B. Lysosomotropic agents and cysteine protease inhibitors inhibit scrapie-associated prion protein accumulation. *J Virol* **74**(10), 4894–4897, May (2000).

276. Winklhofer, K. F. and Tatzelt, J. Cationic lipopolyamines induce degradation of PrPSc in scrapie-infected mouse neuroblastoma cells. *Biol Chem* **381**(5-6), 463–469 (2000).

277. Engelstein, R., Grigoriadis, N., Greig, N. H., Ovadia, H., and Gabizon, R. Inhibition of P53-related apoptosis had no effect on PrP(Sc) accumulation and prion disease incubation time. *Neurobiol Dis* **18**(2), 282–285, Mar (2005).

278. Ertmer, A., Gilch, S., Yun, S.-W., Flechsig, E., Klebl, B., Stein-Gerlach, M., Klein, M. A., and Schätzl, H. M. The tyrosine kinase inhibitor STI571 induces cellular clearance of PrPSc in prion-infected cells. *J Biol Chem* **279**(40), 41918–41927, Oct (2004).

279. Petzer, A. L., Gunsilius, E., Hayes, M., Stockhammer, G., Duba, H. C. H., Schneller, F., Grünewald, K., Poewe, W., and Gastl, G. Low concentrations of STI571 in the cerebrospinal fluid : a case report. *Br J Haematol* **117**(3), 623–625, Jun (2002).

280. Bate, C., Reid, S., and Williams, A. Phospholipase A2 inhibitors or platelet-activating factor antagonists prevent prion replication. *J Biol Chem* **279**(35), 36405–36411, Aug (2004).

281. Nordström, E. K., Luhr, K. M., Ibáñez, C., and Kristensson, K. Inhibitors of the mitogen-activated protein kinase kinase 1/2 signaling pathway clear prion-infected cells from PrPSc. *J Neurosci* **25**(37), 8451–8456, Sep (2005).

282. Mabbott, N. A., Bruce, M. E., Botto, M., Walport, M. J., and Pepys, M. B. Temporary depletion of complement component C3 or genetic deficiency of C1q significantly delays onset of scrapie. *Nat Med* **7**(4), 485–487, Apr (2001).

283. Ross, C. A. and Poirier, M. A. Protein aggregation and neurodegenerative disease. *Nat Med* **10 Suppl**, S10–S17, Jul (2004).

284. Findeis, M. A. Approaches to discovery and characterization of inhibitors of amyloid beta-peptide polymerization. *Biochim Biophys Acta* **1502**(1), 76–84, Jul (2000).

285. Lim, G. P., Chu, T., Yang, F., Beech, W., Frautschy, S. A., and Cole, G. M. The curry spice curcumin reduces oxidative damage and amyloid pathology in an Alzheimer transgenic mouse. *J Neurosci* **21**(21), 8370–8377, Nov (2001).

286. Reisberg, B., Doody, R., Stöffler, A., Schmitt, F., Ferris, S., Möbius, H. J., and Group, M. S. Memantine in moderate-to-severe Alzheimer's disease. *N Engl J Med* **348**(14), 1333–1341, Apr (2003).

287. Parkin, E. T., Watt, N. T., Hussain, I., Eckman, E. A., Eckman, C. B., Manson, J. C., Baybutt, H. N., Turner, A. J., and Hooper, N. M. Cellular prion protein regulates beta-secretase cleavage of the Alzheimer's amyloid precursor protein. *Proc Natl Acad Sci U S A* **104**(26), 11062–11067, Jun (2007).

288. Liu, R., Barkhordarian, H., Emadi, S., Park, C. B., and Sierks, M. R. Trehalose differentially inhibits aggregation and neurotoxicity of beta-amyloid 40 and 42. *Neurobiol Dis* **20**(1), 74–81, Oct (2005).

289. Béranger, F., Crozet, C., Goldsborough, A., and Lehmann, S. Trehalose impairs aggregation of PrPSc molecules and protects prion-infected cells against oxidative damage. *Biochem Biophys Res Commun* **374**(1), 44–48, Sep (2008).

290. Sarkar, S., Davies, J. E., Huang, Z., Tunnacliffe, A., and Rubinsztein, D. C. Trehalose, a novel mTOR-independent autophagy enhancer, accelerates the clearance of mutant huntingtin and alpha-synuclein. *J Biol Chem* **282**(8), 5641–5652, Feb (2007).

291. Stewart, L. A., Rydzewska, L. H. M., Keogh, G. F., and Knight, R. S. G. Systematic review of therapeutic interventions in human prion disease. *Neurology* **70**(15), 1272–1281, Apr (2008).

292. Bone, I., Belton, L., Walker, A. S., and Darbyshire, J. Intraventricular pentosan polysulphate in human prion diseases : an observational study in the UK. *Eur J Neurol* **15**(5), 458–464, May (2008).

293. Otto, M., Cepek, L., Ratzka, P., Doehlinger, S., Boekhoff, I., Wiltfang, J., Irle, E., Pergande, G., Ellers-Lenz, B., Windl, O., Kretzschmar, H. A., Poser, S., and Prange, H. Efficacy of flupirtine on cognitive function in patients with CJD : A double-blind study. *Neurology* **62**(5), 714–718, Mar (2004).

294. Collinge, J., Gorham, M., Hudson, F., Kennedy, A., Keogh, G., Pal, S., Rossor, M., Rudge, P., Siddique, D., Spyer, M., Thomas, D., Walker, S., Webb, T., Wroe, S., and Darbyshire, J. Safety and efficacy of quinacrine in human prion disease (PRION-1 study) : a patient-preference trial. *Lancet Neurol* **8**(4), 334–344, Apr (2009).

295. Archer, F., Bachelin, C., Andreoletti, O., Besnard, N., Perrot, G., Langevin, C., Dur, A. L., Vilette, D., Evercooren, A. B.-V., Vilotte, J.-L., and Laude, H. Cultured peripheral neuroglial cells are highly permissive to sheep prion infection. *J Virol* **78**(1), 482–490, Jan (2004).

296. de Mello Coelho, V., Nguyen, D., Giri, B., Bunbury, A., Schaffer, E., and Taub, D. D. Quantitative differences in lipid raft components between murine CD4+ and CD8+ T cells. *BMC Immunol* **5**, 2, Jan (2004).

297. Giles, K., Glidden, D. V., Beckwith, R., Seoanes, R., Peretz, D., DeArmond, S. J., and Prusiner, S. B. Resistance of bovine spongiform encephalopathy (BSE) prions to inactivation. *PLoS Pathog* **4**(11), e1000206, Nov (2008).

298. Vorberg, I., Raines, A., and Priola, S. A. Acute formation of protease-resistant prion protein does not always lead to persistent scrapie infection in vitro. *J Biol Chem* **279**(28), 29218–29225, Jul (2004).

299. McKintosh, E., Tabrizi, S. J., and Collinge, J. Prion diseases. *J Neurovirol* **9**(2), 183–193, Apr (2003).

300. Collinge, J., Palmer, M. S., and Dryden, A. J. Genetic predisposition to iatrogenic Creutzfeldt-Jakob disease. *Lancet* **337**(8755), 1441–1442, Jun (1991).

301. Palmer, M. S., Dryden, A. J., Hughes, J. T., and Collinge, J. Homozygous prion protein genotype predisposes to sporadic Creutzfeldt-Jakob disease. *Nature* **352**(6333), 340–342, Jul (1991).

302. Hizume, M., Kobayashi, A., Teruya, K., Ohashi, H., Ironside, J. W., Mohri, S., and Kitamoto, T. Human PrP 219K is converted to PrPSc but shows heterozygous inhibition in vCJD infection. *J Biol Chem* **-**, –, Dec (2008).

303. Bruce, M. E. Scrapie strain variation and mutation. *Br Med Bull* **49**(4), 822–838, Oct (1993).

304. Brown, D. R., Iordanova, I. K., Wong, B. S., Vénien-Bryan, C., Hafiz, F., Glasssmith, L. L., Sy, M. S., Gambetti, P., Jones, I. M., Clive, C., and Haswell, S. J. Functional and structural differences between the prion protein from two alleles prnp(a) and prnp(b) of mouse. *Eur J Biochem* **267**(8), 2452–2459, Apr (2000).

305. Baylis, M. and Goldmann, W. The genetics of scrapie in sheep and goats. *Curr Mol Med* **4**(4), 385–396, Jun (2004).

306. Cancellotti, E., Wiseman, F., Tuzi, N. L., Baybutt, H., Monaghan, P., Aitchison, L., Simpson, J., and Manson, J. C. Altered glycosylated PrP proteins can have different neuronal trafficking in brain but do not acquire scrapie-like properties. *J Biol Chem* **280**(52), 42909–42918, Dec (2005).

307. Helenius, A. How N-linked oligosaccharides affect glycoprotein folding in the endoplasmic reticulum. *Mol Biol Cell* **5**(3), 253–265, Mar (1994).

308. Taraboulos, A., Rogers, M., Borchelt, D. R., McKinley, M. P., Scott, M., Serban, D., and Prusiner, S. B. Acquisition of protease resistance by prion proteins in scrapie-infected cells does not require asparagine-linked glycosylation. *Proc Natl Acad Sci U S A* **87**(21), 8262–8266, Nov (1990).

309. Grasbon-Frodl, E., Lorenz, H., Mann, U., Nitsch, R. M., Windl, O., and Kretzschmar, H. A. Loss of glycosylation associated with the T183A mutation in human prion disease. *Acta Neuropathol* **108**(6), 476–484, Dec (2004).

310. Neuendorf, E., Weber, A., Saalmueller, A., Schatzl, H., Reifenberg, K., Pfaff, E., and Groschup, M. H. Glycosylation deficiency at either one of the two glycan attachment sites of cellular prion protein preserves susceptibility to bovine spongiform encephalopathy and scrapie infections. *J Biol Chem* **279**(51), 53306–53316, Dec (2004).

311. Wiseman, F., Cancellotti, E., and Manson, J. Glycosylation and misfolding of PrP. *Biochem Soc Trans* **33**(Pt 5), 1094–1095, Nov (2005).

312. Lehmann, S. and Harris, D. A. Blockade of glycosylation promotes acquisition of scrapie-like properties by the prion protein in cultured cells. *J Biol Chem* **272**(34), 21479–21487, Aug (1997).

313. Priola, S. A. and Lawson, V. A. Glycosylation influences cross-species formation of protease-resistant prion protein. *EMBO J* **20**(23), 6692–6699, Dec (2001).

314. Nishida, N., Harris, D. A., Vilette, D., Laude, H., Frobert, Y., Grassi, J., Casanova, D., Milhavet, O., and Lehmann, S. Successful transmission of three mouse-adapted scrapie strains to murine neuroblastoma cell lines overexpressing wild-type mouse prion protein. *J Virol* **74**(1), 320–325, Jan (2000).

315. Falanga, P. B., Blom-Potar, M.-C., Bittoun, P., Goldberg, M. E., and Hontebeyrie, M. Selection of ovine PrP high-producer subclones from a transfected epithelial cell line. *Biochem Biophys Res Commun* **340**(1), 309–317, Feb (2006).

316. Béringue, V., Vilotte, J.-L., and Laude, H. Prion agent diversity and species barrier. *Vet Res* **39**(4), 47 (2008).

317. Prusiner, S. B., Scott, M., Foster, D., Pan, K. M., Groth, D., Mirenda, C., Torchia, M., Yang, S. L., Serban, D., and Carlson, G. A. Transgenetic studies implicate interactions between homologous PrP isoforms in scrapie prion replication. *Cell* **63**(4), 673–686, Nov (1990).

318. Ghaemmaghami, S., Phuan, P.-W., Perkins, B., Ullman, J., May, B. C. H., Cohen, F. E., and Prusiner, S. B. Cell division modulates prion accumulation in cultured cells. *Proc Natl Acad Sci U S A* **104**(46), 17971–17976, Nov (2007).

319. Bate, C., Langeveld, J., and Williams, A. Manipulation of PrPres production in scrapie-infected neuroblastoma cells. *J Neurosci Methods* **138**(1-2), 217–223, Sep (2004).

320. Rubenstein, R., Scalici, C. L., Papini, M. C., Callahan, S. M., and Carp, R. I. Further characterization of scrapie replication in PC12 cells. *J Gen Virol* **71 (Pt 4)**, 825–831, Apr (1990).

321. Ladogana, A., Liu, Q., Xi, Y. G., and Pocchiari, M. Proteinase-resistant protein in human neuroblastoma cells infected with brain material from Creutzfeldt-Jakob patient. *Lancet* **345**(8949), 594–595, Mar (1995).

322. Arjona, A., Simarro, L., Islinger, F., Nishida, N., and Manuelidis, L. Two Creutzfeldt-Jakob disease agents reproduce prion protein-independent identities in cell cultures. *Proc Natl Acad Sci U S A* **101**(23), 8768–8773, Jun (2004).

323. Uryu, M., Karino, A., Kamihara, Y., and Horiuchi, M. Characterization of prion susceptibility in Neuro2a mouse neuroblastoma cell subclones. *Microbiol Immunol* **51**(7), 661–669 (2007).

324. Chasseigneaux, S., Pastore, M., Britton-Davidian, J., Manié, E., Stern, M.-H., Callebert, J., Catalan, J., Casanova, D., Belondrade, M., Provansal, M., Zhang, Y., Bürkle, A., Laplanche, J.-L., Sévenet, N., and Lehmann, S. Genetic heterogeneity versus molecular analysis of prion susceptibility in neuroblasma N2a sublines. *Arch Virol* **153**(9), 1693–1702 (2008).

325. Dlakic, W. M., Grigg, E., and Bessen, R. A. Prion infection of muscle cells in vitro. *J Virol* **81**(9), 4615–4624, May (2007).

326. Do, J. H., Kim, I. S., Park, T.-K., and Choi, D.-K. Genome-wide examination of chromosomal aberrations in neuroblastoma SH-SY5Y cells by array-based comparative genomic hybridization. *Mol Cells* **24**(1), 105–112, Aug (2007).

327. Berardi, V. A., Cardone, F., Valanzano, A., Lu, M., and Pocchiari, M. Preparation of soluble infectious samples from scrapie-infected brain : a new tool to study the clearance of transmissible spongiform encephalopathy agents during plasma fractionation. *Transfusion* **46**(4), 652–658, Apr (2006).

328. Hsu, P. Y.-J. and Yang, Y.-W. Effect of polyethylenimine on recombinant adeno-associated virus mediated insulin gene therapy. *J Gene Med* **7**(10), 1311–1321, Oct (2005).

329. Tirado, S. M. C. and Yoon, K.-J. Antibody-dependent enhancement of virus infection and disease. *Viral Immunol* **16**(1), 69–86 (2003).

330. Hsu, H. T. and Black, L. M. Multiplication of potato yellow dwarf virus on vector cell monolayers. *Virology* **59**(1), 331–334, May (1974).

331. Edgeworth, J. A., Jackson, G. S., Clarke, A. R., Weissmann, C., and Collinge, J. Highly sensitive, quantitative cell-based assay for prions adsorbed to solid surfaces. *Proc Natl Acad Sci U S A* **106**(9), 3479–3483, Mar (2009).

332. Bosque, P. J. and Prusiner, S. B. Cultured cell sublines highly susceptible to prion infection. *J Virol* **74**(9), 4377–4386, May (2000).

333. Dexter, D. L. and Leith, J. T. Tumor heterogeneity and drug resistance. *J Clin Oncol* **4**(2), 244–257, Feb (1986).

334. Kadota, S.-I., Kanayama, T., Miyajima, N., Takeuchi, K., and Nagata, K. Enhancing of measles virus infection by magnetofection. *J Virol Methods* **128**(1-2), 61–66, Sep (2005).

335. Serbec, V. C., Bresjanac, M., Popovic, M., Hartman, K. P., Galvani, V., Rupreht, R., Cernilec, M., Vranac, T., Hafner, I., and Jerala, R. Monoclonal antibody against a peptide of human prion protein discriminates between Creutzfeldt-Jacob's disease-affected and normal brain tissue. *J Biol Chem* **279**(5), 3694–3698, Jan (2004).

336. Ouyang, A., Ng, R., and Yang, S.-T. Long-term culturing of undifferentiated embryonic stem cells in conditioned media and three-dimensional fibrous matrices without extracellular matrix coating. *Stem Cells* **25**(2), 447–454, Feb (2007).

337. Lasmézas, C. I., Deslys, J. P., Demaimay, R., Adjou, K. T., Hauw, J. J., and Dormont, D. Strain specific and common pathogenic events in murine models of scrapie and bovine spongiform encephalopathy. *J Gen Virol* **77 (Pt 7)**, 1601–1609, Jul (1996).

338. Kingsbury, D. T., Smeltzer, D. A., Amyx, H. L., Gibbs, C. J., and Gajdusek, D. C. Evidence for an unconventional virus in mouse-adapted Creutzfeldt-Jakob disease. *Infect Immun* **37**(3), 1050–1053, Sep (1982).

339. Lehmann, S. and Harris, D. A. Mutant and infectious prion proteins display common biochemical properties in cultured cells. *J Biol Chem* **271**(3), 1633–1637, Jan (1996).

340. Crozet, C., Lin, Y.-L., Mettling, C., Mourton-Gilles, C., Corbeau, P., Lehmann, S., and Perrier, V. Inhibition of PrPSc formation by lentiviral gene transfer of PrP containing dominant negative mutations. *J Cell Sci* **117**(Pt 23), 5591–5597, Nov (2004).

341. Nicolini, G., Miloso, M., Zoia, C., Silvestro, A. D., Cavaletti, G., and Tredici, G. Retinoic acid differentiated SH-SY5Y human neuroblastoma cells : an in vitro model to assess drug neurotoxicity. *Anticancer Res* **18**(4A), 2477–2481 (1998).

342. Gaetano, C., Matsumoto, K., and Thiele, C. J. Retinoic acid resistant neuroblastoma cells and the expression of insulin-like growth factor-II. *Prog Clin Biol Res* **366**, 165–172 (1991).

343. Sánchez, S., Jiménez, C., Carrera, A. C., Diaz-Nido, J., Avila, J., and Wandosell, F. A cAMP-activated pathway, including PKA and PI3K, regulates neuronal differentiation. *Neurochem Int* **44**(4), 231–242, Mar (2004).

344. Greil, C. S., Vorberg, I. M., Ward, A. E., Meade-White, K. D., Harris, D. A., and Priola, S. A. Acute cellular uptake of abnormal prion protein is cell type and scrapie-strain independent. *Virology* **379**(2), 284–293, Sep (2008).

345. Ogle, B. M., Cascalho, M., and Platt, J. L. Biological implications of cell fusion. *Nat Rev Mol Cell Biol* **6**(7), 567–575, Jul (2005).

346. Ambrosi, D. J. and Rasmussen, T. P. Reprogramming mediated by stem cell fusion. *J Cell Mol Med* **9**(2), 320–330 (2005).

347. Gordon, S. Cell fusion and some subcellular properties of heterokaryons and hybrids. *J Cell Biol* **67**(2PT.1), 257–280, Nov (1975).

348. Blancafort, P., Magnenat, L., and Barbas, C. F. Scanning the human genome with combinatorial transcription factor libraries. *Nat Biotechnol* **21**(3), 269–274, Mar (2003).

349. Mandell, J. G. and Barbas, C. F. Zinc Finger Tools : custom DNA-binding domains for transcription factors and nucleases. *Nucleic Acids Res* **34**(Web Server issue), W516–W523, Jul (2006).

350. Farach-Carson, M. C. and Davis, P. J. Steroid hormone interactions with target cells : cross talk between membrane and nuclear pathways. *J Pharmacol Exp Ther* **307**(3), 839–845, Dec (2003).

MIX
Papier aus verantwortungsvollen Quellen
Paper from responsible sources
FSC® C105338

Printed by Books on Demand GmbH, Norderstedt / Germany